国家科学技术学术著作出版基金资助出版

科技资源管理基础

彭 洁 赵 伟 屈宝强 等 编著

·北京·

图书在版编目(CIP)数据

科技资源管理基础/彭洁等编著. — 北京：科学技术文献出版社，2014.2
（2025.1重印）

ISBN 978-7-5023-8546-0

Ⅰ. ①科… Ⅱ. ①彭… Ⅲ. ①科学技术—资源管理—研究 Ⅳ. ①G311

中国版本图书馆 CIP 数据核字(2013)第 312015 号

科技资源管理基础

策划编辑：周国臻　　责任编辑：周国臻　白　明　　责任校对：张燕育　　责任出版：张志平

出 版 者	科学技术文献出版社
地　　址	北京市复兴路 15 号　邮编　100038
编 务 部	（010）58882938，58882087（传真）
发 行 部	（010）58882868，58882874（传真）
邮 购 部	（010）58882873
官方网址	www.stdph.com.cn
发 行 者	科学技术文献出版社发行　全国各地新华书店经销
印 刷 者	北京虎彩文化传播有限公司
版　　次	2014 年 2 月第 1 版　2025 年 1 月第 2 次印刷
开　　本	710×1000　1/16
字　　数	313 千
印　　张	19.75
书　　号	ISBN 978-7-5023-8546-0
定　　价	48.00 元

版权所有　违法必究

购买本社图书，凡字迹不清、缺页、倒页、脱页者，本社发行部负责调换

序

伴随着全球化和网络化，科技资源作为实现国家可持续发展和维护国家安全的战略性资源，其存量正在以前所未有的速度增长，开展科技资源的有效管理与配置已成为时代发展的必然选择。全面认识和理解科技资源的特点和作用，科学构建科技资源管理的理论和方法体系，深入探索科技资源管理与运行的基本规律和机制，将为进一步制订科技资源管理政策、完善科技资源建设布局、突出科技资源对研发创新的战略服务支撑提供理论和方法依据。

《科技资源管理基础》是我国第一部着重针对科技物力资源和科技信息资源管理开展理论与方法研究的著作。该书从资源的概念谈起，搭建起了科技资源管理的理论体系框架；对科技资源管理的若干重大管理理论与实践问题进行剖析，包括对科技资源管理政策与法规，科技资源配置、共享、服务与管理绩效评估等开展深入研究。

该书具有以下显著特点：

（1）强调科技资源全生命周期管理。指出科技资源具有形成、成长、成熟、衰亡的生命过程，在不同的发展阶段会表现出不同的价值属性，对科技资源管理要根据其全生命周期中的价值变化而采用不同的管理手段和方法。该书对各类资源在不同环节的管理特点、管理任务、管理重点进行了总结，并且全书的几个重要章节，包括资源的过程管理、资源管理法规与政策等，充分体现了科技资源全生命周期管理的理念和要求。

（2）关注科技资源信息化趋势。在当前 E-science 和大数据背景下，科技资源的数字化、信息化和虚拟化成为趋势。科技资源及其管理信息化就是利用先进的信息通信技术对科技资源等进行数字化管理，并将其置于网络环境中以实现资源共享和协同工作的目标。该书强调了跨部门、跨地区、跨学科的科研人员，能够跨时间、实时地共享数据资源、科学仪器与设备资源和计算资源等信息化科研基础设施，开展共同研究；介绍了数字图书馆、虚拟实验室、科技资源信息系统等新兴的科技资源管理理念与应用，以及数据库技术、虚拟化技术、网格技术、标准化技术等关键技术。

（3）突出科技资源开放共享。在数据密集型科研环境中，科技资源的开放共享是开展科技活动的必要条件。该书认为科技资源共享是科技资源配置的重要方式之一，科技资源共享的本源是科技资源相对稀缺性，资源稀缺性决定了需要将其在不同科技活动主体、领域、过程、空间、时间上进行科学地分配和使用，才能实现其价值的最大化。科技资源共享的过程其实就是通过对共享过程的管理来理顺科技资源的产权关系，使科技资源拥有者、管理者和使用者各得其利，充分发挥科技资源内在潜能及其增值效应，提高科技资源开发和利用的效率。该书详细介绍了科技资源共享的理论基础、体系框架、模式、保障机制，并介绍了一些最新的科技资源开放共享案例。

（4）凸现科技资源管理的服务导向。强调科技资源管理的最终目的是为各类用户提供优质服务。认为科技资源类型众多，特征各异，决定科技资源服务需要遵循特定的原则、方法和模式，并建立在新的商业模式、服务方式和管理方法的基础上，是现代服务业的重要内容。强调开展科技资源服务必须以各类用户的需求为出发点，服务力求体现公益性、专业性和大众性。

（5）注重科技资源管理效果。尽管科技资源具有准公共物品属性，但任何投资主体都追求效益的最大化，国家公共财政投资建设的科技资源，其运行和管理必须放在社会整体利益上，确保其对科技创新的有效支撑。为提高公共财政经费的投入使用效益，需要开展针对科技资源管理的绩效评估。通过开展评估，准确地反映机构、部门、区域、国家科技资源管理的基本情况，找出存在的缺陷与不足，促进科技资源管理工作的更快发展。该书对评估的基本原则、基本方法、基本流程、基本内容等进行了总结，力图为科技资源管理绩效评估实践提供指导。

以中国科学技术信息研究所彭洁研究员为带头人的学术团队，多年来一直致力于科技资源管理的理论方法研究和应用实践，特别是在科技资源管理基础理论、科技资源优化配置和科技资源共享等方面，紧跟学术前沿，不断探索求真，形成了扎实的研究基础和丰富的实践经验，产出了一批在国内有影响力的研究成果，为科技资源管理研究领域的发展和政府管理决策做出了积极贡献。

《科技资源管理基础》正是彭洁研究员带领其团队集多年研究成果和经验而形成的学术著作。该书内容丰富，对科技资源管理理论、方法和技术等进行了全面介绍；重点突出，围绕创新型国家建设中的科技资源管理的重点难点问题进行了论述；简明易懂，通过流畅的文字和丰富的图表对科技资源管理的基本问题进行了清晰的阐述，是一部理论性、实践性和开拓性都比较强的著作。我相信，该书的出版将进一步推动我国科技资源管理的研究与实践，并产生长远的影响。

中国工程院院士

前　言

　　进入21世纪,全球知识创造和技术创新速度日益加快,科技创新对经济增长的贡献越来越突出,以科技实力为基础的国家竞争、区域竞争更加激烈。许多国家都将创新能力提升为国家战略,各国围绕科技创新的竞争与合作不断加强。当前,我国已进入全面建设小康社会的关键时期和深化改革开放、加快转变经济发展方式的攻坚阶段,对科技进步和创新有了更加全面、更加紧迫的需求。大幅提高自主创新能力,切实增强科技创新对经济社会发展的支撑引领作用成为新时期科技发展和建设创新型国家的客观要求。在这一背景下,中国共产党第十八次全国代表大会提出创新驱动发展战略是国家发展战略中最根本、最关键的战略,科技创新是解决社会生产力水平总体上不高,发展不平衡、不协调、不可持续问题的主要手段。

　　科技资源是科技创新活动的基础,一个国家创新能力和综合竞争力的强弱,在很大程度上取决于科技资源的数量、质量以及管理水平。新中国成立以来,我国科技资源规模迅速增长,为科技事业发展提供了重要保障和支撑。跨入新世纪,随着国际科技经济竞争的日趋激烈和国内经济社会转型压力的不断加大,科技资源支撑科技创新和战略性新兴产业发展的需求更加迫切,对科技资源进行科学管理的需求日益凸显,其中科技资源合理配置、开放共享和高效利用等问题尤为重要。2012年7月,在全国科技创新大会上胡锦涛、温家宝等国家领导人发表重要讲话,胡锦涛同志提出进一步提高自主创新能力,大力培育和发展战略性新兴产业,运用高新技术加快改造提升传统产业,加快农业科技创新,发展关系民生和社会管理创新的科学技术,推进基础前沿研究。强调加大科技投入,发挥政府在科技发展中的引导作用,加快形成多元化、多层次、多渠道的科技投入体系。温家宝同志提出要建立科技资源开放共享机制，国家投资建设的科研设施要向企业开放，作为技术研发的公共平台。国家支持的科研活动所获得的信息资料，要最大限度地向社会公开。要创造公平开放的市场环境，使各类企业公平获得创新资源。国务委员刘延东在大会总结发言中指出，要处理好政府支持与市场引导的关系，促进科技资源的优化配置和高效利用，建立健全符合科技规律的投入机制，让国家宝贵的科技资源产生最大效益。

然而，目前我国科技资源管理仍存在以下问题：科技资源的宏观统筹亟待加强，尤其是管理多头、条块分割、监管虚化问题依然十分突出；科技资源重建设、轻管理和服务的问题没有得到有效解决；科技资源总体供给不足与局部过剩、利用效率不高的现象共存；科技资源的配置结构失衡，与区域和产业发展需求结合不紧密的问题仍然存在；高端科技资源依赖进口的局面没有根本改变。如果这种局面不能尽快得到改变，我们将在新一轮经济科技战略制高点的竞争中处于不利地位。加强科技资源的统筹协调，提高科技资源管理的科学化水平已成为当前科技管理的当务之急。

目前一些学者和专家对自然科技资源、科技文献、科学数据、科学仪器设备等科技资源的管理实践活动、管理模式和机制等进行了探讨，但由于科技资源的多样性和科技资源管理的复杂性，对于科技资源管理的理论研究明显不足，现有研究并不能有效解释和支撑现有科技资源管理的实践活动，研究的广度和深度亟待拓展。从研究内容上看，针对某类科技资源利用等具体问题研究的多，科技资源管理共性问题研究的少；从研究重点上看，实践应用案例的探讨多，理论方法层面的研究少；从研究视角上看，基于技术层面分析科技资源开发利用的研究多，从管理和机制视角进行科技资源配置制度的深入分析少；从研究方法上看，定性分析多，定量研究少。总体上，科技资源管理理论研究相对不足、研究框架不明确、研究成果不系统的问题较为突出。

无论是从科技管理理论完善的需求，还是建设创新型国家实践的要求来看，都迫切需要建立一套系统的科技资源管理理论、方法体系。本书搭建了科技资源管理的基本理论框架，着重探讨基于要素类型划分的不同类型科技资源，尤其是科技物力资源和科技信息资源管理的理论、方法与实践。本书对科技资源管理的基本概念、方法、观点进行了提炼和总结，对科技资源生命周期管理进行了全面分析，对科技资源管理的政策法规和科技资源管理信息化进行了系统梳理，对科技资源的配置管理、共享管理、服务管理和绩效管理等问题进行了深入探讨，是国内第一本对科技资源管理进行系统论述的著作。

本书具有以下特点：一是内容较丰富，对科技资源管理理论、方法和技术等进行了全面介绍；二是注重突出重点，围绕创新型国家建设中的科技资源管理的共享、配置等重点难点问题进行了深入阐述；三是注重应用，强调理论探讨与案例分析相结合；四是简明易懂，避免了过于晦涩的理论分析，通过流畅的文字对科技资源管理的基本问题进行了清晰的阐述，有助于读者更好地理解。本书可为科技资源管理领域的研究人员提供参考，为政府科技资源管理部门提供决策支撑，为企业、大学、科研院所的科技资源管理人员提供实践指导，并可作为研究生教学的参考资料使用。

本书获得2011年度国家科学技术学术著作出版基金的资助。全书由彭洁、赵伟统筹，负责架构设计并形成主要观点；参与书稿撰写的主要人员对各章内容进行集体讨论和反复修改；最后，由彭洁、赵伟、屈宝强对全书进行了统稿、补充、修改和审校。各章的主要执笔人如下：第一章，董诚、屈宝强、吴家喜；第二章，赵伟；第三章，赵辉；第四章，涂勇、吴琳；第五章，吴家喜、屈宝强；第六章，屈宝强；第七章，王运红；第八章，赵伟、屈宝强。

科技资源管理领域的研究对象涉及多种资源，研究内容涉及科技活动的方方面面，需要综合相关学科的先进理论、方法和技术开展长期研究。本书是作者在近年来从事科技资源管理理论研究和实践应用的基础上形成的，由于作者水平有限，内容难免出现错误及疏漏，许多问题尚未涉及，有的观点还不是很成熟，敬请各界专家不吝赐教。我们将继续深化完善这一研究，争取获得更有价值的研究成果。

在本书的写作中得到科技资源管理领域许多学者、专家的指导和帮助，如陈冬生教授、关家麟研究馆员、赖茂生教授、陈会中研究员、王玉民研究员、丁厚德教授、卢兵友研究员、李小寒研究员、闫成德研究员、张平淡副教授、鲍绵福研究员等；参考了许多作者的专著和论文，在此深表谢意。

目　　录

第1章　科技资源管理概述 ……………………………………………… (1)

1.1　科技资源的内涵及特征 …………………………………………… (1)
　　1.1.1　科技资源的概念与研究范畴 ………………………………… (1)
　　1.1.2　科技资源的分类 ……………………………………………… (3)
　　1.1.3　科技资源的属性 ……………………………………………… (11)

1.2　科技资源管理的内涵 ……………………………………………… (13)
　　1.2.1　管理的定义 …………………………………………………… (13)
　　1.2.2　科技资源管理的内涵 ………………………………………… (13)

1.3　与科技资源管理相关的学科 ……………………………………… (16)
　　1.3.1　系统科学 ……………………………………………………… (16)
　　1.3.2　资源科学 ……………………………………………………… (17)
　　1.3.3　科学学 ………………………………………………………… (17)
　　1.3.4　经济学 ………………………………………………………… (18)
　　1.3.5　管理学 ………………………………………………………… (19)
　　1.3.6　信息科学 ……………………………………………………… (19)
　　1.3.7　社会学 ………………………………………………………… (21)

1.4　国内外科技资源管理实践 ………………………………………… (22)
　　1.4.1　国外科技资源管理现状 ……………………………………… (22)
　　1.4.2　国内科技资源管理现状 ……………………………………… (25)

1.5　科技资源管理的研究进展 ………………………………………… (29)
　　1.5.1　科技资源内涵和基本问题研究 ……………………………… (29)
　　1.5.2　科技资源共享研究 …………………………………………… (30)
　　1.5.3　科技资源管理评估 …………………………………………… (32)
　　1.5.4　科技资源配置研究 …………………………………………… (32)

1.5.5　其他研究领域……………………………………………(33)

第2章　科技资源的全生命周期管理………………………………(36)

　2.1　科技资源的全生命周期管理概述………………………………(36)
　2.2　大型科学仪器与设备的全生命周期管理………………………(39)
　　2.2.1　大型科学仪器与设备的规划与购置……………………(40)
　　2.2.2　大型科学仪器与设备的维护与使用……………………(42)
　　2.2.3　大型科学仪器与设备的报废处置………………………(44)
　　2.2.4　大型科学仪器与设备管理新要求………………………(44)
　2.3　科技信息资源的全生命周期管理………………………………(46)
　　2.3.1　信息生命周期管理的基本理论…………………………(46)
　　2.3.2　科技信息资源的创建……………………………………(47)
　　2.3.3　科技信息资源的采集与转换……………………………(49)
　　2.3.4　科技信息资源的储存、组织与再加工…………………(51)
　　2.3.5　科技信息资源的清理……………………………………(55)
　2.4　自然科技资源的全生命周期管理………………………………(55)
　　2.4.1　自然科技资源的收集……………………………………(55)
　　2.4.2　自然科技资源的标准化与深加工………………………(60)
　　2.4.3　自然科技资源的安全保存………………………………(63)

第3章　科技资源管理信息化………………………………………(67)

　3.1　科技资源管理信息化的主要内容………………………………(69)
　　3.1.1　科技资源的数字化………………………………………(71)
　　3.1.2　网络设施环境……………………………………………(73)
　　3.1.3　信息化应用………………………………………………(74)
　3.2　科技资源管理信息化中的主要技术……………………………(78)
　　3.2.1　数据库管理技术…………………………………………(78)
　　3.2.2　虚拟化技术………………………………………………(80)
　　3.2.3　网格技术…………………………………………………(83)
　　3.2.4　标准化技术………………………………………………(85)
　　3.2.5　科技资源及其管理信息化技术的发展趋势……………(90)

3.3 国外科技资源管理信息化建设 …………………………………… (92)
  3.3.1 美国 ………………………………………………………… (92)
  3.3.2 英国 ………………………………………………………… (95)
  3.3.3 欧盟 ………………………………………………………… (98)
  3.3.4 澳大利亚 …………………………………………………… (99)
  3.3.5 其他国家和地区 …………………………………………… (100)

3.4 我国科技资源管理信息化建设 …………………………………… (101)
  3.4.1 我国科技资源信息化的基本情况 ………………………… (101)
  3.4.2 国家科技基础条件平台 …………………………………… (104)
  3.4.3 中科院科技资源及其管理信息化的进展 ………………… (106)

第4章 科技资源管理政策与法规 ……………………………………… (108)

4.1 科技资源管理政策法规概述 ……………………………………… (108)
  4.1.1 科技资源管理政策法规建设的必要性 …………………… (108)
  4.1.2 科技资源管理政策法规的内涵 …………………………… (109)
  4.1.3 国外科技资源管理政策与法规概述 ……………………… (110)
  4.1.4 我国科技资源管理政策与法规现状概述 ………………… (113)

4.2 科学仪器设备资源管理政策与法规 ……………………………… (123)
  4.2.1 国外科学仪器设备管理政策与法规 ……………………… (123)
  4.2.2 我国大型科学仪器管理法规 ……………………………… (126)

4.3 科技信息资源管理政策与法规 …………………………………… (127)
  4.3.1 科技信息资源管理国际公约 ……………………………… (127)
  4.3.2 国外科技信息资源管理政策与法规 ……………………… (129)
  4.3.3 我国科技信息资源管理法规 ……………………………… (133)

4.4 自然科技资源管理政策与法规 …………………………………… (139)
  4.4.1 自然科技资源管理国际公约 ……………………………… (139)
  4.4.2 国外自然科技资源管理政策与法规 ……………………… (140)
  4.4.3 我国自然科技资源管理法规 ……………………………… (142)

第5章 科技资源配置 …………………………………………………… (145)

5.1 科技资源配置概述 ………………………………………………… (145)

5.1.1 科技资源配置的概念 …………………………………………… (145)
5.1.2 科技资源配置模式 …………………………………………… (146)
5.1.3 科技资源配置结构 …………………………………………… (149)
5.1.4 科技资源配置效率 …………………………………………… (150)
5.1.5 科技资源配置与国家创新系统 ……………………………… (157)
5.2 科技资源配置能力 ………………………………………………… (159)
5.2.1 科技资源配置能力概念界定 ………………………………… (159)
5.2.2 科技资源配置能力的驱动因素 ……………………………… (162)
5.3 科技资源优化配置 ………………………………………………… (163)
5.3.1 科技资源优化配置的内涵及原则 …………………………… (163)
5.3.2 配置失衡的主要表现 ………………………………………… (165)
5.3.3 影响优化配置的内外部因素 ………………………………… (167)
5.3.4 科技资源配置优化的主要途径 ……………………………… (170)

第6章 科技资源共享 …………………………………………………… (174)

6.1 科技资源共享概述 ………………………………………………… (174)
6.1.1 科技资源共享的内涵 ………………………………………… (174)
6.1.2 科技资源共享的作用 ………………………………………… (177)
6.1.3 科技资源共享的原则 ………………………………………… (180)
6.1.4 科技资源共享的理论基础 …………………………………… (181)
6.1.5 科技资源共享的环境 ………………………………………… (185)
6.2 科技资源共享的几个重要问题 …………………………………… (188)
6.2.1 科技资源产权 ………………………………………………… (188)
6.2.2 科技资源共享中的冲突 ……………………………………… (190)
6.2.3 科技资源共享中的信任 ……………………………………… (192)
6.3 科技资源共享模式 ………………………………………………… (194)
6.3.1 从资源地理分布的角度划分 ………………………………… (194)
6.3.2 从共享的驱动力角度划分 …………………………………… (197)
6.3.3 从共享投资方式划分 ………………………………………… (199)
6.3.4 从共享的组织形式角度划分 ………………………………… (199)
6.4 科技资源共享机制 ………………………………………………… (201)

6.4.1　投入机制 …………………………………………………… (201)
　　　6.4.2　管理和运行机制 …………………………………………… (201)
　　　6.4.3　沟通与协调机制 …………………………………………… (202)
　　　6.4.4　激励机制 …………………………………………………… (203)
　　　6.4.5　安全机制 …………………………………………………… (203)
　6.5　典型科技资源共享案例 ……………………………………………… (204)
　　　6.5.1　国家科技图书文献中心 …………………………………… (204)
　　　6.5.2　欧洲核粒子中心 …………………………………………… (213)
　　　6.5.3　开放获取期刊门户 ………………………………………… (220)
　　　6.5.4　结构生物学合作研究协会蛋白质结构数据库 …………… (222)
　　　6.5.5　农作物种质资源平台 ……………………………………… (224)

第7章　科技资源服务 ……………………………………………………… (227)

　7.1　科技资源服务概述 …………………………………………………… (227)
　　　7.1.1　科技资源服务内涵 ………………………………………… (228)
　　　7.1.2　服务的基本原则 …………………………………………… (229)
　　　7.1.3　服务的基本模式 …………………………………………… (231)
　7.2　科技资源用户的需求 ………………………………………………… (233)
　　　7.2.1　科研管理者 ………………………………………………… (234)
　　　7.2.2　科研工作者 ………………………………………………… (235)
　　　7.2.3　企业用户 …………………………………………………… (236)
　　　7.2.4　社会公众 …………………………………………………… (237)
　7.3　科技资源服务方式 …………………………………………………… (238)
　　　7.3.1　大型科学仪器设备服务方式 ……………………………… (238)
　　　7.3.2　科技信息资源服务方式 …………………………………… (243)
　　　7.3.3　自然科技资源服务方式 …………………………………… (249)
　7.4　科技资源服务与信息共享 …………………………………………… (251)
　　　7.4.1　网络环境下的科技资源共享与服务 ……………………… (251)
　　　7.4.2　网络环境下科技资源共享服务的影响因素 ……………… (254)

第8章　科技资源管理的绩效评估 ………………………………………… (256)

　8.1　科技资源管理绩效评估现状与发展趋势 …………………………… (256)

8.1.1 国外现状 ……………………………………………………… (256)
8.1.2 国内现状 ……………………………………………………… (258)
8.1.3 发展趋势 ……………………………………………………… (260)
8.2 科技资源管理绩效评估的基本理论 ………………………………… (260)
8.2.1 评估的内容及重点 ……………………………………………… (260)
8.2.2 评估的基本原则 ………………………………………………… (262)
8.2.3 理论基础 ………………………………………………………… (264)
8.2.4 评估导向 ………………………………………………………… (266)
8.2.5 评估方法 ………………………………………………………… (267)
8.3 科技资源管理绩效评估程序 ………………………………………… (269)
8.3.1 制定逻辑模型框架 ……………………………………………… (270)
8.3.2 确定关键性问题 ………………………………………………… (271)
8.3.3 明确评估的工作等级 …………………………………………… (272)
8.3.4 利益相关者分析 ………………………………………………… (273)
8.4 科技资源管理的绩效评估指标体系 ………………………………… (273)
8.4.1 大型科学仪器管理绩效评估 …………………………………… (275)
8.4.2 科学数据管理绩效评估 ………………………………………… (277)
8.4.3 科技文献管理绩效评估 ………………………………………… (279)
8.4.4 自然科技资源管理绩效评估 …………………………………… (281)
8.5 评估机制 ……………………………………………………………… (284)
8.5.1 组织保障机制 …………………………………………………… (284)
8.5.2 同行评议与用户评价相结合的机制 …………………………… (285)
8.5.3 持久运行机制 …………………………………………………… (285)
8.5.4 责任机制与利益机制 …………………………………………… (285)
8.5.5 评估结果公示机制 ……………………………………………… (286)
8.5.6 多元化评估机制 ………………………………………………… (286)
8.5.7 评估信息化建设机制 …………………………………………… (286)

参考文献 ……………………………………………………………………… (287)

第1章　科技资源管理概述

国家科技创新能力的形成，很大程度上取决于科技资源的聚集、开发和利用。科技资源是实现国家可持续发展和维护国家安全的战略资源，是该国家或地区知识储备和科学研究能力的重要组成部分。本章探讨科技资源、科技资源管理等基本概念的内涵，进一步从实践上归纳国内外科技资源的管理现状，从理论和方法研究上分析科技资源管理的研究进展，为构建和完善科技资源管理体系框架提供基础，也可为科技资源管理实践提供参考和借鉴。

1.1 科技资源的内涵及特征

1.1.1 科技资源的概念与研究范畴

关于"资源"的概念，《辞海》解释为"资财之源"。《新语词大词典》中对"资源"的解释为：资源指人类赖以生存和发展的全部自然条件的总和，如土地、矿藏、空气、阳光和水等。一般来讲，广义的资源是指在一定历史条件下能被人类开发利用以提高自身福利水平或生存能力的、具有某种稀缺性的、受社会约束的各种环境要素或事物的总称。

资源可以被划分为自然资源和社会资源。传统的资源经济学认为资源是指自然资源，即在一定的技术条件下，自然界中被人类拥有的一切物质和非物质的要素，如土壤、水、草地、森林、野生动植物、矿产、水产动植物、阳光、空气等。西方学者对"资源"的论述中，最有代表性的是美国的阿兰·兰德尔（Alan Randall），他在《资源经济学》一书中认为，资源可分为两个范畴：一是自然界赋予的自然资源；二是人类社会中人的劳动所创造的各种资源。马克思在论述资源时指出，劳动和土地是形成财富的两个原始要素，是一切财富的源泉。随着科技和生产力水平的进步，自然资源的种类不断扩大，可以指地球上一切有生命或无生命的资源。社会资源是人类自身通过劳动产生的资源，除人力、物质资源外，当今社会中科学、技术、信息和管理等也日益成为重要的社会资源。

对资源的认识与人类的开发利用水平密不可分，那些没有被人们认识、没有与知识相结合的自然物质就不能成为资源。有些学者甚至认为即使是已经被发现的但尚不具备开采条件的自然矿藏也不能被称为资源。由于经济条件和技术水平的限制，暂时难以利用的要素，只能被称为潜在资源。

对"科技资源"的准确理解，需要在对"资源"内涵进行剖析的基础上，进一步厘清"科技"的含义。科技即科学技术，"科学"是人类关于自然和社会发展客观规律的知识体系，"技术"一般指人类在生产、科学实验和社会活动中认识自然和社会以及改造自然和社会的过程中积累起来的经验及技能。因此，科技活动实际上包含了科学研究和技术创新两大类活动。

目前，人们对于"科技资源"涵盖内容的理解有所不同。有些学者认为，科技资源主要包括科技人力资源和科技财力资源。闫巍和曾民族认为科技资源就是指计算资源、科研仪器设备、科学基础数据和科技信息资源。高文和唐洁认为科技资源是指在一定的经济体制、科技体制及其运行机制下使科技资源产生正向效果、效率的调配方式，它主要包括科技人力资源和科技财力资源。丁厚德提出科技资源包括科技人才、科技活动资金、科学研究实验（试验）装备、科技信息，汇集于科技活动单位（大学、研究院所、企业、科技服务机构），联合发挥有机的、系统的作用。杨子江以及徐晓霞等则认为科技资源可以划分为科技财力资源、科技人力资源、科技物力资源、科技知识信息资源4个方面。杨传喜等认为科技资源是科技人力资源、科技财力资源、科技物力资源、科技信息资源以及科技成果资源等要素及其子要素相互作用而构成的系统。周寄中从更广义的角度认识科技资源，认为科技资源是指从事科技活动的人力、物力、财力以及组织、管理、信息等硬、软件要素的总称，它不仅包括仪器、设备等。另外，刘玲利将科技资源分为自然资源、经济资源、文化资源、人力资源、政治资源和制度资源等，李建华将科技资源分为诱致性科技资源要素（包括科技人力资源要素、科技金融资源要素、科技物质资源要素、科技信息资源要素和科技文化资源要素）和强制性科技资源要素（包括科技制度资源要素和科技组织资源要素）。但实质上他们是对周寄中理解的深化。

本书认为，广义的科技资源包括一切可以直接或者经过开发后间接为科学研究和技术创新活动提供价值的资源。任何被人类用科学的眼光去观察，用科学的逻辑去思考，用科学的手段去研究和试验的对象、工具、材料、制度或者由此产生的成果等，甚至是科学和科学思维本身，都属于科技资源的范畴。也可以认为，世界上的一切物质、能量、信息、现象和精神等物质与非物质都有可能成为科技资源。但并不是任何事物在任何时候或者任何状态下都是科技资源，只有它与某个科技活动有关系、作为支撑科学技术活动的一切输入的资源并为创造科技价值做出贡献时，才可以被称为是该科技活动的科技资源。

科学技术活动包括科学研究、技术开发活动及科技管理活动。狭义的科技资源是指科技活动中的人力、物力、财力、信息等要素以及要素的组合。其中，科技人力资源具有能动性，不但是经过开发能够为科技活动创造价值的"资源"，同时也是科技活动的发起主体、收益主体和其他科技资源的利用主体。科技财力资源可以调控其他科技资源，在充分竞争的经济社会，是各类科技资源价值的凝聚与外在体现，是其他科技资源产生和应用的基础。科技物力资源和科技信息资源是科技创新活动的最直接支撑和保障。本书重点讨论科技物力资源和科技信息资源，包括用于各类科技活动的工具和信息及其物质、技术支撑等基础条件。

1.1.2 科技资源的分类

按不同的分类原则，可将科技资源划分为多种类型（表1-1）。按资源的存在形态划分，科技资源包括科技实物资源和科技信息资源；按资源的功能划分，可包括工具类科技资源、材料类科技资源、保障类科技资源等；按管理范畴划分，可包括专用科技资源和公用科技资源；按收费方式划分，可包括免费类科技资源、成本类科技资源和盈利类科技资源；按要素类型划分，科技资源可以分为科技财力资源、科技人力资源、科技物力资源、科技信息资源4个方面。

此外，按照科技资源形成的时间还可分为存量科技资源和增量科技资源；按照资源的用途属性分为公益性科技资源和商业性科技资源；按照加工深度分为天然形成的科技资源、人造科技资源和加工改造形成的科技资源。

表1-1 科技资源的分类

分类原则	类别	主要内容
按资源的存在形态	科技实物资源	指以物质形态存在的科技资源，包括可以看得见摸得着的具体、有形的物体，也包括看不见、摸不着但是属于物质范畴的物质，例如标准物质、惰性气体等
	科技信息资源	包括各种文字、数字、音像、图表、语言等。它涉及科技活动过程中所产生、获取、处理、存储、传输和使用的一切信息资源，贯穿于科技活动的全过程
按资源的功能	工具类科技资源	指由科技活动的行为主体在对研究对象实施科技行为时所需要借助的工具，例如科学仪器、科学方法等
	材料类科技资源	是科技活动的行为主体利用科技工具获取相关信息、知识等的主要研究对象，例如实验动物、岩矿标本、科学数据等
	保障类科技资源	是为了保证科技活动的顺利实施而存在的科技资源，例如政策法规、标准规范等
按管理范畴	专用科技资源	"专用"可以分为机构专用和应用领域专用。机构专用是指资源被某个机构占用而在一定程度上剥夺其他使用者的使用权；领域专用是指由于资源的特性使得资源仅能在某些领域获得最佳性能的发挥
	公用科技资源	是指能够被大多数的需求者获取或者使用的科技资源
按收费方式	免费类科技资源	是指在获取和使用过程中不用为之支付相关费用的资源
	成本类科技资源	是指在获取和使用过程中需要为资源的生产、保藏和传递等过程支付必要成本费用的资源
	盈利类科技资源	是指资源提供者以盈利为目的而提供的科技资源
按要素类型	科技财力资源	包括政府财政科技拨款、企业自筹资金、社会资金等
	科技人力资源	包括专门人才、专业技术人员、科技活动人员、R&D人员、科学家和工程师等
	科技物力资源	包括国家实验室等研究实验基地、国家大型科学仪器中心等综合实验服务基地以及科学仪器设备、科研试剂、实验动物等资源
	科技信息资源	包括科技期刊、科技图书、科技报告、专利说明书、会议文献、技术档案、学位论文、技术标准、产品样本以及科学数据等以及与科技信息相关的技术设施、软件、网络等

1.1.2.1 科技财力资源

科技财力资源主要是指对科技创新活动开展的投资能力及水平，表现为科技活动经费的投入。科技财力资源的来源主要有3个方面：① 政府财政科技拨款：主要是中央政府和地方政府通过科学事业费、科技三项费、科研基金费等形式拨付款项支持科技发展。其中，科学事业费是拨给政府部门下属研究与开发机构及高等学校下属科研机构的科研行政费和业务费；科技三项费包括新产品试制费、中间试验费、重要科学研究补助费及其他专项费。② 自筹资金：包括接受的横向委托以及自筹经费。③ 社会资金：包括政策性和商业性银行贷款、天使投资或民间借贷、私募股权投资、知识产权抵押贷款、中小企业集合债、科技信用保险、社会捐赠等。

我国中央财政在科技资源建设方面投入渠道包括：第一，国家主体科技计划的支持力度加大，其中国家重大科技专项、863、973，以及科技支撑计划在科技资源建设方面发挥了重要作用；第二，启动了中科院知识创新工程，实施了科研信息化工程、野外台站、植物园网络、标本馆、国家数字科学图书馆等5个条件建设专项，启动了教育部"211"、"985"工程，有针对性的为一批重点学科配置了从事学科前沿研究所必需的先进设备；第三，设立了中央级科学事业单位修缮购置专项，资金列入本单位的科学事业经费科目，有效解决了科技基础条件的瓶颈问题；第四，实施了若干国家大科学工程，"十一五"期间，我国投资了包括北京散裂中子源、强磁场试验装置、新一代天文望远镜、新型海洋综合考察船、航空遥感系统、结冰风洞、中国大陆构造环境监测网络、重大工程材料结构服役安全评价试验装置、蛋白质科学研究设施等，他们成为国家重要的科研与试验基地。

1.1.2.2 科技人力资源

科技人力资源是指从事科学和技术知识的产生、发展、传播和应用活动的人员。1995年经济合作与发展组织（简称OECD）和欧盟发布的《科技人力资源手册》（Canberra Manual），系统地解释了科技人力资源的基本定义、分类标准、相关因素与数据来源等，在国际上第一次明确提出了有关科技人力资源统计的标准和规范，从而为后来各国的研究奠定了基础。《科技人力资源手册》将科技人力资源定义为实际从事或者有潜力从事系统性科学和技术知识的产生、促进、传播和应用活动的人力资源。由此，鉴别科技人力资源主要依据两种方式：一是按照"职业"进行统计，主要回答社会科技活动实际需要的人员数量、质量和条件；二是按照"资格"即受教育程度进行统计，主要回答具备什么素质、水平和条件的人员才能够具有科技人力资源的资格，或者说在某一受教育水平上现在和潜在的可从事科技职业的人员数量。我国的科技活动人员、R&D 人员、科技领域的专业技术人员等都是科技人力资源的重要组成部分。在实践中，由于对科技人力资源的认识和实际管理有所不同，科技人力资源有时用以下概念来代替：① 专业技术人员：根据我国科技统计的有关规定，指具有中专以上学历或初级以上技术职称的技术人员。② 科技活动人员：主要指从事科技活动的相关人员，包括科技管理人员、课题活动人员和服务人员，如科学家、工程师、科研管理人员、科研辅助人员等；科技活动包括研究与开发、科技教育与培训、科技服务等。③ R&D 人员：是指专门从事研究与开发工作的人员，他们是科技活动人员的主体，也是衡量一个国家或地区科技资源的重要指标。④ 科学家和工程师：这是一个国际上比较通用的人力指标，科学家和工程师的数量往往能够反映出一个国家或地区科技人力资源的质量。

1.1.2.3 科技物力资源

科技物力资源是本书重点讨论的资源类型之一，它包括实验和观测研究型仪器资源、自然科技资源等具有科技支撑作用的物质手段和基础设施。其中，实验、观测研究型仪器资源包括科学仪器设备、计量以及检测工具等，主要由研究实验基地、观测试验研究支撑体系、计量基标准和检测技术体系组成。自然科技资源一般指经过长期演化自然形成（如化石、岩矿）及人为改造（包括收集、整理等）的、对人类社会生存与发展不可或缺的、为人类社会科技与生产活动提供基础材料，为科技创新与经济发展起支撑作用的重要物质资源。国家科技基础条件平台建设的自然科技资源主要包括植物种质、动物种质、生物标本、岩矿化石标本、人类遗传、微生物、实验材料、标准物质八大类资源。

（1）实验、观测研究型仪器资源

1）研究实验体系，是以高性能、大规模成套科学仪器或大型科学设施所组成的科技基础设施。包括国家级研究院所、研究型大学，以及由国家实验室、大型科学设施、国家重点实验室、省部级重点实验室等构成。国家通过这些高水平、多学科综合研究基地，组织创新性的基础研究、战略高技术研究和重要的公益性研究，是代表国家科技水平和实现重大突破的科技创新公共研究平台。

2）观测、试验支撑体系，是以发现新现象、获取准确的各类科学数据与相关信息为主要目的，通过天基、空基和地基一系列大型科学设施与仪器装备的建设，开展对天体与地球系统的观测、试验研究基地，涉及天文科学、空间科学、地球科学、环境科学、生物与农林科学和材料科学等诸领域。旨在不断加深对自然界的认识，是政府决策、经济发展、社会进步和国家安全的信息和技术保障。目前，在我国已基本形成服务于多学科研究的国家野外观测试验研究站（台）网和对地观测系统，实现对其信息的实时快速、传输、处理、分析系统。这类设施既是科学数据信息的来源，又是相关科学技术问题突破的观测、试验研究基地。

3) 国家计量基标准和检测技术体系，计量基标准及标准计量是科技发展乃至各行各业的工作基础，是国家测量量值溯源的源头，是科技创新和社会各领域计量单位统一及测量数据准确可靠的技术手段与基础支撑。研制高新技术产业化和社会发展急需的计量基标准、标准物质，是解决技术产业化中的非常态、动态、连续测量的溯源问题，尤其涉及新能源、新材料、信息工程、生物工程以及大众健康、环境保护等领域的测量系统的标定和校准、精密测量、测量溯源、检测技术等复杂问题的重要基础。它依靠建立高精度的校准测量装置、测量技术和方法以及标准物质，通过一系列不间断的测量链，使测量溯源到计量基标准，使各种量值的准确性得到保证，从而为科技创新提供科学计量支撑，是兼具研究与服务功能的基础设施。

显而易见，以上所述的研究实验基地、观测试验研究支撑体系、计量基标准和检测技术体系，既是国家最先进的实验、观测型基础设施建设的基地，又是世界前沿科技领域取得突破的高水平、综合研究基地。这些基地是围绕国家发展战略和目标而部署建设，由国家公共财政投入建设、政府（直接或委托）管理、支撑创新性研究的国家级科技基础设施；是面向全社会、面向国际竞争开展基础性、前瞻性、战略性研究的科技创新公共研究平台；是科技创新人才、科技资源和高效的组织管理融于一体的科技创新研究基地，已成为研究开发具有自主知识产权科技成果的源地。

(2) 自然科技资源

"自然科技资源"主要包括3个领域的资源：

1) 有生命的种质资源，包括动植物种质资源、微生物菌种资源、人类遗传资源等。其中，动植物种质资源是指地球上所有的动植物遗传多样性资源，是全部动植物基因在特定地理生态空间和时间上形成的遗传载体材料；微生物种质资源是指能够保存持续利用的、有一定科学意义、具有实际或潜在应用价值的微生物，包括无细胞结构不能独立生活的病毒、亚病毒（类病毒、拟病毒、朊病毒）、具原核细胞结构的真细菌、古细菌以及具真核细胞结构的真菌、单细胞藻类、原生动物等;人类遗传资源是指含有人体基因组、基因及其产物的器官、组织、细胞、血液、制备物、DNA构建体等遗传材料。

2)无生命的标本资源,它是自然界发展的忠实记录,极具科学意义,是由人工采集并以各种方式保存的收藏物,包括生物标本、岩石矿物和古生物化石标本等标本资源。

3)科技活动所需的专用材料,如标准物质和实验材料,标准物质是用以校准设备、评估测量方法或给材料赋值的材料或物质,包括化学成分、物理化学特性、工程技术特性、生物化学和生物工程测量、核科学与放射性资源等。实验材料是用于科学研究活动的基础物质,如专用实验细胞、微生物培养基、实验动物等。

1.1.2.4 科技信息资源

根据国内外学术界对信息资源的不同理解,大致可分为狭义和广义两种说法。狭义的解释为:信息资源是指人类社会发展过程中经过加工处理、有序化,并大量积累起来的有用信息的集合;广义的解释为:信息资源是指人类社会发展过程中积累起来的信息、信息生产者、信息技术等信息活动要素的集合。

对于科技信息资源的定义也存在多种理解,有专家认为,科技信息资源是人类从其活动中所获得的一切与科技有关的信息的总称。在《国家科技发展中长期规划》中,将科技信息资源定义为:"人类社会科技活动所产生的基本科学技术数据、资料,以及面向不同需求加工整理形成的各种科学数据产品和各种载体的科技图书、期刊、报告、论文、专利等科技文献。"本书认为科技信息资源通常是指在基础科学研究与技术开发、应用过程中产生的各种信息资源,以及科技活动过程中所需要的各种类型的信息资源。科技信息资源主要包括科技文献信息资源、科学数据资源、网络信息资源等。

(1)科技文献信息资源

科技文献信息资源是信息类的科技资源。根据不同的划分标准,文献可以分成多种类型。按载体形式划分,文献主要有纸张型、缩微型、电子型、音像型等4种。纸张文献(Paper Document)是以手写、打印、印刷等为记录手段,将信息记载在纸张上形成的文献。缩微文献(Microform)是利用光学技术以缩微照相为记录手段,将信息记载在感光材料上形成的文献,如缩微胶卷、缩微平片。电子文献(Electronic Document)是指以数字代码方式将图、文、声、像等信息存储到磁、光、电介质上,通过计算机或类似设备阅读使用的文献。目前电子型文献种类多、数量大、内容丰富，如各种电子图书、电子期刊、联机数据库、网络数据库、网络新闻（如 Usenet, Mailing list, BBS）、光盘数据库等。音像文献（Audio-Visual Document）是采用录音、录像、摄影、摄像等手段，将声音、图像等多媒体信息记录在光学材料、磁性材料上形成的文献，也称视听型文献，如音像磁带、唱片、幻灯片、激光视盘等。按出版形式划分，可分为科技图书、科技期刊、科技报告、会议论文、学位论文、科技成果文献、专利文献、技术标准与计量文献、技术方法与工艺文献、文献数据、声像文献等。图书（Book）是指对某一领域的知识进行系统阐述或对已有研究成果、技术、经验等进行归纳、概括的出版物。期刊（Periodical、Journal、Serial）俗称杂志（Magazine），是指有固定名称、版式和连续的编号，定期或不定期长期出版的连续性出版物。科技报告（Sci-Tech Report）也称技术报告、研究报告，它是科学研究工作和开发调查工作成果的记录或正式报告，这是一种典型的机关团体出版物。会议文献（Conference Literature）是指在各种学术会议上交流的学术论文。其特点是内容新颖、专业性和针对性强，传递信息迅速，能及时反映科学技术中的新发现、新成果、新成就以及学科发展趋向，是了解有关学科发展动向的重要信息源。专利文献（Patent Literature）是实行专利制度的国家，在接受申请和审批发明过程中形成的有关出版物的总称，包括专利说明书、专利公报、专利分类表、专利检索工具以及与之相关的法律性文件。标准文献（Standard Literature）是经过公认的权威机构批准的、以特定的文件形式出现的标准化工作成果。学位论文（Thesis, Dissertation）是指高等学校或研究机构的学生为取得某种学位，在导师的指导下撰写并提交的学术论文，它是伴随着学位制度的实施而产生的。政府出版物（Government Publication）是指各国政府部门及其所属机构出版的文献，又称官方出版物，它可分为行政性的和科技性的两类。行政性文献（包括立法、司法文献）主要有政府法令、方针政策、规章制度、决议、指示、统计资料等，主要涉及政治、法律、经济等方面；科技文献主要是政府部门的研究报告、标准、专利文献、科技政策文件、公开后的科技档案等。产品资料（Product Literature）是厂商为推销产品而印发的介绍产品情况的文献，包括产品样本、产品说明书、产品目录、厂商介绍等。其内容主要是对产品的规格、性能、特点、构造、用途、使用方法等的介绍和说明，所介绍的产品多是已投产和正在行销的产品，反映的技术比较成熟，数据也较为可靠，内容具体、通俗易懂，常附较多的外观照片和结构简图，形象、直观。但产品样本的时间性强，使用寿命较短，且多不提供详细数据和理论依据。大多数产品样本以散页形式印发，有的则汇编成产品样本集，还有些散见于企业刊物、外贸刊物中。产品样本是技术人员设计、制造新产品的一种有价值的参考资料，也是计划、开发、采购、销售、外贸等专业人员了解各厂商出厂产品现状、掌握产品市场情况及发展动向的重要信息源。科技档案（Technical Records）是指在自然科学研究、生产技术、基本建设等活动中所形成的应当归档保存的科技文件，如课题任务书、计划、大纲、合同、试验记录、研究总结、工艺规程、工程设计图纸、施工记录、交接验收文件等。其内容真实、详尽、具体、准确可靠，保密性强，保存期长久，是科研和生产建设工作的重要依据，具有很大参考价值，它通常保存在各类档案部门。

（2）科学数据资源

科学数据资源是数据资源系统中的一个子系统，它是指人类认识自然、利用和改造自然的各类科技活动所产生的基本科学技术数据、资料以及按照不同需求而系统加工的数据分析产品和相关信息。数据是指数据或者数据集的形式，他们通常需要计算机和软件的帮助来变得可用，比如不同种类的实验数据，包括光谱、基因序列和电子显微镜数据；观测数据，比如遥感、地理空间和社会经济数据；以及其他由人类或者机器产生或者编译的数据。数据来源也差别很大。在物理和生命科学中，大部分的数据是由研究人员收集或产生的，如观察、实验或者模型；在社会科学中，研究人员可能收集或者产生他们自己的数据，或者他们从其他比如经济活动公共记录中获取数据；人文数据大部分是从记录人类文明的存储介质、出版文档或者手工艺品中提取的。NSB美国国家科学委员会报告中指出，科学数据包括：观察数据、计算数据、实验数据和记录数据四大类数据，观测数据包括天气测量和态度调查，可能跟一个特定的地点和时间相关或者涉及多个地点和时间；计算数据来自于执行一个计算机模型或仿真，将来复制这个模型或者仿真需要大量关于硬件、软件和输入数据的文档，有时候只有模型的结果被存储起来；实验数据包括实验室研究的结果，重现实验的数据和文档的丰富程度随着实验的经费和再现性的不同而不同。政府、商业和公众私人生活的记录也产生出对自然、社会科学研究有价值的数据，包括调研、商业数据、业务数据以及科研管理中的数据等。

（3）网络信息资源

网络科技信息资源是指利用网络这一传媒形式，将科技信息通过生产、加工、存储、转换、分配，可使用户进行开发利用，为社会创造一定价值的一种社会资源。在网络环境下,科技信息资源的获取和传播变得更加便捷和广泛,其内涵也得到极大丰富,外延也得到很大扩展,已突破了原来传统科技信息所定义的范畴,形式上变得更加多样繁杂。就目前来说,网络科技信息资源的类型既包括了传统图书馆已实现网络化的正式出版的科技文献信息(如科技图书、科技期刊、科技报告、科技成果、专利文献、标准文献等),也包括了大量电子化的科学数据资源(如科学观测、探测、调查和试验产生的数据),事实型的科技信息(诸如年鉴、手册等各类参考工具信息;天气预报、科技快报等各类实时传播信息;内部专业技术图片、视听音像等各类型内部科技资料等)以及基于网上传播的网络灰色科技信息(如科研机构在网上发布的科技政策、科技新闻、产品信息等;技术人员发布的个人科技观点、书信、手稿等以及专题网站、博客、微博、事实动态、个人网页、BBS材料等)。网络科技信息资源发布的即时性、传播的广泛性、获取的便捷性等特点使得各类科研机构或科技人员都可以通过互联网发布科技信息,以反映当前各个学科领域中的最新科研成果、经验、应用技术等。

1.1.3 科技资源的属性

科技资源具有一切资源所具有的稀缺性、需求性和选择性等共同特征,同时,由于科技资源所具有的特殊用途,因而又具有独特的属性。不同类型的科技资源分不同形态、用途,在不同的活动中表现出不同属性,例如信息类科技资源具有传播速度快、易复制等特征。就科技资源整体而言,具有以下属性:

(1)稀缺性

人类的科技需求具有无限增长和扩大的趋势,科技资源相对于人类的不断涌现的科技需要来讲是稀缺的。当前我国科技资源的稀缺性表现在两个方面:一方面,科技资源总体上来讲绝对数量不足,不能够满足开展科技活动的现实需求;另一方面,科技资源分布不均衡,以及科技资源使用效率低下,使得科技资源匮乏问题更加突出。

(2)科学价值

任何资源都具有价值,科技资源必须具有科学价值,它必须能够直接或者间接对科技活动做出贡献,这是科技资源区别于其他资源的最根本的特点。科技资源可以抽象为科学价值的载体,由于开发效率、能力、稀缺性等方面的差异,形成了价值差,在价值动力的驱动下产生了价值流动,因此,科技活动是一个科技价值开发和转换的过程。

(3) 增值性

在科技活动中，科技资源的价值得以转换或者增加，科技资源的科技价值可以被转换为新的科技价值，也可以被转化为社会价值、经济价值等类型的价值。大多数科技资源在这个转换过程中的增值性表现出两个普遍的规律：一是科技资源被利用的机会越多，复制次数越多，开放、开发程度越深，其增值越快。二是与商品必须成为最终产品才能被用户使用并产生价值不同，科技资源所处的不同阶段和状态，即全生命周期，都可以为科技活动所利用并创造价值。因此，应该合理配置科技资源，提高综合使用效率。

(4) 可开发性

科技创新需要对资源进行深层的挖掘，透过事物的表面现象，发现隐藏在其内部的规律、性质等，这些工作都依赖于高质量的科技资源和对科技资源的深层开发。所有科技资源都可以被开发，但是可以达到的可开发程度却与开发手段、方法、科技水平以及管理体系、开发主体、经济水平等外界条件有着密切的关系。由于科技资源在全生命周期内都可以为科技活动所利用并创造价值，因此，科技资源可以达到的可开发程度不但与单一的开发活动对它的开发深度有关，还与参与开发的主体数量以及开发的全面性有关。

(5) 社会性

科技活动的本质是由具有社会属性并具有特殊知识结构的人——科技人员参与科技资源配置，进行科技生产活动，促进科技成果的产生与转化，从而有助于科技、经济、社会的协调发展。由于科技资源来源于人类科技活动的过程与结果，特别是科技信息资源的形成是建立在人类以往长期的历史实践和知识积累基础之上的，因此，科技资源具有较强的社会性。

(6) 战略性

随着人类社会的不断发展，科技对经济增长的贡献程度不断加大，促进作用不断增强。特别是在知识经济时代，全球知识创造和技术创新速度明显加快，科技在经济社会发展中起着决定性作用，以科技实力为基础的发展权和主导权的竞争更加激烈。因此，科技创新活动是关乎国家整体发展的战略性活动，作为科技创新活动基础的科技资源也具有战略性。

(7) 准公共物品属性

随着科技活动的社会化，图书馆、博物馆成为为公众提供图书资料服务的、由政府提供资金支持的场所。后来出现的实验室、大型仪器中心、标本馆等拥有科技资源的机构绝大多数都是由政府提供资金支持,建设目标是为社会发展服务。对于政府投入公共财政资金所形成的科技资源,要求其在一定程度上对全社会开放共享,为所有科技创新活动成员共同服务,联合使用,共同受益,是一种非竞争性和非排他性产品,对于整个社会具有较强的间接"公益性",即"正外部性",从而使得提供这种资源服务的社会成本小于其生产成本,社会收益大于直接用户的收益。

1.2 科技资源管理的内涵

1.2.1 管理的定义

管理是一个十分宽泛的概念,有着非常丰富的内涵和外延。

- 管理有"管辖"、"处理"、"管人"、"理事"等含义,是人们对一定范围内的人员及事务进行安排和处理、以期达到预定目标的活动。
- 管理是一种社会现象和文化现象,是一种与人类社会共生的社会活动,只要有人类社会存在,就会存在着管理活动。
- 管理的任务是有效地实现人类活动的社会协作,通过最佳的协作方式和最优的组织结构保证在实现目标的过程中以最小的支出使人力、物力和财力都能发挥出最大效应。
- 管理是管理者与被管理者共同实现他们既定目标的活动过程。亨利·法约尔认为,管理是所有的人类组织都有的一种活动,这种活动由计划、组织、指挥、协调和控制等职能组成。西蒙认为管理就是决策,马克斯·韦伯则把管理定义为协调活动,孔茨等认为管理还包含着激励、领导等职能。

然而,从管理的过程来看,这些定义都不能够全面阐释管理的概念,他们仅仅将管理中自认为比较重要的局部视为管理的整体,强调局部的重要性,不能形成完整的逻辑链。实际上,任何一种管理活动都必须由以下5个基本要素构成,即:管理主体,回答由谁管理的问题;管理客体,回答管理什么的问题;管理目的,回答为何而管理的问题;组织环境或条件,回答在什么情况下管理的问题;管理方式和手段,回答如何管理的问题。

1.2.2 科技资源管理的内涵

从管理的五要素出发,本书把科技资源管理定义为各类科技资源管理主体在一定的环境和条件下,运用经济、行政、法律、技术等手段,对科技资源进行科学规划、有效开发、合理配置和高效利用,以使科技资源有效支撑科技创新活动,最终实现组织战略目标的过程。

科技资源管理的主体是指对科技资源进行管理的行为主体,包括政府、企业、科研部门(高等院校、研究机构)、中介机构等。科技资源管理的主体在科技资源管理过程中各自承担不同的角色与职能,并相互联系。其中,国务院领导下的各级政府、代表政府从事行政管理的各级科技行政主管部门是科技资源管理的宏观主体,企业、科研院所、中介组织等各类科技资源的拥有者和使用者是科技资源管理的微观主体。科技中介服务机构主要为科技活动提供社会化服务与管理,在政府、各类科技活动主体与市场之间提供中间服务的组织,主要开展科技信息交流、技术咨询、技术孵化、科技评估和科技鉴定等活动。在科技资源管理过程中,管理主体是主导的因素,在整个科技资源管理活动中起着积极的、能动的作用。

科技资源管理的客体是指各类科技资源,包括科技人力资源、科技财力资源、科技物力资源和科技信息资源等。在科技资源管理活动中,人、财、物、信息分别作为不同形式的客体同科技资源管理主体发生联系、相互作用,科技资源管理主体的积极性和能动性也表现在对科技资源管理客体的认识和作用上。科技资源管理手段包括经济、行政、法律、技术等手段。其中,经济手段是借助于经济杠杆的作用对科技资源进行有效管理的工具和方法,主要包括财政、金融等手段,是科技资源管理的基本手段。行政手段是指国家行政机构管理科技资源所采用的强制性命令、指示、规定等行政方式,法律手段是指对科技资源的生产、购置、使用、处置、评估等进行强制性管理的各类法律法规,行政和法律手段是实现科技资源有效管理的重要保障,技术手段是指科技资源开发利用过程中采用的各种技术和标准,是科技资源管理活动的主要支撑。

科技资源管理可以从各个视角进行阐述。从宏观管理的角度,指在国家层面上建立有效的管理体系,通过法律法规、政策、标准规范、产权制度以及评估监督等对科技资源实施的组织管理。科技资源宏观管理具有指导性。从分类管理的角度,指针对某一类型资源的生成、生产、加工组织、配置并使其满足科技活动和科技用户需求所实施的活动,这一类管理应该具有操作性。从系统管理的角度,指如何打破部门、地区、行业、机构间的壁垒,实现跨部门、跨地区、跨行业的共建共享,以统筹规划、突出重点和特色、减少不必要的重复和浪费,这就需要进行系统的管理。在网络环境下,实现科技资源的系统管理已经有了很大进展,这方面理论与实践的研究很有必要。从集成管理的角度,核心是突出整体化、一体化,要集中人、财、物、信息、知识等多种管理要素,使之相互吸纳和渗透而形成有机整体,使整个管理系统运转的效果达到 1+1>2 的目标。

科技资源管理方式包括规划、开发、配置、共享等方式。其中,科技资源规划主要是预测科技资源需求的规模,制订科技资源的供需平衡计划。科技资源开发是指采用自主开发或外部获取等方式获取科技资源。科技资源配置是指按需求方向在不同科技活动主体、学科领域、时空情况下对科技资源进行各种分配与组合。科技资源的共享是指采用先进的技术手段和有效的运行机制实现资源的共建、共营及共用。

科技资源管理的目的是实现科技资源优化配置和高效利用,使科技资源能够有效支撑科技创新活动,并最终实现科技资源管理主体的战略目标。

根据从管理五要素出发而形成的科技资源管理的定义,结合科技资源特性和管理实际的需求,可从科技资源的微观管理、科技资源的管理方式和支撑手段等维度构建科技资源管理的内容框架,如图 1-1 所示。在微观管理层面,主要是根据生命周期理论来分析科技资源的管理过程;在管理方式维度,包括科技资源的配置管理、共享管理、服务管理和绩效管理研究;在支撑手段维度,包括科技资源的政策法规和科技资源的信息化管理研究。

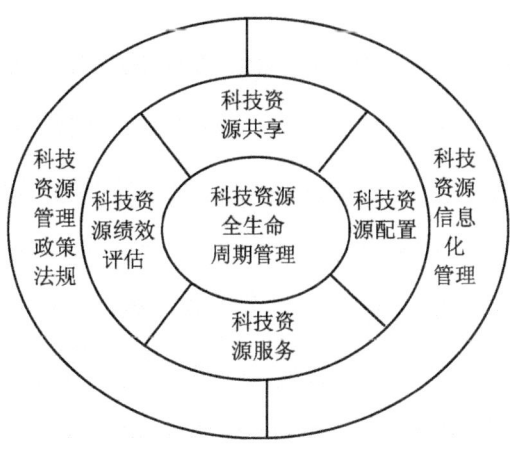

图 1-1 科技资源管理的内容框架

1.3 与科技资源管理相关的学科

由于科技资源管理的综合性和复杂性,对科技资源管理问题的研究也必须综合借鉴各类相关学科的理论和方法,主要包括系统科学、资源科学、科学学、经济学、管理学、信息科学、社会学等。

1.3.1 系统科学

系统科学是一门以研究复杂系统演化问题为主旨的科学体系,由一组相辅相成、内涵相通、且以系统研究为中心的学科群组成。系统科学是适应科学方法变革而产生的新学科,它研究的方法论是新型科学的方法论,其哲学依据归根到底是唯物辩证法。

系统科学发端于20世纪20年代,奥地利生物学家贝塔朗菲倡导的机体论就是一般系统论的萌芽。美国研制原子弹的曼哈顿工程,是系统工程的成功实践。现在它已发展成与自然科学、社会科学并列的基础科学,是一门独立于其他各门科学的学科。系统科学的发展主要包括以下3个阶段:20世纪40~60年代,系统论、信息论、控制论可以看作系统科学的理论奠基;60~80年代,以耗散结构理论、协同学、超循环和突变论为代表的自组织理论先后兴起;80~90年代,分形、混沌、孤立子理论迅速发展起来,形成了系统科学发展的第3个阶段。系统科学的基本原理是:没有反馈的系统,要实现控制是不可能的;没有开放的系统,要走向有序是不可能的;没有结构的孤立部分,要发挥系统的整体功能是不可能的。

系统科学以系统论为基础。系统论将研究和处理对象作为一个系统即整体来对待。一切系统都是由大量的要素按照一定的相互关系(相关性)归属于固定的阶层内,即稳定性、开放性、相对性和阶层性作为一般系统中结构的基本内涵特征。系统论不仅是反映客观规律的科学理论,也是科学研究思想方法的理论。系统论的任务,不只是认识系统的特点和规律,反映系统的层次、结构、演化,更主要的是调整系统结构、协调各要素关系,使系统达到优化的目的。系统论的基本思想、基本理论及特点,反映了现代科学整体化和综合化的发展趋势,为解决现代社会中政治、经济、科学、文化和军事等各种复杂问题提供了方法论基础。

科技资源管理涉及多个主体、客体等要素，以及政策、技术等环境因素，各要素和环境之间彼此相互作用和反馈，并具备自组织发生的条件。以系统科学来指导和研究科技资源管理问题，考察科技资源管理的要素和过程，可以最大限度地提高科技资源管理的整体效率和水平，更好地发挥科技资源的效用。

1.3.2 资源科学

资源科学是一门集自然科学、社会科学与工程技术于一体的综合性科学，是在传统的地理学、生态学、经济学和信息工程技术等学科基础上发展起来的一门新兴学科。资源科学的研究对象是资源系统，资源既包括作为人类生存与发展物质基础的自然资源，又包括与其开发利用密切相关的人力、资本、科技与教育等社会资源。资源科学研究的主要内容是：① 阐明资源系统的发生、演化及其时空分布规律；② 探索资源系统各要素间的相互作用机制与平衡机理；③ 揭示资源特征及其与人类社会发展的关系，研究不同时期资源的保证程度与潜力；④ 探索人类活动对资源系统的影响；⑤ 研究区域资源开发与经济发展之间的相互关系；⑥ 探讨新技术、新方法在资源科学研究和资源开发利用中的应用。资源科学的学科体系由综合资源学、部门自然资源学和社会资源学等组成，其中社会资源学包括人力资源学、科技资源学、资本资源学等。而目前，随着当代资源观的形成和发展，在原有土地资源学、矿产资源学、能源资源学等传统领域外，综合资源学中的重要支柱学科的资源地理学、资源生态学与资源经济学研究，取得了极大进展。在国际上，以资源地理、资源生态、资源经济为基础的资源管理研究已成为研究社会经济体系功能的核心领域。

科技资源学作为资源科学的一个新兴领域，其管理研究应加强对资源科学其他领域的研究理论与方法的发展动态和成果的关注及借鉴。

1.3.3 科学学

英国著名物理学家贝尔纳（J. D. Bernal）在1939年发表《科学的社会功能》，标志着科学学这门新生学科的诞生。科学学是由自然科学和社会科学、人文科学交叉融合形成的一个研究领域，是研究科技、经济、社会协调发展的综合性学科。它的主要特征是在上述研究的基础上，运用决策理论、系统方法和计算机技术，为各级决策部门的战略研究、规划制定、政策选择、组织管理、技术评估等提供科学的论证和可供选择的方案，为各个方面特别是企业提供咨询服务。

也就是说，它为决策的科学化提供理论、方法、技术和程序，为决策的民主化提供智力支持。由于社会发展的需要，"多谋"与"善断"、"咨询"与"决策"正进行适当的分工。科学学作为专事研究科技发展规律及其政策的"多谋"学科，越来越显示出其生命力。

科学学以科学技术活动所产生的两种关系——人与自然以及人与人的关系两个层面进行研究，这是科学学的基本范式。科学学的理论体系由科学能力学、制度科学学、科学体系学、科学计量学等4个基本学科组成。从研究内容上，科学学探索科学、技术、创新各自的发展规律和他们之间的复杂互动关系，揭示基础科学、技术科学、工程科学和自主技术创新的相关规律性，深化对科学、技术、创新与社会、经济、政治、文化之间关系的规律性认识。从应用层次上讲，研究基于科学、技术、创新相统一的科学技术能力、自主创新能力及其战略、政策、管理和体制；研究以企业为主体、市场为导向、产学研结合的国家和区域创新体系、社会的创新能力、面向产业的创新能力以及国际科技竞争力等。从方法层面上讲，科学学运用以科学、技术、创新综合体为对象的最新前沿科学计量学方法，定量的、形象的揭示科学、技术、创新的规律、机制和绩效，为政府和企业的研究开发和创新决策服务。

科学学可以帮助人们提高对科学技术事业社会作用的认识和重视程度，可以为国家制订发展科技的路线、战略、政策提供理论依据，可以促进科学技术的组织管理工作实现合理化和提高效率，对于科技资源管理学科的建设也将起到重要的理论支撑作用。

1.3.4 经济学

经济学在人类社会发展史上是一门古老的学科，是研究人类社会在各个发展阶段上的各种经济活动和各种相应的经济关系及其运行、发展规律的科学。在经济学中主要有以下理论可为科技资源管理提供理论与方法论基础：① 价值理论，该理论是关于事物之间价值关系的运动与变化规律的科学。正是基于科技资源拥有的价值属性以及在传递过程中的价值实现，才使得通过对科技资源的有效管理以提高资源价值成为可能。② 公共物品理论，该理论细致地区分出公共物品与私人物品的各种类型，其意义在于合理界定政府组织与市场组织及其他社会组织在资源的提供与生产中的相互依存和伙伴关系，从而有利于对科技资源管理活动进行多样化的制度安排。③ 交易成本理论，它是新制度经济学及产权理论的核心。在产权关系界定模糊不清、环境不确定、信息不对称以及人类有限理性与规则匮乏等情况下，交易成本会变得异常高昂。因此，政府强化在建立产权制度、确立相关法律秩序等方面的作用，通过合理的制度安排和制度创新，可以有效地控制与减少交易成本的支出，提高科技资源管理的内在效率。④ 委托代理理论，委托代理问题是指在信息非对称条件下参与者围绕契约形成的经济关系展开博弈。在有限理性和机会主义的经济人假设前提下，代理人利益与委托人的利益未必一致，他可能去追求个人利益而把委托人的利益放在次要位置，甚至以牺牲委托人的利益为代价，因而逆向选择和道德风险等问题仍会普遍存在。为了保证科技资源的代理人能够按照委托人的意志行事，必须建立科技资源代理人的责任与激励结构，强化对代理人的监督。

1.3.5 管理学

管理学是研究管理理论、方法和管理实践活动的一般规律的科学。管理学也为科技资源管理研究提供了重要的理论和方法论基础，主要包括：① 决策理论，该理论以社会系统论为基础，吸收了行为科学、系统论的观点，运用计算机技术和统筹学的方法而发展起来。该理论认为决策贯穿管理的全过程，决策是管理的核心，任何作业开始之前都要先做决策，制定计划就是决策，组织、领导和控制也都离不开决策。决策理论不仅为科技资源规划奠定了理论基础，也提供了具体的规划方法和工具指南。② 管理过程理论，该理论将管理职能分为计划、组织、人事、领导和控制5项，而把协调作为管理的本质，这对于科技资源管理者明确和丰富自身的管理职能具有重要指导意义。③ 目标管理理论，该理论强调围绕确定目标和实现目标开展一系列的管理活动。一切管理行为的开始是确定目标，执行过程也是以目标为指针，管理行为的结束则以目标的完成度来评价管理效果。目标管理理论可为科技资源绩效管理提供重要指导。④ 质量管理理论，该理论强调经营管理的每一环节都以质量为中心，以客户需求为导向，以全员参与为基础，可为科技资源管理主体改进和提升科技资源质量提供重要借鉴。

1.3.6 信息科学

信息科学是以信息为主要研究对象、以信息运动过程的规律为主要研究内容、以计算机等技术为主要研究工具，以扩展人的信息功能为主要研究目标的一门科学，是一门横断性、交叉性、综合性的学科。信息科学的主要内容包括：研究信息性质和度量方法的信息论、研究信息获取的检测论和识别论、研究信息传递的通信论和存储论、研究信息处理的认知论、研究信息再生的决策论、研究信息执行的控制论以及研究信息过程全局优化的系统论和智能论。

20世纪40年代末，美国数学家香农发表了《通信的数学理论》和《在噪声中的通信》两篇著名论文，提出信息熵的数学公式，从量的方面描述了信息的传输和提取问题，创立了信息论。信息论首先在通信工程中得到广泛应用，为信息科学的研究奠定了初步的基础。信息论是信息科学的前导，是研究通信和控制系统中普遍存在的信息传递的共同规律以及研究最佳的解决信息的获取、度量、传递等问题的基础理论。随后维纳从控制的观点揭示了动物与机器的共同的信息与控制规律，研究了用滤波和预测等方法，从被噪声湮没了的信号中提取有用信息的信号处理问题。70年代以来，随着电视、数据通信、遥感和生物医学工程的发展，信息的压缩、增强、恢复等图像处理和传输技术，信息特征的抽取、分类和识别的模式、理论和方法等逐步成熟。80年代以后知识工程、专家系统、自然语言理解和智能机器人等逐渐成为信息科学的重要研究课题。

信息科学是信息时代的必然产物。信息技术扩展了人类的信息器官功能，提高了人类对信息的接收和处理的能力，实质上就是扩展和增强人们认识世界和改造世界的能力，这既是信息科学的出发点，也是它的最终归宿。信息技术包括通信技术、计算机技术、多媒体技术、自动控制技术、视频技术、遥感技术等。通信技术是现代信息技术的一个重要组成部分。通信技术的数字化、宽带化、高速化和智能化是现代通信技术的发展趋势。计算机技术是信息技术的另一个重要组成部分。现在计算机已经渗入到人们的社会生活的每一方面，计算机将朝着并行处理方向发展。多媒体技术把文字、数据、图形、语言等信息通过计算机综合处理，使人们得到更完善、更直观的综合信息，未来多媒体技术将扮演非常重要的角色。

对于科技资源管理而言，首先，科技信息资源本身就是由信息构成的，而信息本身就是信息科学的研究对象，因此信息科学中所有的原理、方法、工具、模型对于科技信息资源管理都适用。其次，要实现对科技资源科学、有效地管理，要求准确获取各类科技资源的描述信息，并对这类信息进行合理的传输、存储、检索、变换和处理，以便科技管理部门决策、科研人员从事科学研究所用，因此科技资源管理的重要基础之一就是科技资源管理信息化工作，这也需要信息科学作为指导。

1.3.7 社会学

社会学以人类的社会生活及其发展为研究对象，用科学的态度、实际社会调查的各种方法对社会现象、社会生活、社会关系和各种社会问题进行观察、分析和研究，从而揭示出人类各个历史阶段的各种社会形态、社会结构和社会发展的过程和规律，为人们积累认识社会和安排社会生活的科学知识，为有关社会部门正确处理社会问题提供参考资料和科学依据。概括地讲，社会学是研究关于社会运行和协调发展的规律性的综合性的社会科学。

社会学研究的内容和范围，大致包括社会、社会中的个人、群体、组织、阶级和阶层、社区、社会变迁、社会控制、社会秩序等。社会学的方法包括：① 方法论。是社会学研究的指导原则。主要有实证主义方法论、人文主义方法论和唯物史观方法论。② 研究方法。是社会学研究中搜集和处理资料的方法，主要有观察法、实验法、文献法、比较法等。在具体研究中，研究法的取舍由研究所采用的方法论来决定。③ 技术手段。是指在搜集和处理资料过程中所采用的工具及其操作技术。工具包括语言工具和非语言工具；非语言工具又可分为文书性工具如问卷、统计表等，以及器具性工具如录音机、照相机、计算机等。社会学以现实社会中的社会现象作为研究对象，研究课题绝大部分也来源于现实社会。因而社会学的研究既是一种学术探索，同时又是一种服务于社会运转和人们生活的政策咨询和知识传授。

社会学有描述、解释和预测功能。运用自己科学而独到的技术手段和研究法，客观而忠实地搜集、整理和记录各种社会现象的定量化或定性化的信息，人们可以借助这些真实可靠的社会信息获得对某一或某些社会现象乃至整体社会的感性认识。在一般性的描述之后，可借助社会学的概念范畴，对所获取的经验材料进行理论抽象，探讨社会现象形成、变化及发展的前因后果，达到对制约社会现象的主客观因素的理性认识。

对于科技资源管理，首先，科技资源管理是一种社会活动，因此对其进行研究完全可以运用社会学理论与方法；其次，由于社会学具有沟通自然科学与社会科学、帮助发展边缘科学和多学科综合研究的作用，并参与经济和社会发展的决策与规划，为政府、部门、企业的决策提供依据，从而进行有效的社会管理和社会控制，因此科技资源管理离不开社会学的理论方法支撑，特别是其分支学科——科学社会学更有直接的支撑作用；再次，科技资源管理中涉及各种不同的管理主体与客体，对于同一事件/资源/活动，存在着个人、群体、组织、阶层等的不同处理方式，也需要运用人文的方法进行解释和补充。

1.4 国内外科技资源管理实践

1.4.1 国外科技资源管理现状

经过多年的探索和实践，世界各国在科技资源的建设和管理方面积累了丰富的经验，发达国家和重视科技的发展中国家都将科技资源建设置于重要的位置，加大科技资源投入、强化科技资源管理已成为各国政府支持创新活动的优先选择和重要举措。

（1）不断加大科技资源投入，竞相增强自我装备能力

长期以来，世界主要国家在科技资源方面不断加大投入力度，投资主要集中于基础性、公益性的条件资源和先进、大型条件资源领域，用于支撑国家重要科学研究。美国政府早在1996财年就提出了科学设施计划，加大对科技基础设施的投入。美国NSF、NIH提供大量研究经费，专门支持生命科学、材料科学等前沿学科急需的检测技术研究。2004年美国能源部公布了中长期发展战略计划，将"开发新设备来推动科学发现"列为重要计划之一。2009年美国政府为应对金融危机提出了经济刺激方案法律草案，强调通过加大对教育、基础研究和高技术基础设施投入提升美国长期竞争力。欧盟提出的"欧盟研究区"计划，仅在相关重大基础设施建设方面每年就投入22.1亿欧元。英国政府从2005年开始每年增加约12.5亿英镑用于发展大学和研究机构等的科学研究基础设施。德国联邦教研部每年用于建设、运行并在国家及国际重大科研设施进行科研的费用约为5亿8000万欧元，占当年科研经费预算的1/12，2009年德国联邦政府提出的第2个经济刺激方案中为"教育和科学的基础设施以及措施"拨出了110亿欧元。

印度等新兴市场国家近年来也纷纷加大政府对研究实验基地与基础设施的投入。印度政府为加强和改善大学及其他院所现存的科技基础设施和环境，启动了科技基础设施改善基金（FIST）。

（2）以政府为主导，积极推进科技资源的共建共享，提高资源综合利用效率

世界主要国家和地区的政府都在积极行动，一方面推动科技资源的共享共用，提高资源利用效率，另一方面加快科技基础条件资源的有效积累，并进行综

合集成和组织管理，提升资源的开发利用能力。在有形资源的共享方面，日本在加大政府对科研硬件投入的同时，十分注重提高设备的使用效率，规定政府投入的试验设备必须接受企业和社会的试验委托，并向相关单位开放。印度启动了"地区尖端仪器中心"计划，在不同地区下设了高级仪器设施中心，为大学、研发实验室和产业界的科学家提供高级的分析仪器。欧盟也加强了科技基础设施建设的整体规划。例如，欧洲空间局（ESA）的对地观测系统与空间探测系统和欧洲核粒子研究中心（CERN）的高能物理粒子研究基础设施，都采用了多国共同建设的方式。通过实行科学理事会制度和对外开放制度等，吸引了世界优秀科学家和工程师，强化了其在国际科技竞争中的实力。在科学数据共享方面，美国政府的工作尤为显著。1995年美国联邦政府正式启动国家级数据信息共享网络项目，建立了以"完全与开放"共享国策为核心的法律和制度保障体系。许多政府间和非政府间组织在科技资源共享过程中起到了非常重要的作用。例如，国际科学组织实行科学数据共享政策，国际CODATA 2002年世界大会就提出把"亚洲—太平洋国家的数据资源共享"、"发展中国家科技数据保藏"等8项任务作为国际合作的共同行动计划。

发达国家政府纷纷加强科技信息基础设施建设，加强各种信息集成和知识共享服务，加强社会各界获取科技信息能力的建设，例如美国建立了WorldWideScience.org 和 Science.gov，欧盟建立了CORDIS，英国建立了JISC Information Environment，日本建立了Science Link Japan，德国建立了vascoda等系统。

（3）以综合型研究基地为依托加强科技资源整合

许多重要科技成果，无论是基础研究领域的科学发现还是具有产业化前景的技术创新，大都出自具有完善科技基础设施的多学科交叉综合型试验基地。各国政府不断加大基础条件建设与科学研究基地建设，以国家实验室为主的科学研究基地作为依托和支撑对大型科研基础设施进行建设、管理；在规划科学基础设施建设新项目时，充分挖掘利用已有科学研究基地的各种条件。美国政府十分重视依托研究型大学和科研机构开展基础科学研究，并主要通过国家实验室开展创新性基础研究和战略高技术研究，而大型科学设施建设又与国家实验室紧密结合。目前美国联邦政府拥有700多个国家实验室，共包括1500多处研究开发设施，每年的研究开发经费总额超过1000亿美元，例如洛斯阿拉莫斯实验室、劳伦斯利弗摩尔实验室、斯坦福大学纳米结构加工实验室和密歇根州立大学加速器研究中心。德国马普学会的研究所、弗朗霍夫学会的研究所和亥姆霍兹联合会的国家研究中心是德国科研活动的重要组成部分，集中了大量的人力、物力和财力，拥有并管理着一流的大型科学技术基础设施。欧盟国家研究中心的规划及研究以应用大型科学技术设备为中心、以对国民经济有重大战略意义的高技术研究与开发为导向。

（4）科技资源建设和研发活动、人才培养结合的程度日益紧密

第一，发达国家重视科技资源建设与科技人才培养的结合，通过其先进的科研条件使一批重要的实验室成为全球优秀人才的集聚地和培养基地，从而使其能够更好地利用全球的科技人才资源。美国桑迪亚国家实验室明确把"教育和培养训练有素的科学家、工程师、管理人员及技师以满足实验室未来发展需要"作为其主要任务之一。英国通过强化了科技基础设施建设，改善了科研条件，吸引大批科技人才。第二，发达国家对科技资源建设同研发活动的互动尤为重视。各国政府及科技界都十分重视充分利用现代技术手段，改进和建设科技基础设施，这些先进的科技基础设施同时支撑并促进了重大科技的突破。例如，美国和日本纷纷建立超级计算机系统，开展大规模高性能数值模拟计算，为发展科学技术提供具有战略重要性的研究手段。欧、美等发达国家，十分重视网络技术在科技领域的应用与发展，安排了诸如 e-Science 之类的计划，力图把科学观测仪器系统、实验仪器系统、计算机系统、数据库系统联结为一体，实现资源共享与远程使用。可以说科研基础设施的建设和发展得益于大量高技术的进步与突破；这些仪器的发展又对高技术的进一步突破起到了巨大的推动作用。另外，发达国家都重视利用实验室开放和网络环境开展科普教育，并将其作为提高国民科技素质的重要手段，如英国剑桥大学卡文迪什实验室每年要向数千名中学生和社会公众进行科学前沿研究的普及型讲解和演示。

（5）科技资源建设的国际合作进一步加强

近代科技发展的一个引人注目的现象是科技呈现出纵向加速化和横向综合化的趋势，现代科学发展到了大科学时期，科学研究的规模越来越大，要求科技资源的建设必须坚持自主建设与多种形式的国际合作相结合。人类共同面对的气候变化、粮食安全、重大自然灾害等全球性问题远非一个国家的能力所能解决，旨在解决这些问题的大型科学设施建设和运行，从一开始就表现出开放性、国际化的特点，并有进一步加强的趋势。在大型科学设施建设方面，20世纪后期以来，许多大型科学设施都是通过全面的国际合作建造的，许多新的国际合作计划正在筹划中，如大型强子对撞机、国际毫米波与亚毫米波阵、欧洲同步辐射装置、全

球地震台网、国际热核实验反应堆计划、国际聚变材料辐照设施等。在科学数据合作建设共享方面，2003 年，联合国发出缩小"数字鸿沟"的号召，推动科技数据的国际共享。一些机构例如欧洲粒子中心一直坚持大型科学基础设施共同使用和合作研究。

（6）科技资源市场化和产业化发展的趋势日益明显

除了一些极其重要的原创性的条件资源主要依靠政府资助外，大多数条件资源都需要借助社会多方面的力量，通过社会分工完成研制、生产和分配。目前，发达国家大量先进科技资源的产业化主要以企业为主体、通过产学研合作完成。一大批年产值上 20 亿美元的跨国公司，如美国安捷伦、美国 PE、日本岛津等公司，结合市场的重大需求，与科研单位和高校研究人员紧密合作，促成一批以检测为目的的科学仪器设备产品的诞生。此外，还有一些公司依靠军用技术转移发展科研条件，如红外检测技术、微波技术、超光谱技术等一大批目前广泛应用的仪器技术都来源于军用技术，德州仪器（TI）70% 左右的产品技术也直接来源于军用技术。

1.4.2 国内科技资源管理现状

新中国成立以后，特别是改革开放以来，在各级政府的重视和社会各界的努力下，我国的科技资源建设取得了一定的进展，科技资源共享程度和利用效率明显提高，但与建设创新型国家的要求相比，科技资源的建设和管理有较大的改善空间。主要表现在：

（1）科技资源体系初步建成，但资源的数量和质量有待进一步提升

改革开放以来，我国科技资源建设成效显著，支撑科技发展的能力不断增强，已经形成了包括大型科学仪器设备、研究实验基地、自然科技资源、科学数据库以及科技文献等在内的科技资源体系。科技部、财政部 2008 年首先在中央级科研院所和高等院校开展重点科技基础条件资源调查，随后，2009 年调查范围扩大到地方单位，全国 31 个省（自治区、直辖市）、新疆生产建设兵团、5 个计划单列市和 10 个副省级城市的科研院所和高校纳入调查，共计 3 313 家单位。调查显示：截至 2010 年底，这些机构拥有科研设备 107 万余台，原值 50 万元以上的大型科学仪器设备数 34 738 台（套），原值总额为 468.6 亿元。区域分布上，华北和华东区域的大型科学仪器设备集中度很高，达到 22 068 台（套），占到总数的 63.5%，西部尤其是宁夏、青海和新疆拥有的大型科学仪器设备很少但是增

幅显著。在这些仪器当中,其中有27 099台(套)是从国外购买的,设备原值358.6亿元。参加调查的植物种质保藏机构保藏资源数量达到102万份,动物资源3.7万种,微生物资源种类数目为13.2万株。我国研究试验基地的建设始于1955年建立的中国林业科学研究院资源昆虫研究所景东试验站,截至2008年底,总数为2194个,已经验收的试验基地1533个,在建460个。其中华北、华东和中南地区占到3/4。研究试验基地主要集中在化学、生物学、物理学、材料科学领域。

可以说与建设创新型国家的需求相比,我国科技资源建设方面的投入总量仍然较低,战略性科技资源的供给仍然不足,资源的质量有待进一步提升,主要表现在:① 许多重要领域大型科学设施建设缺乏,一些已有设施建设起点较低,性能较差,对国际上新型或新一代大型设施的发展态势反应迟缓;② 科技基础数据和自然科技资源没有很好积累和保护,相当一部分资源严重短缺;③ 实验动物的总量不能满足科研和相关行业生产应用需求,实验动物的品种、品系少,而且质量有待提高。在研究中只能用普通级的实验动物,高质量的实验动物严重缺乏;④ 已有国家重点实验室学科布局不尽完善,规模偏小,野外观测试验站仪器设备状况堪忧,综合研究基地缺乏;⑤ 涉及高新技术领域及食品安全、环境保护、生物医学等的计量标准和量值溯源系统尚未建立;⑥ 科技文献资源与服务存在不平衡的现象,丰富的各类资源和服务能力还没有转化为社会普惠的信息能力。国家平台和地区文献平台的服务还没有有效覆盖和渗透到欠发达地区、中小企业和农村地区。

(2) 科技资源的宏观管理和统筹协调工作不断推进,但资源分散、监管虚化的问题没有得到根本改变

近年来,科技资源管理的部门之间、中央与地方之间的统筹协调机制逐步建立。但在管理体制方面,科技资源仍然存在分散管理、多头管理的问题。利用公共财政投入建设的大量科技资源名义上属于国家资产,实际上仍主要在各部门、各地方内部使用。如全国范围内的科研院所、大专院校分别属于不同的部门主管,其科技资源分别隶属于不同部门或者不同领域,同一领域的资源也分别被不同的部门所管理,甚至有些科技资源的保存中心同时有两家以上的管理部门。科技资源的使用也主要限于各自部门或单位内部,各类科技计划产生的数据、实物资源散落在单位和个人手里,使科技资源作用不能充分发挥。科技管理部门不了解实际的科技资源存量,无法对科技资源的运行、使用情况做出分析,更难以对科

技资源的配置效率做出客观准确的评价，导致对科技资源的监管实际上处于"虚化"状态。

（3）科技资源的整合共享程度取得重要成效，但资源重复浪费的现象仍然存在

近年来，科技资源整合共享工作日益得到重视。科技条件平台的运行服务能力逐步增强，开通了中国科技资源共享网、全国大型科学仪器设备协作网等全国性科技资源共建共享专业网站。环渤海、长三角区域等七大区域协作网，积极服务中小企业技术创新。科研条件综合实验服务体系已基本建立，已形成了国家科技图书文献中心、国家大型科学仪器中心、国家级分析测试中心、国家工程技术研究中心、国家大型空气动力研究试验设备设施、军民共建共享中心以及实验动物种质中心等科研条件综合实验服务中心。跨地域、跨学科的全方位网络科技环境建设已经启动，开展网络科技环境国际合作研究等工作已经展开并取得初步成效。尽管我国科技资源共享取得了以上初步成效，但总体来看，共享水平不高，资源重复浪费问题仍然存在。资源共享方面存在诸多障碍：①实验动物资源的开发和利用，特别是信息共享问题亟待解决；②平台建设过程中数据库的数据标准，特别是科学数据标准与国际标准还未完全接轨；③大型科学仪器的利用率不足，现有政策规定免税进口的大型仪器设备不能提供对外服务，影响了进口仪器的共享；④科学数据共享程度低，很多数据库仅限于部门和行业使用，缺乏相互交流与沟通，更没有形成面向社会的数据共享，造成科技信息资源的大量闲置和浪费。

（4）科技资源的自主研发能力有了较大提高，但中高端科技资源大量依赖进口的局面没有得到根本扭转

我国科研条件的发展引起社会各界以及有关政府部门的高度重视，科技部连续在"十五"和"十一五"期间将科学仪器研制与开发列为国家科技支撑计划重大项目予以重点支持，面向农业、食品、医药、卫生、环境等领域科研和经济建设中的重点需求，重点攻克我国在光谱、色谱、磁共振、电化学分析测试仪器及软件支撑系统研发中的关键、共性技术，解决技术创新能力不足等问题。通过增加科技资源投入，制订激励措施，积极引入创新方法，使我国的科研装备水平有了较大提高，但中高端科研条件自主创新能力较低的状况却没有得到根本改变。主要表现在以下方面：①科学仪器水平与发达国家存在明显差距，高档科学仪器基本处于空白；每年科学仪器固定资产投资中60%用于进口设备，其中，精

密仪器、生命科学仪器、大型科学仪器等高技术含量的产品 90% 以上依赖进口。②缺乏自主、稳定的空间遥感数据来源，国土资源、农作物估产、林业资源调查等遥感业务运行系统中百分之七八十的数据来源于外国卫星；③实验动物培育、新型实验动物开发、动物模型研发以及实验动物的检测技术、转基因技术等共性技术研究没有取得重大突破。

（5）科技资源投入总量不足，投入方式较为单一，重建设轻运行、重硬件轻软件的问题仍然突出

① 从科技资源建设投入总量上看，还不能切实满足我国科技发展的资源需求，从投入方式上看，政府在资金支持上多以项目投入为主，项目结束后的科技资源保藏和管理的资金得不到保障，资源建设项目重建设，轻运行，资金的稳定性和长期性不够。② 在管理体制上，由于很多科技条件资源的产权问题还未理清，除政府以外的投资和管理主体的地位没有明确，面向市场的投资渠道没有完全开放，导致科技条件资源建设与服务的资金渠道单一，难以保证科技资源有效地支撑科研活动和科技创新。③ 重建设、轻运行。各类科技条件资源服务体系的服务能力有待进一步提升，切实考虑到科研活动的规律，进行科学的购置与使用，管理、维护方面的资金、人力投入严重不足。

（6）科技资源管理与资源共享过程中的标准化问题取得突破，但标准的系统性、体系化还有待加强

近年来，国家进一步加强科技资源管理与资源共享过程中的标准化建设工作，特别是国家科技基础条件平台建设启动以来，科技平台标准化工作按照"资源共享、制度先行"的原则，在资源收集、整理、保藏、信息化及共享服务等方面制定了 700 多项技术规范，为科技资源的规范化管理和高效利用发挥了重要作用。这些规范的发布将为科技资源开放工作与科技平台规范化管理、运行和服务提供统一的参考。

2014 年 2 月 19 日，国家质量监督检验检疫总局、国家标准化管理委员会发布 2014 年第 2 号中国国家标准公告，《科技平台标准化工作指南》（GB/Z 30525—2014）、《科技平台 元数据标准化基本原则与方法》（GB/T 30522—2014）、《科技平台 资源核心元数据》（GB/T 30523—2014）、《科技平台 元数据注册与管理》（GB/T 30524—2014）等 4 项国家标准批准发布，将于 2014 年 8 月 1 日起正式实施。标准的发布与应用实施将为我国科技平台标准化工作提供方向性、原则性指导，有力促进科技资源的规范管理和开放共享。同时，《科技平

台　通用术语》、《科技平台　数据元设计与管理》、《科技平台　服务核心元数据》、《科技平台　标准符合性测试的原则与方法》、《科技平台　统一身份认证》等5项科技平台标准，经过国家标准委员会公开征求意见和审查批准，列入2013年度国家标准计划项目。

这些标准规范对今后科技资源的管理和利用提供了重要的基础，但是现有标准还不完整，未成体系，需要针对不同类型科技资源管理中具体问题的标准规范，抓紧制定体系化的标准规范。

1.5　科技资源管理的研究进展

科学、有效地利用科技资源要求对科技资源管理进行深入、全面的理论和方法研究。近年来，随着科技资源的不断丰富和发展，其管理问题日益突出。随着社会各界对科技资源认识的不断深入，对科技资源管理的研究也不断深化。目前已有的科技资源管理研究主要集中在对科技财力资源、科技人力资源和科技信息资源的论述上，其中，由于科技信息资源管理与信息技术的发展密切相关，随着信息技术的快速发展和不断变化，现阶段科技信息资源管理研究特别活跃。而针对科技物力资源管理的专门性、系统性研究并不多见，多属于自发性研究。

1.5.1　科技资源内涵和基本问题研究

科技资源的内涵、基本属性的研究是进行科技资源理论研究首先需要探讨的基础性问题。对科技资源内涵理解的不同使得对其基本属性的认识也有很大的不同。目前提得比较多的是科技条件资源（指科学仪器和设备资源、自然科技资源、科学数据资源、科技文献资源等）。如果把范围扩大或换个角度看则有科技人力资源、科技财力资源、科技物力资源、科技信息资源、科技知识资源，还有科技组织资源、科技服务资源、科技普及资源等。各类资源都可以再细分，如自然科技资源中有微生物菌种资源、生物标本资源、动植物标本矿石资源等。各类资源还可以按不同专业分，按资源所有权分等。科技资源作为可开发利用的资源，它们具有基础性、需求性、公益性、共享性、动态性、时效性、可配置性、增值性等共同特征。各类科技资源又有各自的个性特征，如信息资源的智能性、流动性、不均衡性等。但到目前为止，对科技资源的概念、内涵、范围仍没有一个非常清晰的界定，特别是e-Science环境下科技资源的特征需要重新思考。

对科技资源价值的研究主要内容包括基于马克思主义劳动价值论、西方的效用价值论、二元价值论、双重价值论（侧重于物力资源）等，针对各类实物和信息资源的价值开发、价值转化、价值实现等进行了研究；对价值研究的方法已开始从单纯的定性研究逐步转向定性和定量研究相结合；对科技信息资源，已经在价值评估、价值表现形式和载体、资源开发与利用过程的价值流动、价值转化、价值增值等几方面展开了讨论。

产权是科技资源管理中涉及的最基本问题之一。产权涉及科技资源开发、建设以及使用的全过程，影响面相当广泛。对科技资源产权的研究分布分散在对自然科技资源、科技文献、科学数据等不同类型资源的产权研究当中，关注的主要问题有产权边界、产权归属、产权约束、产权变更、产权保护等。其中围绕信息资源公共获取与知识产权保护的平衡、信息资源开发与利用当中知识产权保护、知识产权管理制度等问题的研究成果较为丰富。而且，对科技信息资源产权的研究不仅关注对产权的保护，还探讨如何规划、制定切实可行的知识产权战略（例如国家、地区、企业、非营利性组织等各个层次的知识产权战略、专利战略、商标战略等）。

1.5.2 科技资源共享研究

科技资源共享是近几年来科技资源管理研究的热点内容之一，研究成果较多，研究的内容包括科技资源共享的基础理论、方法、技术、模式、约束和保障机制、评估和立法问题等，涉及面较为广泛。

有关科技资源共享模式的研究主要从以下几个方面展开：从共享模式的驱动力角度，认为可以通过政策驱动、项目驱动、资源驱动等开展科技资源共享；从共享覆盖范围的角度，认为主要包括垂直型（纵向）、水平型（横向）和网络型模式。其中，垂直型模式是指具有隶属关系的某一系统内不同层次间的协作共享；水平型模式是指同一地区不同系统科技机构之间的资源共享；网络型模式是指全国范围内所有科技机构互相联结共享资源。

共享的认知方面，研究一致认为必须使社会各方面都行动起来，大力营造有利于科技资源共享的氛围；要鼓励积极探索多种途径的共享活动，推广共享的成功经验；媒体要大力宣传科技资源共享的社会价值，营造科技资源共享的软环境。

共享的实现方面，包括对科技资源共享平台建设规划、资源积累、技术标准、利益交换、绩效评定等方面开展了翔实的研究，为我国科技资源共享平台的建设提供了理论和方法指导。对于新兴技术及环境下科技资源共享的实现也有所研究，例如针对云计算、大数据、泛在环境下资源共享模式、技术、方法和实现都有初步探讨。

共享的评价方面，美国在《信息自由法》、《美国国有科学数据共享管理联邦政府行政条例》等法规条例中体现了科技资源共享评估的指导思想和评估方法的内容。国际货币基金组织（IMF）的数据质量评估框架（Data Quality Assessment Framework，简称DQAF）提供了对统计数据质量进行定性评估的一种方法。《柏林宣言》提出用发展的手段和方法来评估"开放使用"对促进科研的贡献，以维护在此过程中确保质量和良好的科学实践标准。国外大型的研究机构、国家实验室、研究试验基础、科技信息机构等在机构评估的指标中都体现了对科技资源开放共享评估和监督的思想。国内学者对科技基础设施的管理与共享进行了整体评估研究，对分类资源如重点实验室、大型仪器、科学数据、科技文献等的共享评估也进行了理论和方法上的探讨。从评估的有关法律和实践上，我国"科技进步法"、"促进科技成果转化法"、"科学技术普及法"等基本法，以及《国家重点实验室评估规则》、《国家科学数据中心建设规范》、《地震科学数据共享项目评价制度细则》、《教育部科技基础资源数据平台评估规则》等对科技资源的开放共享评估提供了准则。"国家科技基础条件平台建设纲要总体研究"课题组认为可以从科技设施的应用与开发能力、科技信息共享维护能力、共享技术手段保障能力、共享绩效、投入/产出比，以及用户的反馈评价等国家科技基础条件共享状况进行评价。总的来讲，开展科技资源共享评估具备了一定的理论方法研究与实践基础，但还没有形成完善的、公认的科技资源共享评估理论与方法体系，资源共享活动的评估实践非常有限，还没有形成健全的针对科技资源处置的法律法规体系。尤其是专门或者直接对科技资源管理与评价进行明确具体规定的法律规范比较少，多数当前存在的法律规范位阶偏低，缺少全国人大及其常委会制定的基本法，多数规范效力等级较低。整个国家政府公共科技投入的管理方面还没有出现显著的绩效导向；相关评价更多的是从科技资源管理者和建设者的视角开展的全方位评价或自评价，评价数据多来源于资源建设方，缺少相对客观的第三方评价；对资源用户终端需求的满足程度相对忽视，公众了解和参与监督程度较低；已有评价较多地关注直接成果和产出，对科技资源管理活动的远期效益关注不够。

1.5.3 科技资源管理评估

科技资源管理评估是我国政府决策科学化的需要，是加强对科技资源建设与服务机构引导和监督的要求。科技资源共享评价包括对科技基础设施的绩效评价、科技投入的绩效评价、科技人才评价、科技机构绩效评价等。较有代表性的评价指标体系是在瑞士洛桑国际管理开发研究院发布的《国际竞争力年度报告》中，提出科学基础设施部分的评价指标主要从科技投入、科技产出和科技发展环境3个方面展开。技术基础设施主要是指科研活动中的技术条件，其评价指标主要从通信科技、电脑与互联网、技术环境3个方面展开。国家科技基础条件平台建设战略研究组提出的中国国家科技基础条件平台评估监测的基本指标体系包括绩效目标、组织实施过程、共享服务、绩效与影响、效率、可持续发展6个方面。国内部分学者认为可从科技投入能力、科技产出能力、科技促进经济发展与保护生态环境的能力、科技与社会互动的能力、科技制度的创新能力等方面开展科技基础设施评估。目前，在科学数据机构、实验室、大型科学仪器中心等的评价主要是同这些机构的规划、改革密切联系在一起的，而对具体的科技资源建设与服务机构的绩效评价指标、评价机制、评价方法方面等研究尚没有形成完整体系。从整体上讲，缺乏从系统理论、价值理论等为基础，开展科技资源管理评估体系的系统结构分析，剖析科技资源管理体系的主要要素以及各要素间的相互关系；缺少系统地进行科技资源管理评估框架研究；体系化、操作性强的科技资源管理评价方法更是屈指可数。

1.5.4 科技资源配置研究

主要研究内容包括：

1）科技资源形成与流动的研究。科技资源的形成是以智力为主的劳动生产出来的，科技资源的生成、生产是一个非常复杂的过程，需要由多种因素和多个环节共同构成。科技资源从生成到开发利用，这又是一个由多种因素、多个环节构成的流通体系。如何提高科技资源的价值和使用价值，如何提高它在流动中的时效性，这都是需要加以认真研究的。发达国家已经对资源的生成、生产、流动的理论、方法进行了深入的探讨。伴随着世界各国经济的发展，自然资源乃至人力资源、资本资源、技术资源等，在国际或地区间的流动更加频繁，对科技资源形成与流动的研究不可忽视。

2）科技资源整合的研究。资源整合是指对来源不同、层次不同、结构不同、形式与内容不同的资源进行识别和选择，汲取与配置、激活和有机融合的过程。整合后的资源更具有系统性、条理性和有序性，对于资源利用者和市场来说是一种更有效、更被接受的服务。资源整合是一种方法、技术，更是一种先进的理念和思维方式。资源整合有局部、整体、横向、纵向、初步、完全整合之分，整合对象可以有信息、成果、资金、设备、人才等。当代科学技术相互交叉、渗透、融合，多学科、多种手段综合集成攻关以及网络环境下跨学科、跨地域的协作研究、实时研究成为一种趋势。作为科技发展与科技创新的资源支撑，它的整合研究不仅具有理论意义，而且有实用价值。

3）科技资源配置的研究。科技资源配置的主要目的是保证科技资源的均衡发展和高效利用。目前，科技资源配置研究主要关注政府科技资源配置的体制与机制（特别是指科技经费的投入），希望从自上而下的路径解决科技资源配置的问题，对各类科技资源用户的资源需求分析较少，但是开始关注如何提高科技资源的配置效率，达成成本收益的平衡，并希望将经济学理论融入科技资源配置研究，实现科技投入效用的最大化；开始着手建立科技资源配置效度的评价体系。在配置模式研究方面，开始引入市场因素，以此制定优化配置的各项政策，并建立优化配置模型，而且还有学者从国家创新系统的角度研究科技创新资源配置的模式与机制。总体上看，科技资源配置研究取得了一定成果，但是对于各类科技资源配置能力、配置规模、配置结构、配置运行方式还没有进行更为系统、深入的研究。

1.5.5 其他研究领域

除上述研究领域外，目前还开展了科技资源管理相关法律体系建设的研究，进行了一些科技资源管理的政策、法规和标准体系研究，开展了国外科技资源管理政策法规与技术标准调研，包括国外大型科学仪器与实验基地建设、科技文献管理、农业与标本管理、医学有关资源管理、实验动物管理、科学数据管理等的相关政策法规和标准规范。但是还没有形成较为完整的、行之有效的、适合我国国情的相关立法建议；科技资源的投入、运行规则和服务执行标准还未完全统一；科技资源管理的各项规章制度、操作规程、运作方案还不完善。

科技资源管理体制和机制的研究方面。许多学者都认为我国现行科技资源管理体制中存在的问题主要包括条块分割、存在壁垒；管理滞后、投入不足；重复采集、重复建设；短缺与浪费并存，设备利用率低等。从博弈论的角度分析，这是由于科技资源共享过程中存在着"囚徒困境"，即共享过程中资源拥有者试图较少地给予对方而增加自己的收益，结果使各自利益都得不到保障，由此造成资源共享障碍。今后科技资源管理机制与体制研究的重点包括加强科研设备布局的宏观调控力度；建立开放的科技资源利用机制和宽松的科研合作环境；建立公平合理的科技资源定价机制和利益生成机制；建立科技资源投资与建设的多元介入机制等。

科技资源产业化发展及增值服务研究方面。学者们在此方面进行了一些有益的探讨，但是研究成果有限。加强对科技资源产业化发展的路径、方法、模式的研究是今后研究的一个热点。随着国家科技资源共享平台的建设，如何基于共享平台进行科技资源整合，开发科技资源增值服务也是未来研究的重要内容。特别是在云计算、大数据和 WEB 3.0 等新的信息环境下，不同主体对科技资源的协同管理将是研究热点。

总体上，目前我国科技资源管理事业面临着非常好的机遇。从中央到地方，对科技资源管理的重视程度前所未有。《国家中长期科技发展规划纲要》的出台以及科技基础条件平台的建设都为科技资源管理研究提供了广阔的舞台。然而，目前科技资源理论方面的研究相对落后，国内针对科技资源管理进行的系统研究较少从研究范围看，主要是针对科技资源管理的局部问题或特定对象进行研究，例如针对科技资源管理中的热点问题如科技资源配置、科技资源共享、科技投入等进行研究，围绕各类科技资源利用中的具体问题展开；从研究体系看，缺乏系统、全面的、宏观和中观科技资源管理问题的专门研究机构，特别是缺乏基础性的理论问题研究；从研究规范看，没有厘清科技资源管理的内涵与外延，在战略规划和方案设计的时候对有关名词术语和概念的理解不一致，没有形成一个公认的、统一的体系框架；从研究方法看，相关研究的内容、方法、范式及应用都还处于探索阶段。研究方法上大多是对国外现状的感性认识，缺乏理论方法的有效支撑。

从学科的角度来看，还没有将科技资源管理看作一门学科。我国从事科技资源管理的队伍非常庞大，仅从事科技信息资源管理的就有 10 万多人，但人员的学术水平和技术水平参差不齐，更缺乏相关方面的理论培训。因此，加强科技资源管理学科建设不仅是科技资源管理战略研究的需要，也是人才培养的需要。只有加强科技资源管理的学科建设，才能更好地凝聚一批人才队伍，学术和理论研究才能不断推进。

综上所述,要根据整个国家科技发展的需求,不断加强科技资源管理的研究深度,科技资源管理研究不应仅局限于科技基础条件平台管理的研究上,应进一步拓展科技资源管理的研究范围。一是要揭示科技资源管理规律。不仅要研究有形的资源,而且要研究无形的资源;对于不同类型的科技资源,需要探索不同的管理理论和方法,形成科技资源管理的理论体系、方法体系和技术体系;要从科技资源管理与项目管理、基地管理、人才管理的交叉融合中探寻内在规律。二是注重科技资源优化配置的研究。我国科技资源大部分是由公共财政支持而形成的,科技资源管理问题实际上是公共财政管理的一个问题,其核心是科技资源配置的问题,特别是加强新技术环境下科技资源开放共享的研究,以促进科技资源的优化配置。三是加强科技资源管理法制建设的研究。例如,目前国内关于信息资源的管理有版权法、著作权法、保密法等,却没有科技资源共享法。今后要进一步推进科技资源管理的法制化进程,同时要加强对科技资源管理领域标准、规范等的研制。

第 2 章 科技资源的全生命周期管理

科技资源具有形成、成长、成熟、衰亡的生命过程。在不同的发展阶段会表现出不同的价值属性。根据科技资源在其全生命周期中价值的变化而对其采用不同的管理手段和方法,就是科技资源全生命周期管理。科技资源全生命周期管理的目的在于,根据科技资源所处的发展阶段,在恰当的时间进行恰当的保存、配置和应用,使用户在科技资源生命周期的各个阶段都能以最低的成本获得最大的价值。本章主要关注科技资源微观层面的规划与设计过程。

2.1 科技资源的全生命周期管理概述

科技资源全生命周期管理过程主要包括科技资源管理的总体规划与设计、科技资源的生产与获取、科技资源的加工与维护、科技资源的服务与利用、科技资源的处置等环节。各环节的主要工作分别包括:

1) 总体规划与顶层设计。科技资源的规划与设计环节涉及宏观、中观和微观三个层面。从宏观层面上,科技资源的整体规划与顶层设计,如"2004—2010年国家科技基础条件平台建设纲要"等,将有助于进一步确立政府部门的职能定位,促进国家、区域财政资金投向政策的变化,对科技资源的宏观配置与管理,进而对国家和区域科技、经济社会的发展都将产生重大影响。

从中观层面上,该环节主要涉及地方以及地方所属的行业、领域等科技资源配置与管理的政策、计划和规划。

从微观层面上,该环节与科技资源的生产获取环节紧密相关,这一阶段的工作主要解决的问题是是否需要购置/引进/开发科技资源、生产/获取的目的、应生产/获取哪一类的资源等,它决定了资源生产获取的数量、种类、质量、分布等属性。在该阶段要规划设计科技资源采集的范围、数量、质量要求，评估采集、加工与维护成本，以及配套的管理设施和人员。

2）科技资源生产与获取。所谓科技资源的生产/获取，是指科技资源从无到有、从潜在到显在，以及非科技资源向科技资源转化的过程。在资源规划与设计的指导下，不同类型的科技资源有不同的生产/获取方式，如对于大型科学仪器而言，其生产环节主要包括对大型科学仪器的生产、购置、租赁、借用等方式；科技信息资源的生产环节包括科技信息的创建、采集、处理和转换、整合等；自然科技资源的生产环节包括资源的收集和整理等。

3）科技资源加工与维护。指按照科研用户利用需求，通过各种方式、活动、行为对科技资源进行分类、标记、保存、保护。科技资源的维护环节是科技资源管理系统正常运行的保障。

对于大型科学仪器的维护环节是对大型科学仪器设备的维修、维护、巡检等工作，保证大型科学仪器较高的使用完好率，同时通过开展科学仪器设备使用、维护技术培训、学术交流等活动，提高大型仪器维护人员的专业素质；对于科技信息资源而言，其维护环节是对科技信息的存储保存，也就是将经过科学加工处理后的科技信息资源（包括文件、图像、数据、报表、档案等）按照一定的规定记录在相应的信息载体上，并将这些载体按照一定特征和内容性质组织成系统化的检索体系用作长期保存；对于自然科技资源的维护环节主要是对自然科技资源的安全保藏。

4）科技资源服务与利用。科技资源服务环节的关键是与用户联系最紧密的部分，是针对用户需求，将科技资源管理机构生产/获取、维护/保藏的资源产品提供给用户，以满足其需求的过程。信息类的科技资源可以通过互联网、光盘等传递到用户手中；实物类科技资源可以通过邮寄、运送等方式送到用户手中，或者用户到资源存储地进行利用。

对于大型科学仪器与设备，其服务环节是对各类用户提供大型科学仪器的使用，包括对用户提供有效的仪器设备信息、保证基本使用条件和环境，以及可能的后续服务等，其中，如果提高仪器设备的利用率和运行质量，以及是否有效满足用户需求是该环节的关键内容；对于科技信息资源，其服务环节是科技信息的检索下载、定题分析服务、参考咨询服务，以及对信息资源的深入挖掘和再加工等；对于自然科技资源，其服务环节是资源的信息和实物共享等。

5）科技资源处置。科技资源消亡或转变为其他科技资源的过程。从管理学角度看，机构资产的处置大致有待售、出售、转让和报废等方式。科技资源具有公共资产属性，其处置与普通资产既有联系又有区别，其方式可为报废、改造、转让、整合等多种方式。如大型科学仪器与设备在其功能范围内达到使用寿命或使用期限，或是设备发生意外事故而导致其使用功能完全丧失后将被拍卖或报废。随着科技信息的不断更新，许多数据总会在一段时期后，没有再继续保存的价值，这时，必须要制定相关的政策，对没有保留或保存必要的数据进行适当处置。

由于科技资源具有准公共物品属性，因此科技资源的处置环节要确保尽可能地挖掘和利用科技资源的残值，维护公共利益。在这个过程中，进入处置环节的科技资源有可能成为再生产和加工的原料，如科学仪器与设备的部分零部件等可回收再利用，从而使资源获得二次增值，即发生处置环节与生产/获取环节间的反馈作用。

在科技资源全生命周期中，科技资源的开发价值和潜在价值不断变化。科技资源总体规划与顶层设计阶段，是对科技资源价值的评估评价；科技资源生产获取阶段，是对科技资源初始价值的确认；科技资源加工分析过程以及储存维护过程产生科技资源的价值增值（殖），同时也会将科技资源的价值增值（殖）情况反馈到其生产获取环节；科技资源服务利用阶段，将变化后的科技资源价值转移到用户手中，同时会将资源的利用情况和进一步的需求反馈至服务利用前的各个环节，以指导科技资源的生产、加工和存储；科技资源的处置主要有两种情况：一种是其自身价值不断弱化，最终消亡；另一种是成为再生产和加工的原料，从而获得"重生"。以上科技资源自规划与设计开始，经历了生产获取、加工维护、服务利用、最终处置，以及在各个环节间不断反馈与作用的过程，即形成了科技资源的全生命周期管理（如图 2-1 所示）。

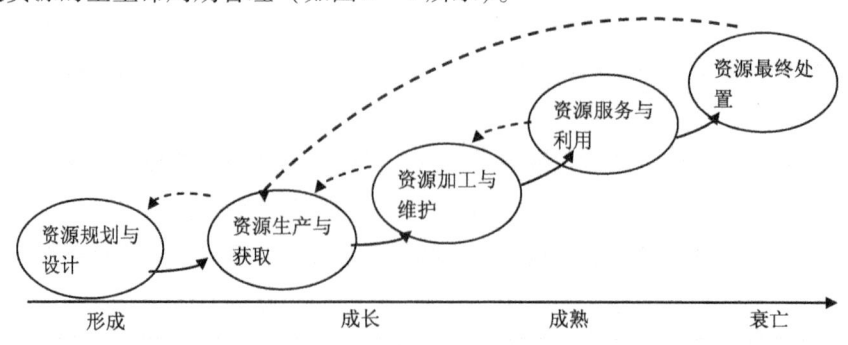

图 2-1 科技资源的全生命周期管理过程示意

大型科学仪器资源、科技信息资源、自然科技资源等主要科技资源在其全生命周期管理的不同环节，主要的管理活动可简单概括成表2-1。

表2-1 不同类型的科技资源全生命周期管理过程的主要环节

	规划设计环节	生产获取环节	加工维护环节	服务利用环节	处置环节
大型科学仪器资源	规划布局	采购、研制	建账建档、维修与升级	服务与利用	报废与处置
科技信息资源	规划布局	创建、采集与转换	储存、组织与再加工	信息发布、检索等	清理
自然科技资源	规划论证	采集、深度加工	安全保存	共享与服务	处置

本章将根据不同类别资源的特点，着重探讨各类科技资源，包括大型科学仪器设备、科技信息、自然科技资源等在其全生命周期管理过程中的主要环节，其中资源管理过程中的服务与利用环节将在第7章详细分析，此章节不再赘述。

2.2 大型科学仪器与设备的全生命周期管理

大型科学仪器与设备的生产、维护、使用等过程具有耗资巨大、人员要求高、后续投入大、利用价值大、社会影响广等特点。在各类科技资源中，大型科学仪器与设备的全生命周期管理最为完整和受到重视，也是目前对全生命周期管理理论所开展的最完整和成熟、最具有代表性实践的科技资源。

大型科学仪器与设备的全生命周期管理是指从大型科学仪器与设备从无到有直到设备报废的整个过程中对设备实施的管理。大型科学仪器与设备的主要管理流程如图2-2所示。

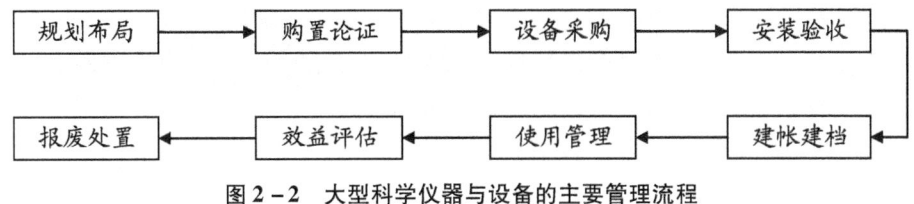

图2-2 大型科学仪器与设备的主要管理流程

与上节中所划分的科技资源全生命周期管理流程相对应，大型科学仪器与设备的规划、购置、安装调试以及验收，属于仪器与设备的规划/设计与生产/获取的前期管理阶段；建账建档、使用管理、研制与升级、开放与共享、效益评估等属于仪器与设备的维护和利用等中期管理阶段；报废处置属于仪器与设备的后期管理。

2.2.1 大型科学仪器与设备的规划与购置

2.2.1.1 规划布局

大型科学仪器与设备具有投资巨大、生命周期长、科学价值大等特点，其购置需与单位总体发展规划及国家科技发展的相符，对大型科学仪器与设备进行统筹规划、科学配置、合理布局是不可缺少的管理环节。通过科学规划，合理布局，从源头上避免大型科学仪器与设备的重复建设、重复购置，避免国家资金浪费，提高投资效率，促进大型科学仪器与设备资源的优化配置和有效利用。这一阶段的工作主要解决是否需要购置大型科学仪器与设备、购置的目的、购置哪一类的仪器与设备等问题。工作方式主要是组织各学科专家以及科研、教学、设备管理等职能部门管理人员，在对现有大型科学仪器设备资源能力、数量充分调研分析的基础上，提出具有前瞻性的大型科学仪器设备装备建设规划，既包括新增仪器设备，也包括已有仪器设备的升级改造、开放公用的内容。

2.2.1.2 购置论证

制定完成大型科学仪器设备装备和大型科学仪器设备开放公用平台建设规划后，在购买大型科学仪器设备前还需要组织仪器设备专家进行购置论证，即对仪器设备购置方案进行优化。购置论证主要涉及仪器设备选型、运行保障条件落实和开放共用方案，对于保证和提高大型仪器设备的使用效率有不可忽视的作用。论证的内容包括：申请购买仪器的理由；仪器设备功能指标及质量调查情况；国内、外厂商同类型仪器设备性能、价格比较；仪器设备用房、电力供应、辐射防护安全、防磁、防震等落实情况；所需的辅助、配套、前处理设备及落实情况；运行费来源；使用、管理仪器的技术力量及落实情况；开放、共用方案等。

在购置论证中应特别注意以下几方面的问题：

1) 大型仪器设备的选型。要根据学科发展和科研工作的具体需求，认真调研，选择合适的仪器设备型号、档次。选择的仪器设备应尽量与已经拥有的同类仪器设备在性能、指标上形成互补，使得新旧仪器设备能够满足不同科研需要、不同人群需要，让旧仪器物尽其用，发挥更大的作用，同时也减少不必要的对新购置仪器的占用，提高综合效益。

2) 大型仪器设备运行保障条件。在购置仪器设备之前，必须首先落实仪器设备的使用条件，从而保证购买的仪器设备能很好地使用。拥有足够的高水平的使用需求和能够维护大型科学仪器与设备的人才是保障仪器设备使用的前提条件。很多单位在购置仪器设备时往往忽略这点，仪器安装使用后，由于缺乏高水平的维护技术人员而使得仪器得不到正常使用，一旦出现问题得不到及时修护。另外，仪器设备的运行经费也是重要的保障条件。大型科学仪器设备的运行经费往往数额较大且延续时间长，如果缺乏运行经费，而仅仅依靠有限的项目经费是很难满足需要的。因此，应在此阶段确定运行经费来源可靠，或者是否具有其他保障运行经费的机制。

3) 大型仪器设备的售后服务条款。在购买仪器设备时，不仅要考虑到性能指标和价格，还要充分考虑厂家所能提供的售后服务，包括：保修条款、安装、调试、人员培训、维护、维修等，如果在购置时一味强调价格低廉，厂家合理的经济利益得不到保证，必定会影响到仪器设备的售后服务质量，从而影响仪器设备的使用效益。

4) 大型仪器设备的共享。大型仪器设备的共享是提高国家投入资金使用效率、避免重复购置的有效手段。如无特殊的原因，大型仪器设备必须能够在一定范围内进行共享，论证阶段应建立可行的共享方案并作为是否购置的依据之一。

2.2.1.3 采购与安装验收

购置论证通过后就进入设备采购阶段。大型科学仪器与设备采购应严格执行国家有关采购、招标工作的法律法规和相关部门的管理规定。大型科学仪器与设备采购方式分为：招标采购和非招标采购。凡属于政府集中招标采购范围的仪器设备或采购金额大于招标采购规定的仪器设备应当实行招标采购，在招标采购工作中必须按规范的程序进行操作，遵循公平、公开、公正和诚实信用的原则，采购对象尽可能向国产科学仪器厂商倾斜。通过招标采购可购买到性能价格比高的仪器设备，为国家节省资金，还能有效防止腐败的发生。

大型科学仪器与设备到货后，要进行安装验收。验收工作一般由仪器设备使用和管理部门共同完成，技术部分由仪器使用部门负责。但属国家法定检验范围内的必须在开箱前向国家商品检验机构报验，并与商检机构共同开箱验收。验收工作严格按照合同的条款进行，验收内容主要有：外包装是否完好，仪器外观有无损坏，仪器及零部件的型号和数量是否与合同清单相符，技术资料是否完整，仪器设备技术指标是否达到合同要求等。验收中如发现问题需要索赔，应在索赔期内进行。

2.2.2 大型科学仪器与设备的维护与使用

2.2.2.1 建账建档

大型科学仪器与设备安装验收合格后,要建立仪器设备固定资产电子账,将仪器设备的基本信息、开放信息等采集录入到数据库,做到信息准确、规范,账物相符,仪器设备管理责任到人,确保国家财产不流失。同时将大型科学仪器与设备的各种文件归档,包括:论证报告、购置合同、科教用品免税证明、验收报告、技术资料等。为了管理和使用方便,大型科学仪器与设备的技术资料由仪器组保管,其他的资料由设备管理部门保管。档案资料建立后,应尽快将大型仪器设备的相关信息对外进行公开,并公示仪器设备的开放事项。

2.2.2.2 使用管理

大型科学仪器设备的使用管理就是为了提高大型科学仪器与设备的使用效益,管理内容包括仪器设备的运行使用、安全、维护、维修、检测、计量认证、开放等,主要包括资产管理和效用管理。

资产管理是最基本的管理,由资产管理部门实施。资产管理的核心首先是产权管理,即首先应在保证国有资产不流失的前提下开展其他工作。资产管理还需要从国有资产的角度,保证资产的完整、完好性,由资产管理部门对仪器设备进行登记、检查。效益管理是使用管理中最复杂最重要的内容。效益管理的核心是要充分发挥大型科学仪器与设备的投资效益,出高水平的科研成果,培养高素质的人才,为国家的社会进步和经济发展做出贡献。

目前,我国部门和单位所有制下多种经费渠道的重复购置和封闭使用与运行维护经费不足、相关技术人才短缺等之间的矛盾,使得科研设备条件的社会共享程度和利用率很低。据调查,发达国家大型科研仪器的利用率高达170%~200%,而我国不到25%。应着力解决长期困扰我国科技发展的科研设备条件分散、重复、浪费问题,构建面向创新发展的科技基础条件体系,大幅度提高仪器设备的利用效率和管理水平,为提高科技创新能力奠定重要的基础和保障条件。

2.2.2.3 研制与升级

科学仪器与设备的研制与升级,既涉及宏观层面的国家相关政策的倾向性与扶持力度,也涉及微观层面具体仪器设备使用机构的研制与升级改造的实施工作。

（1）从宏观层面看

目前，我国大型科学仪器的研制与生产明显落后于发达国家。发达国家的大量大型科学仪器的研究与生产主要由企业完成，其研发、成果转化、销售和服务已经形成良性循环，一大批的大型科学仪器企业凭借其先进的科学仪器和知识产权在业界形成了垄断地位。不但获得了丰厚的经济回报，也对我国的科研安全造成了很大的威胁。与发达国家相比，我国的大型科学仪器生产依然比较落后，深受发达国家的制约。目前，我国部分企业已经开始关注并参与到大型仪器设备的研制和生产中来，国家也通过科技计划和科研项目等形式对企业和科研机构予以资助，研发关键和核心技术，取得了一定的效果。但是，部分关键技术的研制委托方是国家而不是企业，加之我国科研机构往往没有仪器制造能力和产业化能力，因此，国家投资解决的关键技术并不能有效地转化为现实应用。即使有的研究机构具有一定的仪器整体研制生产能力，也缺乏产业化和服务能力，无法生产出真正的产品。另一方面，我国的大多数仪器企业由于资金有限，没有能力资助和支持高技术研发，使得其产品不能适应现代科学研究的需要。

在现实条件下，我们应学习国外的先进经验，遵循大型仪器科技资源产业发展的客观规律，大力加强仪器设备自主创新研究，把仪器设备的自主创新放在突出位置。要加强方法创新的研究，加强仪器设备自主创新的产学研合作机制研究，要构建一批科学仪器产业技术联盟，整合科学仪器工程技术研究中心、精密加工中心等资源；加大中央财政对科学仪器自主研发的支持力度；同时鼓励地方政府、企业增加投入，推动企业成为投入的主体；积极引导银行加大对科学仪器企业自主创新的信贷投入力度；推动建立仪器企业融资担保机制；鼓励风险投资企业对科学仪器企业的投资，大力支持科学仪器企业进入创业板、中小企业板等融资市场；通过科技担保，建立对自主创新科学仪器首台（套）的风险补偿机制；继续推进有利于科学仪器自主创新的税收优惠政策的落实；通过组织用户示范等方式，鼓励用户使用首台（套）国产科学仪器，推进科学仪器政府采购。充分发挥国家重点实验室、国家大型科学仪器中心、国家分析测试中心在科学仪器自主研发方面的基础作用；重点利用国家工程中心、实验室等基础设施，建立一批科学仪器工程化基地；建立科学仪器核心、关键部件研发平台；提高科学仪器关键部件的制造水平。

(2) 从微观层面看

大型科学仪器性能的发挥决不仅仅取决于仪器本身,很大程度上还依赖于相关配件、前后处理等附属设备,因此,应对大型仪器科技资源的研制与生产进行管理,具体仪器设备的使用机构应在对核心仪器设备逐步更新基础上,针对不同用户的需要,通过自主研发、联合研发等方式,加强对相关配件、前后处理等附属设备研制和改造,形成基于科学仪器研发的完整的产业链条,促进核心仪器和配套设备的升级。开展该项工作,也可以培养、锻炼相关的技术人员,为维修大仪器、研制新设备提供知识积累。

2.2.3 大型科学仪器与设备的报废处置

对于性能老化、技术指标落后、损坏无法修复或不值当修复等原因不能继续使用的大型科学仪器与设备将进行报废处置。报废处置是设备管理的最后环节,通过该环节的管理,设备残值得到回收,大型科学仪器与设备资源使用效益达到最大化。

报废处置管理基本流程为:

1) 使用单位提出申请;
2) 专家进行评估;
3) 待报废仪器信息公示;
4) 设备管理部门批准;
5) 公开招标拍卖;
6) 设备账务处理。

2.2.4 大型科学仪器与设备管理新要求

(1) 加强大型科学仪器设备管理制度建设

随着时代的发展,仪器设备管理的内涵已经发生了很大变化,管理的职能有了很大的扩展,从过去单一的仪器设备固定资产的归口管理,扩展到大型仪器设备的规划、论证、维修与维护、开放与效益评估;仪器设备相关信息的统计上报工作;大型仪器设备管理技术队伍建设等。因此,仪器设备管理工作不能只停留在账、卡、物管理的水平,管理的理念要不断发展更新。要认真研究探索,从管理观念、制度上创新,不断提高管理水平,做到规范高效管理。根据国家的一系列政策、法律、法规,结合本单位实际情况,建立健全仪器设备管理规章制度,对仪器设备实行全程管理,即从规划布局、购置论证开始,经过招标采购、建账建档、使用、效益评估、一直到报废处置。在仪器的论证阶段坚决杜绝指标、性能第一而不考虑实际需要的思想，在使用过程中提倡开放共享，使仪器设备管理规范化、科学化、程序化，提高管理的效率和水平。

（2）加强大型科学仪器设备信息化建设

传统的仪器设备管理方式（手工、纸笔等）的人力成本、时间成本很高，工作效率却很低。在信息社会，提高仪器设备的管理工作水平和管理工作效率的必然选择就是重视仪器设备的信息化建设，将信息化管理贯穿于仪器设备管理的全过程。尤其是大型科学仪器设备的开放共用更离不开信息化。仪器设备共享的前提是其信息的共享，以信息共享促进实物共享。即利用现代计算机、网络和通信等技术手段，建立起面向仪器设备使用者和管理人员的大型科学仪器设备信息系统，使各类用户能够方便、快捷地使用网络工具，提交或获取他们所需要的信息。国家或者行业组织的仪器协作共用网或其他宣传活动，也是仪器设备信息共享的重要途径。

（3）加强大型科学仪器设备管理维护队伍建设

高水平的仪器设备技术队伍和管理队伍是提高仪器设备的管理水平和使用水平的必要保证。仪器设备管理的技术队伍中既要有高学术水平的学科带头人，还要有从事分析测试的技术人员以及仪器设备维护、维修人员等。大型科学仪器设备技术人员有别于一般的仪器设备管理人员，这些人员既需要具有较深厚的理论基础和一定的学术背景，还要经过专门培训，具有丰富的实践经验才能很好地胜任工作。一方面，技术人员应该能够协助科研人员开展工作，另一方面，又要有能力参加到科研工作中，结合仪器的特点设计实验、分析数据，甚至根据需要对仪器部件、样品处理等进行改造。在某些情况下，一个好的技术人员对于提高仪器设备的使用效益和科研水平的作用比科研人员还要大。对于管理人员而言不仅要具有良好的服务意识、高昂的工作热情，还应具有创新的思想理念、良好的业务素质和能力，以及良好的协作精神，改变过去对仪器只"管"不"理"的作风，弥补技术人员和科研人员的不足，协助他们开拓思路，积极引进智力、财力资源，拓展仪器的使用范围。

（4）增加大型科学仪器设备运行维护经费的投入

国家投资的大型科学仪器设备，特别是尖端、贵重的大型仪器设备如大型核磁共振谱仪、大型电子显微镜（透射、扫描）、大型质谱仪等的运行维护费用一般比较高，在现行财政制度下，难以获得充足的运行经费，在仪器设备购买之前，可以设立大型仪器开放基金、大型仪器维修维护基金、大型仪器奖励基金及多种经费渠道，以保证充足的仪器设备运行维护经费，使仪器设备真正充分发挥使用效益。

（5）推进大型科学仪器与设备的开放与共享

随着国家综合经济实力的提高和国家科教兴国战略的实施，我国仪器设备的数量快速增长，仪器设备的技术装备和使用水平大幅度提高，极大地提升了我国科研工作的能力和水平，促进了科研工作的开展。但是，从我国仪器设备装备的总体情况来看，大型科学仪器设备优质资源的总量仍然不足，分布也不均衡，尤其是中西部地区，大型仪器设备优质资源还相当匮乏。因此，推动仪器设备的开放和共享就成为仪器设备管理的重要手段之一。大型科学仪器设备的开放共享一方面可以避免设备重复购置带来的资源浪费，另一方面可以使地区之间的优势互补，推动国家和地区的科技、教育、经济与社会发展，还可以促进学科交叉、学科融合、学科发展，同时提高大型仪器设备的机时使用率和使用效益。

2.3 科技信息资源的全生命周期管理

2.3.1 信息生命周期管理的基本理论

信息时代，全球信息飞速增长，特别是互联网等的发展，为人们带来信息获取便利的同时，也给人们造成了信息管理的困扰，例如信息获取渠道多样，信息存储格式不一，信息类型各异等，这就增加了信息资源利用过程中信息甄别、信息选择和信息评估的难度，同时也造成信息管理成本大幅增加。对信息进行全生命周期管理，成为限制信息管理成本、增加信息利用价值的必然选择。信息生命周期管理作为一种信息管理模型，认为信息有一个从产生、保护、读取、更改、迁移、存档、回收以及再次激活和退出的生命周期，对信息进行贯穿其整个生命的管理需要相应的策略和技术实现手段。信息生命周期管理的目的在于帮助在信息生命周期的各个阶段以最低的成本获得最大的价值。

信息生命周期管理对企业用户而言是一种信息技术战略，是一种理念，而不仅仅是一个产品或方案。信息从产生的那一刻起就自然地进入到了一个循环，经过收集、复制、访问、迁移、退出等多个步骤，最终完成一个生命周期，这个过程必然需要良好管理的配合，如果不能进行很好地规划，可能会浪费资源或者降低工作效率。信息生命周期管理着重解决如何为信息提供最好的保护这一重要问题，其最终目标是建立一个信息基础结构，从而确保重要信息在全球随时随地都可用。实现这一目标需要新的思维、技术和管理专业技能，以实现成本、风险和业务价值之间的平衡。信息生命周期管理框架可为整个单位内的各种重要应用程序和数据提供相应级别的保护和可用性。信息生命周期管理技术可以帮助提高信息及存储管理的自动化水平，减少存储的复杂性，并为用户提供了多样化的选择；信息生命周期管理技术应用于信息保护和恢复能帮助了解信息的定位，确保随时可以访问，同时还能帮助检验数据的完整性。

马尔香（D. A. marchand）和霍顿（F. W. Horton，Jr.）提出了信息生命周期管理模型，并认为该管理过程可以分为以下几个阶段：信息创建阶段、信息采集与转换阶段、信息组织、存储与利用阶段、信息清理阶段（图2-3）。

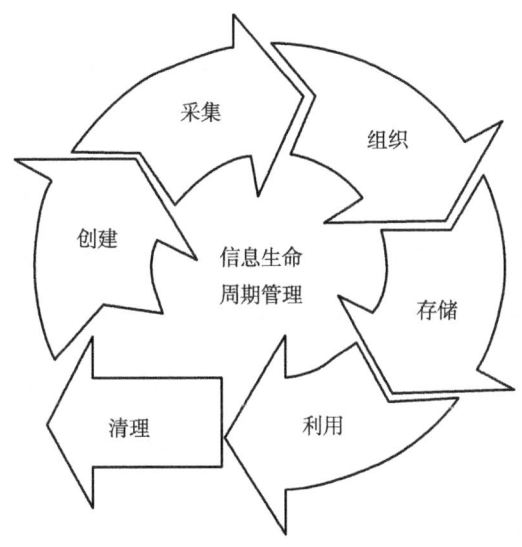

图 2-3 Marchand 和 Horton 信息生命周期管理模型

2.3.2 科技信息资源的创建

科技信息资源的创建即科技信息资源的产生。具体来讲主要包括两个方面的内容：一方面从科技文献的角度出发，指科技文献经过作者撰写、编者审校、出版印刷、格式编排、数据加工等过程形成纸质、电子等各种形式的科技文献的过程。另一方面从科学数据的角度出发，指经过观察、观测、实验等获得自然界、社会生活、经济运行等各种数据型信息，再经过整理、加工、保存和发布的过程。这些科技信息资源的产生，是伴随着科研活动的进行而不断深入的，随着信息技术的不断发展和普及，新的科技信息资源数量快速增长。

科技信息资源分布是长期的科技活动结果的体现，由于科技实力的不同导致资源分布的不均衡。从地理的角度看，有些地区科技信息资源丰富，有些地区稀少，导致这种不均衡的原因可能是各类政治、经济、文化、科技和教育中心的积聚效应，例如北京和上海是我国科技信息资源最为丰富的地区。从机构的角度来讲，各类决策机构、广播电视、出版发行、信息中心、图书档案、数据中心、信息中心、统计中心是科技信息资源的积聚部门；从人员的角度来看，各类研发人员、统计、策划、咨询人员等拥有或者掌握着大量的科技信息资源。正是由于存在着信息资源布局的不合理，才会产生科技信息资源优化配置以及科技信息的合理传播和流动。

科技信息资源在时间上也存在分布不均的问题。科技文献的增长和老化规律有力地说明了这一点。随着人类文化、教育、科学技术的发展，记载其内容的文献数量随之增加。但直到20世纪40年代后，由于当时图书馆管理的需要，特别是科学史研究以及科技情报工作发展的需要，文献增长规律才被研究者重视，取得了一系列研究成果。其中最具代表性的是普赖斯（D. Price）提出的科学文献的指数增长规律。普赖斯在其著作《巴比伦以来的科学》中考察统计了科学期刊的增长情况，发现科学期刊的数量大约每50年增长10倍。他以科技文献量为纵轴，以历史年代为横轴，不同年代的科技文献量的变化过程表现为一根光滑的曲线，这条曲线十分近似地表示了科技文献量指数增长的规律，这就是著名的普赖斯曲线。

文献老化有两种含义：一是指文献在产生或出版以后，随着其"年龄"的增长，由于各种因素的影响其内容的价值逐渐降低，从而导致其利用率越来越低的现象。二是指文献在产生或出版以后，随着其"年龄"的增长，由于化学和物理等作用的影响，其载体的物质形态逐渐蜕化变质的现象。通常所说的文献老化主要指文献内容的老化。目前，较常使用的文献老化量度指标主要有半衰期、普赖斯指数、剩余有益性指标等。文献的"半衰期"，是指某学科现时尚在利用的全部文献中较新的一半是在多长一段时间内发表或出版的。这与该学科一半文献的失效所经历的时间大体相当。普赖斯指数指在某一知识领域内，把年限不超过5年的文献引文数量与引文总量之比作为指数，用以量度文献老化的速度和程度。剩余有益性是指经过若干年后，文献中还保留着的有益性。

随着科学技术和社会生活的飞速发展，人类知识总量在迅速猛增。作为存贮、传播知识的载体文献，随着知识量的增加其数量也在激增，而且增长速度很快。据统计，目前全世界每年出版各种文献总量约12000万册，平均每天出版文献约32万件。科技的发展也加速了知识的新陈代谢，随之造成了文献的新陈代谢，使文献老化加速。

2.3.3 科技信息资源的采集与转换

2.3.3.1 信息的选择和采集

信息的采集，就是信息的选择过程，是根据不断变化的用户信息需求从已确定的信息源体系中连续地选择、提取和搜求信息的过程，包括图书馆藏书的选择和邮购、情报资料的索取和交换、网络信息的检索和获取等。

选择是信息采集的核心，信息选择的质量主要取决于信息采集人员的整体素质。我们往往选取评估指标来描述信息采集的质量。信息采集评估指标通常包括采全率、采准率、采集的及时率、采集的费用和采集的工作量等，通过文献内容与情报需求的相关程度来衡量。其中，采全率和采准率用于衡量信息采集的质量与水平，及时率、费用、工作量则用于衡量信息采集的效率和效益。对于信息的选择，通常主要通过信息检索来实现，信息检索是根据信息用户的需要找出有关的信息的过程和技术，其关键在于信息提问与信息集合的匹配和选择，即对给定提问与集合中的记录进行相似性比较，根据一定的匹配标准选出有关信息。传统的检索技术基于关键词匹配进行检索，往往存在查不全、查不准、检索质量不高的现象，在网络信息时代，利用关键词匹配很难满足人们检索的要求，逐步发展了新型智能检索技术，利用分词词典、同义词典，同音词典改善检索效果，在知识层面或者说概念层面上辅助查询，通过主题词典、上下位词典、相关同级词典，形成一个知识体系或概念网络，给予用户智能知识提示，最终帮助用户获得最佳的检索结果。在网络环境下，需要能够检索和整合不同来源和结构的信息，包括支持各种格式化文件，如 TEXT、HTML、XML、RTF、MS Office、PDF、PS2/PS、MARC、ISO2709 等处理和检索；支持多语种信息的检索；支持结构化数据、半结构化数据及非结构化数据的统一处理；和关系数据库检索的无缝集成以及其他开放检索接口的集成等。

信息采集工具和技术包括各种新书目、回溯性书目、期刊征订目录、数据库联合目录等,以及联机检索技术、各种应用软件使用技术和网络实用技术等。

信息采集方法是获取信息的步骤、程序和过程的总和,它通常随着信息源的不同而变化。对应于按开发程度划分的各类信息源,信息采集方法分别可能包括:

- 一次信息源:观察、实验、检测、考察、科学研究等。
- 二次信息源:调查、采访、谈话、通信、网络交流、媒介分析、机器测定。
- 三次信息源:咨询、检索、参观、浏览、交换、索取、收听收视、网络查询。

需要注意的是,有些科技信息资源的采集和科技信息的产生必须同时进行,否则就无法恢复一些过程,重新进行科技信息的采集。例如一些重要的科学数据,必须在科学实验的过程中或者在科学观测的瞬间及时记录,否则会遗失重要内容。

针对网络环境存在的大量数字资源,可以利用 Web 信息采集技术进行信息资源采集。Web 信息采集是一项综合性技术,主要由两个方面的技术成分构成:① 网络信息采集技术。通常搜索引擎采用的是页面爬行器(Web Crawling),按照初始的 URL 对页面进行爬行,通过页面的超链接爬行到更多的页面。② 信息抽取技术。信息抽取技术用于处理网络上大量非结构化或半结构化的信息资源,对其进行分析,抽取对象元数据,识别对象之间的内在关系,按预先定义的语义关系建立对象之间的关系。

2.3.3.2 信息的转换

信息转换是信息资源管理过程必不可少的环节之一,主要包括信息资源所有权或使用权转换、信息资源符号转换、信息资源记录方式转换、信息资源载体转换等,它是信息采集的延续。其中,信息资源所有权或使用权的转换是信息转换的核心内容,其他形式的转换都是所有权或使用权转换的延续和补充。信息转换从宏观上决定着信息资源管理过程的效率和质量。信息资源符号转换是指记录同一信息的不同表达方式之间的转换。信息资源记录方式转换包括利用翻译和自动翻译等技术进行不同语种信息之间的转换,利用本体、映射技术、语义网络等实现信息资源不同表现方式的转化,通过数据的导入、导出实现信息资源不同格式的转换以及信息资源不同载体的转换。

科技信息资源的获取环节中,应重视创新信息的搜集。创新需要信息与知识的支持，这些信息与知识的获得，是从创新信息的搜集开始的。在该环节中，需要注意和提高信息提供的专指性、及时性、准确性、易用性和个性化。创新所需要的信息搜集方式主要有：文献检索、数据库检索、原文提供、网络调查、人际网络信息搜集等。

科技信息资源的转换环节，最核心的技术是信息标准技术和信息唯一标识技术，通过这些技术保证信息转换不改变信息资源内容。

2.3.4 科技信息资源的储存、组织与再加工

对于科技信息资源而言，信息存储和更新、信息组织、信息再加工与利用过程是其管理的关键环节。其中，信息组织和信息再加工是在一次信息基础上，通过不同的组织方式和信息深度挖掘与再加工等活动，维护和提升信息质量，从而不断满足用户新的需求。

2.3.4.1 信息存储

信息存储是对科技信息进行管理的重要方面，在信息存储的过程中要投入人、财、物来组织加工信息，必须考虑两方面的因素：一是存储介质的空间容量问题；二是存储信息的利用问题，方便人们异时利用信息。信息存储的关键就是设法在节约存储空间和提高信息利用率之间寻找平衡点。

图书馆、档案馆、信息资源中心等在宏观信息产业分工中的主要职能就是信息存储，信息输出（即信息服务）的形式、种类和特色都与信息存储有关。数据库是采用磁性存储介质的一种存储空间和存储方式，它是按一定方式组织的待管理数据的集合。在信息化、网络化充分发展的今天，数字化存储已经成为趋势。随着数字化信息量的不断增加，除了在存储器容量方面有新的突破以外，还出现了一些新的存储解决方案，例如存储虚拟化技术、分级存储技术等。另外在信息存储方面需要考虑的一个重要问题就是信息的备份和灾害管理问题。

对于科技信息资源而言，海量科技信息要求其存储环境能够及时地处理、保护和扩展，因而需要稳定、可靠、高可扩展能力的存储设备。不同的应用和数据，需要不同容量、功能和价格的存储系统，以满足合理的成本和投资回报。

随着数字信息的激增、数字化环境的形成，广大用户日益依赖数字资源服务，数字资源长期保存日益受到重视。数字信息的长期保存主要涉及两个方面：一是防止数字信息被非法变更与破坏，另一个是维护数字信息的长期真实可读。国内外已开发了不少技术产品来防范非法变更与破坏数字信息，只要技术措施与

管理手段科学地融合，就有可能在一定程度上解决问题。然而，对于维护数字信息长期有效读出，但至今仍在探索完美的解决方案。因为，它涉及的问题太多，其中最重要的是标准问题。在数字资源长期保存中，标准化试图以某一为公共接受的标准来进行数字资源的存储、描述、组织与检索，其中 OAIS 参考模型是一项重要内容。OAIS 是由美国国家航空和航天局与美国太空数据系统委员会（CCSDS）联合制定的标准，规定了数字资源长期保存的术语、概念和参考框架，确定了一个存档系统的基本功能，提出了一个管理数字对象和信息包的信息模型。在一致性方面起了很重要的作用，并逐渐成了众多存储项目遵循的标准，被广泛地用于开发保存工具和存储系统。在数字资源长期保存中，管理是从整体上进行宏观规划、组织和控制，是数字资源长期保存的基础与保障。内容主要包括：保存政策、责任体系及合作机制、知识产权等。要保证数字信息的长期存取，就必然涉及存储媒体的选择问题。目前，我国仅有一个国家标准《电子文件归档与电子档案管理规范》对长期归档保存的文献媒体选择进行了推荐——"本标准推荐采用的媒体，按优先顺序分别是：只读式光盘、一次写入光盘、硬磁盘、可擦式光盘等。禁止使用软盘作为归档电子文件长期保存的媒体"。选择数字信息存储媒体时需要考虑多种因素，如相关的国际、国家标准或推荐意见、数字信息的生命周期（产生、利用、归档、删除或永久性归档保存）、存储媒体的自身因素（媒体寿命、存储容量、系统独立性、成本）、部门的具体情况（如保存目的、效益、经济承受能力）。保证数字信息的长期读取涉及很多方面，既有技术因素，也有非技术的，如政策、标准、资金、人员、管理等。但最重要的还是要有一整套保存数字信息的关键技术。目前常用的保存数字信息的关键技术方法主要有：迁移（Migration）、仿真（Emulation）、数据再造（Resume，数据恢复或数据考古）等。

2.3.4.2 信息组织

信息组织，就是根据一定的原则和方法，对特定信息资源进行整理和加工，使之从无序状态进入有序状态的过程，它是科技信息资源维护环节的核心内容。根据不同的属性，可以采用不同的组织方式。信息组织的主要方法包括：

- 语法信息组织：字顺法、代码法、地序法、时序法等。
- 语义信息组织：元素结构法、逻辑法、分类法、主题法等。
- 语用信息组织：权值法、概率法、特色法、重要性递减法。
- 综合法：文献分类法、档案分类法。

信息组织的核心是对信息的描述与揭示，是根据信息组织和检索的需要，对信息资源的主题内容、形式特征、物质形态等进行分析、选择、记录的活动。其中统一的描述标准和格式非常重要，例如一些重要的元数据标准。

通过信息组织，可以最大限度地减少科技信息资源的无序状态，使其能更加真实地反应科技活动的全景，减少科技信息分布的混乱特征，提供科技信息的质量，调整科技信息资源的流动方向，形成信息合力。最重要的是，需要将科技信息资源同科技物力资源、科技人力资源等其他科技活动要素结合，共同为科技创新活动的深入开展提供支持。

网络时代，科技信息资源的组织与揭示工作，其本质的目标和意义是采用语义技术、信息自动采集和注释技术、数据挖掘技术等国际前沿技术，采集和集成组织综合科技信息资源，使综合科技信息系统成为科研资源集成揭示平台，为知识化服务提供基础保障，最终成为 e-Science 的有机组成部分。科技信息资源的组织中应用的主要技术方法包括：① 本体技术。本体是下一代互联网的核心技术。用本体的方法来组织综合信息资源，基本方法是对综合信息资源进行分类和归类，提炼出代表各种科技事物和对象的概念，建立概念等级和概念关系。用这个概念体系为基础对各种信息资源进行组织，赋予实例以属性，并根据需要添加公理，建成具有丰富语义关系的综合知识库。建设中需要研究的问题包括本体的存储与查询技术、本体工程学、本体的集成、合并与联合、本体的进化、本体推理、本体学习和本体应用等。② 语义门户技术。语义门户需要语义浏览和语义检索技术，用户可以用语义模板编辑查询问题，语义检索按用户问题进行逻辑查询。语义浏览提供按概念等级和概念关系浏览本体实例，需要采用可视化技术。语义门户提供语义编辑技术，用户可以按本体关系建立内容实例。语义门户还需要建立与相关内容门户的内容联合体，通过本体联合、内容集成、虚拟集成查询等方式，扩充语义门户的知识内容为用户提供丰富的内容查询服务。③ Web Service 技术。Web Service 提供了一套技术和方法体系，使得在互联网上进行资源、服务的共享成为可能。Web Service 的技术体系包括 SOAP、WSDL 和 UDDI。Web Service 提供了对分布的信息资源进行登记、提供集成服务的标准化的技术方法。采用 Web Service 技术体系，使信息资源服务从单一的、小范围的服务扩展到综合的、范围更广的、可以与互联网其他信息服务有效集成的服务系统。

2.3.4.3 信息深度挖掘与再加工

科技信息深度挖掘与再加工就是在原有信息基础上，不断重组和加工信息，使信息内容本身释放潜能，为科技信息用户提供各类活动服务，它是一种狭义的"信息资源开发"过程，是立足于丰富的科技信息资源储藏的一种信息再生产活动。信息资源深度挖掘和加工的目的是形成二次信息产品，是深入了解用户的热点需求和重点用户的迫切需求，或者接受用户的委托，制定相应的课题，形成相应的信息产品，并提供服务。信息资源深度挖掘和再加工实质是一种高层次的研发活动，运用信息分析、综合和预测的一些先进方法，形成新的科技信息资源，它会不断充实信息链条，加快信息流转，这样才能适应科技创新的需求。

信息资源的挖掘包括基于信息内容的挖掘、基于外部特征的挖掘、基于信息关联的挖掘。内容挖掘是指对信息资源内容及后台数据库进行挖掘，从信息资源内容中获取有用知识的过程，还可以对信息资源组织结构和连接关系进行挖掘，从人为的链接结构中获取有用的知识。目前信息资源内容挖掘多数是基于文本信息的挖掘。信息关联挖掘揭示信息资源文档结构信息中的有用模式，挖掘信息资源链接结构，从而识别出高质量信息资源，进行话题和热点监测等。另外，还可以对信息资源使用记录进行挖掘，使用记录挖掘是通过挖掘日志记录来发现用户访问信息资源的模式。通过分析和探究日志记录中的规律，来识别科技信息资源的潜在用户，增强对最终用户的信息服务的质量和交付，并改进服务效能。

2.3.4.4 信息资源利用

要使信息资源转化成有效益的价值，不能靠信息自发的力量，而需要靠一系列机制来保障。在社会生产领域，要通过先进的科技手段，向企业和各生产单位介绍、推广先进的信息资源，并把信息资源的贡献率作为衡量生产力水平的重要标志。在推进生产关系改革和社会各项事业发展中，要瞄准世界现代化前沿，善于把先进信息资源转化为社会变革与发展的契机和动力。总之，信息资源重在使用。只有有目的、有作为地使用，才能真正实现信息资源价值的转化。

信息资源利用的方式多种多样，包括阅读、下载、传输、集成等，且根据信息资源内容、载体、格式不同而产生不同的利用方式，同时这些方式要符合不同用户的要求。科技信息资源的效用一般是通过一些利用平台实现，这些平台实现信息资源集聚、组织和发布的功能，包括CNKI、万方数据资源系统、中外专利信息平台、国家标准信息网、数据中心，以及包括NSTL、开放获取平台、机构知识库、数据共享平台在内的各类科技信息共享平台等。科技信息资源的利用效果主要由信息质量决定，信息质量问题要解决科技信息资源生产和利用过程中信息错误、信息重复、信息不完整、信息过时、信息权威性等问题。

2.3.5 科技信息资源的清理

许多科技信息的价值通常会随着时间的推移逐渐降低,必须要采取适当措施,对没有保留或保存价值的信息进行相应的清理。传统的信息资源清理包括图书情报机构的文献资源剔旧、下架、销毁等,被销毁或回收的信息将从信息被存储的系统中清除。随着数字资源存取技术的发展,这些信息资源需要以其他方式保存,形成完整的信息资源链条,以便于信息资源的集成和整合利用。信息生命周期管理就是要根据应用的要求、数据提供的时间及数据和信息服务的等级,提供相适应的数据产生、存储、管理等条件,以保障数据的及时供应。对这些信息,不能轻率地进行销毁操作,必须确保其销毁的信息不会与相关条例和法规相违背。

2.4 自然科技资源的全生命周期管理

自然科技资源的全生命周期管理的主要流程包括资源的收集、标准化与深加工、安全保存、利用与服务、处置等(图2-4),其中,资源收集、标准化与深加工、安全保存等内容将在本节着重探讨,资源利用与服务等内容将在第7章中详细阐述。

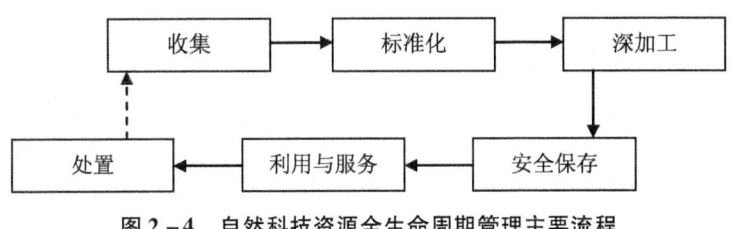

图2-4 自然科技资源全生命周期管理主要流程

2.4.1 自然科技资源的收集

自然科技资源的收集,是指将自然存在或分散保存的自然科技资源,按照一定的原则、适当的方式和科学的分类进行集中保存的活动。资源收集可以不断增加资源保存的种类和数量,并通过对收集的这些资源妥善保存、深入研究,来提高资源的质量并更有效地加以利用。

作为被收集的自然科技资源应有以下几个特点:① 具有科学价值,或具有潜在的科学价值；② 具有典型性、代表性，是科学知识的基础，为认识、掌握相关领域科学知识提供最基本的原始材料。

我国建立了多种自然科技资源的各种长期保存库（馆）。通过采取一定的方式和手段对自然科技资源进行广泛地系统收集，增大库存资源的种类和数量，提高资源的质量，使自然科技资源库（馆）的规模不断扩大，是满足现代科技高速发展需要的重要途径。延长自然资源消耗的时间，挖掘发现稀缺资源的替代材料或资源，对现有自然科技资源的收集整理，对于科学研究有着极其重要的意义。对于生物自然资源的系统收集，还可以利用先进的科学技术手段，使濒临灭绝的物种长期保持其性状和稳定性，为科学研究以及资源的复制或繁殖提供基础材料。

2.4.1.1 收集的步骤

自然科技资源的收集一般遵循以下4个步骤。

步骤1：前期调查与普查。首先对库内已有的和将要收集的自然科技资源进行一定的调查和普查，确定收集的目标及途径。

步骤2：选择收集方式。根据需要收集的自然科技资源的实际情况明确收集方式，如野外采集、网上征集、交换或购置等。

步骤3：收集。按照各类资源的收集技术规程，收集所需的自然科技资源，并对其进行初步鉴定。

步骤4：进入资源的整理阶段。

2.4.1.2 收集的途径与方法

（1）征集

征集是自然科技资源收集的初级方式，主要依靠地方政府、科技人员和农民，用于分布广泛的种质资源的收集。征集工作在明确征集的种类、数量和有关资料、拟征集的地区和单位等信息后，一般由国家行政部门或受其委托的相关单位向省（市、区）政府或相关单位发通知或征集函，由当地人员采集本地区（本单位）的自然科技资源，送往指定的保存单位。

下面以农作物种质资源征集为例说明征集的主要流程，一般包括5个步骤：

1）征集准备。根据科学研究的需要和收集目标，确定征集的作物种类和范围，根据各类不同作物的繁殖和保存特点，指定各类作物种质资源征集的技术要点和征集数据采集表。征集技术要点包括征集的目的、任务、方法、技术路线、要求、注意事项等；采集表除包括必需的基础信息如采集时间、地点、群体大小、地理分布、生态环境、伴生植物外，还包括每类作物所有的编目信息。

2）组织实施。各省（市、区）政府相关部门或其委托的牵头单位与省、地、县各有关部门和单位协调，以县（市）为单位组织乡、村进行具体采集工作。

3）样本采集。各单位或个人接受任务后，按照采集要求进行样本采集。

4）提交采集样本。采集工作结束后，对所有采集到的样本进行整理，按作物或类型分类和归并，填写"种质资源征集数据采集表"，并按序装订成册。整理好的样本及时包装后，随征集数据采集表一起寄往指定的接收单位。

5）核对、编目和保存。接收单位在收到各省（市、区）或育种单位、种子公司、私人育种家提交的样本和采集表后，按作物或类型分别进行核对，编写全国种质资源目录，对符合入库（圃）保存要求的样本，直接入库（圃）保存，对暂不符合入库（圃）保存要求的样本，繁殖更新后入库（圃）妥善保存。

（2）考察收集

考察收集是指科技人员到自然科技资源的原生环境，实地调查资源的地理分布、生态环境、特征特性、种群大小、多样性程度、伴生资源、利用价值和濒危情况等信息，并采集种质资源样本、标本的过程。

考察收集首先要制定收集计划。根据研究工作的需要确定收集目标，根据掌握的情报和作物收集的重点次序确定考察地区。以作物考察为例，作物考察要首先在该作物的起源中心进行，以便找到地方品种，甚至野生种的大量变异类型。然后关注栽培中心，以得到种植区中的新变异品种，以及独特的地方品种和类型。各类种质资源中心和遗传育种中心是收集过程中考察的主要对象。

如果需要到野外进行考察，制定路线方案是十分重要的准备工作。一般应争取途经各种不同的生态地区，考察路线应尽量包括纬度、海拔、山的坡向、降水量、气温、积雪（冬作物）、地形、土壤，以及其他自然因素不同、种植方式和管理技术不同的地区。

在进行野外考察时要做必要的考察记录。收集材料登记卡片是必不可少的记录之一。收集材料登记卡片的主要内容一般有编号、品种名称、采集地点、海拔、地势、生境、主要形态特征等。栽培种还应记载种植面积和群众评价；野生种还应记载生长和分布状况、伴生植物。因时间所限野外不能详细记录时，须在事后第一时间进行补记，以免忘记和错乱。

在自然科技资源收集的过程中，不论是通过考察收集得到的、还是通过征集方式得到的各种资源，都必须进行植物检疫，必要时隔离试种，以防止危险性病虫害传人。

(3) 样本采集

样本采集就是从资源的总体（通常是同类资源）中抽取一部分样本，再通过对样本进行加工、鉴定并妥善保存，作为科学研究的基础资源。这种收集方式主要应用于微生物菌种和人类遗传资源的采集工作。

1）微生物菌株采集：

采样就是从自然界中根据筛选的目的、微生物的分布概况及菌种的主要特征与外界环境关系等，进行综合地、具体地分析来采集菌株样品。

采集微生物菌株所在的样品通常包括土样、污泥、水样、空气、生物体的组织或器官、动物排泄物或动植物尸体、自然培养发酵物或腐生物以及寄主等。采集土壤样品一般是在不知道某种产品的产生菌的属类或某些特征时采用的方式，采集后以土壤为样品进行分离。土壤中微生物的数量和种类受土壤的营养环境、水分含量、温度、通风和酸碱度等多种因素的影响，在采样时应加以注意。特殊微生物菌株样品包括在普通植物花朵、瓜果种子及腐殖质等上采集酵母类或霉菌类微生物；从白腐态树木上分离分解木质素的微生物；从褐腐态树木上则可以分离到分解纤维素的微生物。

2）人类遗传资源：

大规模血样采集——大规模血样采集适合于以下目的：以民族为对象的遗传资源保护、隔离群体的遗传资源收集、特殊性状群体遗传资源保存、大家系样本收集、重大疾病的临床筛查等。由于采样过程涉及多个个体，可能导致采样地点过于分散，因此要尽量将样本捐献者集中到一个相对洁净的环境中。如果实施起来有困难而又不得不针对单独个体进行采样时，一定要保证采血空间相对洁净，尤其是设计永生细胞系建系工作的采样过程，建议随身携带一个轻便操作台，放置于一个没有空气对流的环境中，用碘酒和酒精处理后，燃起酒精灯，这样至少可以保证操作台上方一定空间的洁净度。每次转移地点后操作台都要重新消毒。血样采集的具体操作按照相关技术规程操作处理。

组织样本和体液采集——要求此类样本收集都要在正规医疗机构的手术室、病理检查室和操作间进行。人类新鲜组织来源于尸体的，要求尸体要尽快送入冷藏柜，最迟不应该超过脑死亡后6小时；在新鲜组织未采集之前，尸体不能做防腐处理；新鲜组织要尽快采集，最好在脑死亡后12小时内采集完毕，交于样本保存组。人类新鲜组织或体液来源于现症患者的，要求样本保存组人员必须在手术或相关操作完成之前到达采集现场，采样人员将样本从患者体内分离之后即开始初步的后期处理，并尽快交由样本库进行保存。

（4）引进

引进是从外地或外国引进一个本地区或本国所没有的资源物种。

1）引进前的准备工作：

引进资源前，首先要有针对性的收集待引进资源的基本特征信息，如培植条件、形态特征、生长特性、鉴别方法等。在引进资源机构选择方面，尽可能选择国际或国内认可的、具有丰富的资源培植及保藏经验、良好的保藏设施、良好的资源检测能力及良好声誉的保藏单位。

选定资源和相关机构后，需要制定较详细的资源引进计划，计划内容应包括待引进资源的名称、代次、数量、引进单位、资源状态、质量要求及检测报告、技术服务、索赔条件、异议处理方法、运输条件、付款方式、联系方法等。将计划上报到主管部门，并由其加以汇总和补充，删除重复和已经引进过的资源，最后上报管理部门审批，各单位按审批意见执行资源引进计划。

在资源物种引进过程中，还应与引进单位签订引进协议，明确引进过程中的责任与义务，引进细胞时间、到货时间等，通过引进协议了解引进单位的相关规定，以免引发争议。

2）引进资源的运输：

为保证资源的质量，引进资源的运输应采用能够保障资源质量的运输装置和交通工具，采取有效措施防止运输途中可能出现的影响引进资源质量和安全的问题。并选择最佳的运输路线和最短的时间，装箱时要充分注意资源的密度和保存条件。

3）引进资源的隔离和检疫检测：

资源到达后，应尽快确认引进资源是否符合引进计划的要求。如果引进资源不符合要求，应立即采取协议中规定的补偿措施。同时按照相应等级环境进行隔离观察，一般应送往有关检测机构进行检测，合格后转入保藏设施。

4）引进资源的保存和资料归档：

对检测合格的资源，如果符合保存要求，将资源转移到保藏设施，同时及时进行资源所有资料的填写与整理，并归档保存。

5）室内提取：

在实验室内培养或提取的标本。例如，经过室内培养后采得的草履虫（Pramecium）、水螅（Hydra）等标本；或从野外采回的动物标本体内提取的寄生虫标本，如绦虫纲（Cestoda）及吸虫纲（Trematoda）的标本。

（5）交换

在掌握资源拥有方持有资源保存单位需要的资源的前提下，两交换单位事先协定并立下交换同意书，本着互惠、双赢的原则按照等价值的方式进行资源的交换，达到相互支持、调剂余缺、互通有无的目的。

（6）接受捐赠

个人、单位或团体将其拥有的资源无偿捐献给资源保存单位，保存单位需取得有捐赠者或捐赠单位代表签名的捐赠契约，并将所捐赠资源登记造册。

2.4.2 自然科技资源的标准化与深加工

标准化和深度加工是自然科技资源生产获取环节中的核心内容。对自然科技资源进行标准化和深度加工是指对所收集的资源进行分类加工及性状观测，对资源及资源的特征信息进行鉴定、评价和描述，然后对已鉴定、描述的数据进行审核，最后通过编目，使资源在加工整理后更加系统规范。自然科技资源的标准化和深度加工能够挖掘和提升资源价值，是资源有效保存与保护的必要条件，是实现资源优化共享、高效利用的关键环节。

与国外先进发达国家相比，我国在自然科技资源领域上存在标准混乱、家底不清、条块分割等现象，阻碍了资源信息的自由流动和系统间资源的共享与合作，进而造成资源布局不合理、资源的重复建设和浪费。通过对自然科技资源进行标准化和深度加工，对资源进行系统的评价、分级、分类和编目管理，形成科学、合理、稳定、质量整齐划一的实物资源保藏与供应体系，可以解决自然科技资源共享中的实物和信息资源供应及来源问题、资源质量问题等，是实现自然科技资源共享的关键步骤。

自然科技资源加工的对象是个体资源本身，工作步骤主要包括资源分类、鉴定评价、整理编目3个环节。

（1）资源分类

自然科技资源大致分为生物类资源和非生物类资源。对这些资源进行加工的首要工作就是建立合理的、具有兼容性的资源分类体系。对各类自然科技资源的分类主要采用以下两大类系统方法：

1）按照特定的物种进行深层次的系统分类。如植物、动物、微生物、生物标本、化石标本等类型的自然科技资源，作为基础分类单元，又被分为7个基本的分类等级（rank 或 category）或分类阶元。由上而下依次是：界、门、纲、目、科、属、种。在分类中，若这些分类单元的等级不足以反映某些分类单元之间的差异时也可以增加"亚等级"，即：亚界、亚门、亚种等。

2）根据应用领域或来源进行分类。以标准物质为例，按照标准物质的应用领域，分为食品成分分析、环境化学分析、地质矿产成分分析、煤炭石油成分分析和物理特性测量、钢铁成分分析等13大类。以人类遗传资源为例，目前将其分为人群常见重大疾病构成的遗传资源、特有民族构成的种族遗传资源以及长期生活在特殊自然环境且具有特定生理体质或亚健康体质的人群构成的遗传资源3大类。

（2）鉴定评价

对自然科技资源实物资源开展鉴定评价包含了以下两个层次的工作：

1）资源的精细化加工。以促进资源实物共享为导向，按照收集、整理、保存技术规范的相关要求对实物资源进行标准化的资源信息的整理与精细化加工，在确保资源信息有效的前提下自愿进入规范化的保存与管理流程。资源加工的基本原则以保持资源原貌为标准，以尽量少的加工获得较高的质量。同时，在市场经济条件下，要注意对资源加工过程中的成本进行控制和核算。此外，在该过程中，还需要在完成有关资源质量性状、数量性状、原产地生态环境等信息观测、采集的基础上，进一步对资源进行深度挖掘，补充资源的关键性状和重要特征数据，丰富资源的特性描述信息，达到提升资源价值的目的。

2）资源质量的鉴定与评价。通过对自然科技资源的鉴定和评价工作，一方面可以进行资源识别，另一方面对所保藏资源的质量开展有计划的复核和监控，确保资源质量的持续可靠。同时，有了对同类资源某一性状的鉴定评价数据，就可以依据观测性状的数据将资源分成不同类型、等级，把每份资源的突出特征揭示出来，方便发现特异的、有重要价值和优质的资源；另一方面，可以通过资源鉴定工作，确保资源特性数据的准确性和全面性，使资源能够在确保质量的前提下最大限度地满足科研机构和科研人员的需求。

相对其他工作而言，对资源质量的鉴定与评价工作是较具难度的，它需要有充足可靠的鉴定评价技术储配。因此，随着科学技术的迅猛发展和人们在利用自然科技资源的过程中不断提出的更高要求，在对资源的鉴定评价工作中，沿用传统的资源鉴定评价方法，如以形态和生理生化特征为依据的表型法是不够的。各种分子生物学以及权威准确技术的应用，开辟了资源鉴定评价的新途径。以基因鉴定技术为例，它具有快速、简便、分辨率高的特点，并可进行多相分类鉴定。将传统资源鉴定方法与新型资源特征表征方法相结合，可大大提高资源鉴定评价的准确性，促进资源价值的提升。

（3）整理编目

编目即是指自然科技资源在初步加工、鉴定的基础上，将每份自然科技资源的基本信息和鉴定信息汇总成"国家目录"，并按一定规范要求给每份资源一个"国家统一编号"，并作为该份资源的唯一识别号。编目作为自然科技资源整理鉴定工作的重要组成部分，其重要性主要体现在：通过编目，可以清晰无误地反映某一类资源国家经收集整理的拥有数量，编目而成的目录是识别、查找和利用自然科技资源的基本文献和工具。

由于各类自然科技资源存在不同的属性和特点，其编目方法和编目内容可能不尽相同，但编目工作应遵循以下基本原则：

1）编入目录的资源需经过初步的鉴定评价，资源之间是不重复的。

2）一旦某一"国家统一编号"给予某份资源，就绝对不允许再给另一份资源，即使该份资源已丢失，它是该份资源的唯一识别号。

3）以《自然科技资源共性描述规范》的"自然科技资源分级归类与编目表"的资源分级归类为基础，确定以哪一级为基本单位进行资源的编目。如农作物种质资源基本上按分级归类的第三级为基本单位对该类全国资源进行统一的编目。

4）各类资源应制定编目统一的基本规范和标准。

以农作物种质资源编目为例，包括以下几个步骤：

- 确定作物种质资源目录编写内容；
- 确定入编种质的条件；
- 确定目录内容；
- 审查拟编种质的资格；
- 查重；
- 汇总排序；
- 编制统一编号。

2.4.3 自然科技资源的安全保存

安全保存是自然科技资源管理过程中最关键的环节。自然科技资源的保存是指长期保持其原始形状及其属性的稳定性，同时更注重发掘它们的科学和经济价值，将资源的保存和可持续利用相结合。

为了能够对现有和新增的资源进行妥善保存，目前国内自然科技资源的各个领域都建立了资源长期保存库（馆）。通过自然科技资源的系统收集和妥善保存，利用先进的科学技术手段，可以使濒临灭绝的物种长期保持其性状和稳定性，为科学研究以及资源的复制和繁殖提供基础材料。

目前，自然科技资源保存的对象包括植物种质资源、动物种质资源、微生物菌种资源、人类遗传资源、生物标本资源、岩矿化石资源、实验材料资源和标准物质资源。作为被保存的自然科技资源具备以下的几个特点：① 具有较高的利用价值，人们可利用它开展科学研究，从事科技活动。② 这些资源是物种繁衍、人类科教和生产活动的基础性物质，为认识、掌握相关领域科学知识提供最基本的原始材料。③ 这些资源一般都经过了人类的考察、研究和鉴别，附带有资源的基本信息及相关研究成果，可以作为知识创新的基础，对人类社会各行各业具有广泛影响。④ 这些资源在进行保存时需要考虑其数量和质量，从而满足实物利用与资源共享的需要。

2.4.3.1 保存的步骤

自然科技资源的保存一般有以下4个步骤。

步骤1：确定资源的保存级别、类型。可根据资源类型，确定采用原地保存、异地保存、还是设施保存等不同方式，还可根据资源的稀有珍贵程度、研究程度、保密及安全等级进行保存等级和类别的划分。

步骤2：确定保存条件。根据资源保存所需的硬件和软件条件，确定保存的库房和设备。

步骤3：入库。按照各类资源制定的保存技术规程，将实物资源入库，制作标签，并对信息资源进行编辑录入，建立资源网络数据库。

步骤4：监测。利用有效的仪器设备，对库内资源进行监测以及定期检查维护。

2.4.3.2 保存的方式

（1）原地保存

自然科技资源原地保存是指在原来的生态环境中，就地进行繁殖以保存种质,如建立自然保护区或保种场、保护点等,使生物种质资源及野生近缘物种生存繁衍的自然生态环境能够保持原有状态,使这些生物得以繁衍生而不致因环境恶化或人为破坏随其自然栖息地的消失而灭绝。发达国家投入巨资建设保藏中心、自然保护区等,尤其是特有、珍稀和具潜在利用功能的生物种质资源。国际组织在欠发达地区(国家)组织进行原产地保护、自然保护区、世界遗产保护等。

1)自然保护区。我国给自然保护区下的定义是:国家为了保护自然资源和自然环境,促进国民经济的持续发展,将一定面积的陆地和水体划分出来,并经各级人民政府批准而进行特殊保护和管理的区域。这一定义充分体现了自然保护区在国家生态建设和国民经济发展中的重要地位。对经济的可持续发展和资源的永续利用具有重大意义。

① 设施。自然保护区保护最关键的基础是土地问题,包括核心区(隔离区)和缓冲区用地。主要设施为隔离设施,其作用是阻止人、畜禽以及有害污染物进入保护区内。隔离设施主要是围墙或围栏,也可以是生物围栏。另外,还要有标志碑、警示牌、看护房、工作间、瞭望塔、道路、排灌设施、气象观测箱和小型环境监测设备等附属设施。

② 技术路线。自然保护区保护是在资源调查的基础上,通过多样性及相关因素分析后,按照保护生物学原理开展保护活动(图2-5)。

2)保种场。保种场是场址设置在原产地或与原产地生态条件一致或相近的区域。场区包括生产区、办公区、生活区,办公区设技术室、资料档案室等。生产区设置饲养繁育场地、兽医室、隔离舍、畜禽无害化处理、粪污排放处理等场所,配备相应的设施设备,防疫条件符合《中华人民共和国动物防疫法》等有关规定。保种场要有与保种规模相适应的畜牧兽医技术人员,要有完善的管理制度和健全的饲养、繁育、免疫等技术规程,对保种群体中的一些指标应当予以量化,除根据任务制定保种目标以外,确定保种群体的大小是一个重要的技术指标。

(2)异地保存

1)种质资源圃。种质资源迁地保护是防止宝贵种质资源丢失的一项重要措施,其中建立现代化田间种质圃是国际上通用的基本方法。田间种质圃(植物园或林场)保存的内容主要包括田间种质圃的建立和圃内植物的保护。圃内植物的

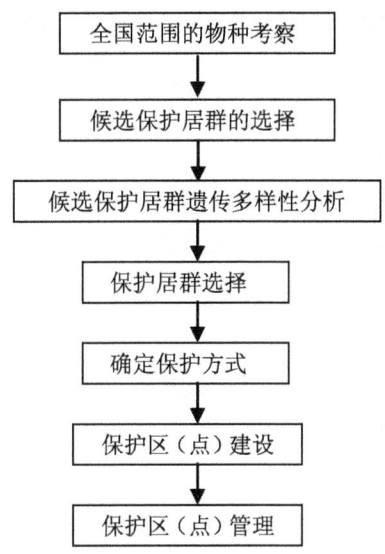

图 2-5　自然保护区资源保护的技术路线

保护主要包括种质材料获得、种质隔离观察、扩繁编目、入圃定植保存、保存过程中的管理等。

① 设施。种质圃保存是在种质圃内通过植株方式保存无性繁殖及多年生植物种质资源,其主要设施是种质资源保存圃,同时包括隔离检疫圃、鉴定评价圃、扩繁更新圃、无病毒植株复份保存圃等功能圃以及田间工作室、农机具、农药、肥料库房、机井、供电电路、排灌渠道、周边隔离防护设施等附属设施。

② 技术路线（图 2-6）。

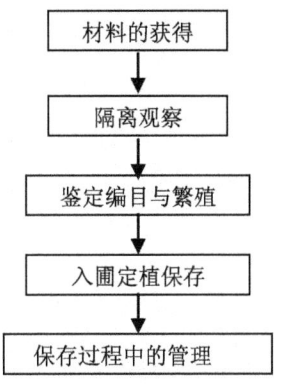

图 2-6　种质圃保存的技术路线

2）原、良种场。原种场负责水产原种的搜集、保存、采捕和供种，并向良种场提供繁殖用的原种亲本。良种场负责野生种的驯化、遗传改良、新品种培育，从国外引种或引进原种或经过审定的良种，培育亲本、后备亲本或繁殖良种苗种，供应苗种场或养殖场。

（3）设施保存

1）种质资源库。种质资源库主要由植物种质资源库与动物种质资源库组成。植物种质资源的保存有多种形式，对于农作物来讲，低温保藏库、中期库、圃等已经建成了保存体系。低温库负责长期保存种质，中期库、圃负责繁衍一些种质，对外提供种质资源。林木种质资源虽然也有低温保藏库，但是由于林木比较高大，其性状需要在一定的气候环境的条件才能表现出来，因此林木种质资源的保藏还有一大部分用原生态的保藏方式，这些保藏地多处于自然保护区之中。药用植物特别是草本植物已经建立了药用植物园（圃）进行保藏和繁殖，也有一些保藏在低温保藏库中。

2）微生物菌种库。微生物菌种资源指人工可培养的、能够保存持续利用的、有一定科学意义、具有实际或潜在应用价值的细菌、真菌、病毒、细胞及相关的信息资源，包括农、林、医、药、食品、兽医及普通微生物菌种等行业。微生物菌种库根据保藏温度分类，可分为超低温库（-20～-80℃）、低温库（4～10℃）和常温库（15～20℃）等。

3）标本馆。标本馆的主要目的是收集和保存各类标本，进行标本鉴定和研究，为科学进步、经济建设、社会发展和外贸进出口服务。标本资源分为生物标本、化石标本和矿物标本3种。生物标本资源指保存在各类标本馆（室）中的各种类型的生物标本，包括动物标本、植物标本和菌物标本。化石标本主要是考古发现的远古动物的遗迹标本，矿物标本是各种岩石、矿藏的标本。国际上对模式标本、化石标本及珍贵的矿物岩石标本采取极为严格的收集馆藏和科学管理，正式发表的新属种模式标本必须送往指定的模式标本库或博物馆登记入库，永久保存。

第3章 科技资源管理信息化

信息化的概念起源于20世纪60年代，日本学者Tadao Umesao在题为《论信息产业》中提出"信息化是指通讯现代化、计算机化和行为合理化的总称"。1997年我国召开的首届全国信息化工作会议，将信息化定义为：培育、发展以智能化工具为代表的新的生产力并使之造福于社会的历史过程。国家信息化就是在国家统一规划和组织下，在农业、工业、科学技术、国防及社会生活各个方面应用现代信息技术，深入开发广泛利用信息资源，加速实现国家现代化进程。实现信息化就要构筑和完善6个要素（开发利用信息资源，建设国家信息网络，推进信息技术应用，发展信息技术和产业，培育信息化人才，制定和完善信息化政策）的国家信息化体系。

当今世界，信息化对经济与社会发展的巨大影响已经初步显现。英国曼彻斯特大学学者彼得·哈佛派尼（Peter Halfpenny）认为，信息通信技术（I_CT）对社会特别是科学技术领域的影响体现在3个方面，一是对技术的研究，如技术创新、技术应用、技术市场等；二是针对现有信息通信技术应用成效的研究，如基于互联网的计算机辅助设计、数据统计分析、文本挖掘、社会网络分析等；三是在数字化的基础设施上所产生的研发活动，如知识发现、知识处理、知识整合、知识分析、信息协同、信息建模、信息仿真、信息可视化等。

信息化源于信息技术的发展与创新，它在影响社会经济其他方面的同时，也极大地改变着科研活动和科研管理活动的思路、工具和方法，对当代科学和技术前沿开拓起着不可替代的作用。在信息技术的影响下，科学研究面临很多挑战，例如，如何从泛滥的数据中挖掘出有用的东西、如何开发出产品级的工具，如何使科研人员协同工作、如何将科技资源整合集成、如何建立数字化的科研基础设施，如何发展新的科学研究范式等，其中科技资源的信息化管理是现代环境下科学研究跨越式发展的基础和保障。

因此，科技资源及其管理信息化就是利用先进的信息通信技术对科技人力、物力、财力、信息资源等进行数字化管理，并将其置于网络环境中以实现资源共享和协同工作的目标。科技资源及其管理的信息化，就是借助信息技术所提供的感知化信息获取、海量信息存储、高速信息传输、智能化信息分析、多媒体信息表达等，推动科研方法和环境进行变革的过程。著名学者萨基特（Sargent）认为，信息化给科研活动所带来的革命性变化，主要体现在通过新一代基础设施提供可共享的高性能计算资源，通过海量的数据存储技术提供分布式数据库服务，以及在此基础上建立的协同研究的虚拟环境支持方面。具体表现在：

1）科研活动与数据的联系日益紧密。一方面，传感器、信息获取技术的发展，无处不在、高速便捷的通信网络，全面促进了数据的获取和采集，使得科研活动可借鉴和使用的数据以史无前例的速度急剧增长。另一方面，数据库技术、数字图书馆技术、存储技术、分析技术的发展，使得这些海量数据能够被长期保存、有效管理和广泛使用，使得科学研究日益向数据密集型迈进。

2）计算模拟成为与理论分析、实验观察鼎足而立的第三种研究手段。超级计算机的发展提供了计算机模拟所需的强大计算能力，全息存储设备的发展大大提升了数字资源的存储能力，这些为大规模数据处理分析和理论模型研究提供了有效工具；可视化技术、数据挖掘与分析技术的迅速发展，为计算模拟提供了强有力的分析手段和展现方式。这使得人类可以把复杂的自然与社会现象在更为深入和更加精细的水平上开展研究，推进了新研究领域的开拓和发展。

3）网络化的协同工作环境为科研活动提供了革命性的新模式。数字化技术与计算机网络技术使人、科学仪器与装置、计算工具与信息等连接在一起，提供了协同工作的环境，时间、地域、机构间的障碍逐步消除，大大促进了科研活动中的信息共享、合作与交流，促进了学科的交叉，提高了工作效率和创新能力，同时形成了虚拟组织、虚拟实验室或虚拟研究团队等新的科研组织形式。

与信息化科研相关的概念包括 e-Science 和 e-Research，前者侧重于全球范围内基于 Internet 的分布式大规模合作研究，以及能够支持这种合作研究的下一代基础体系架构；后者则更侧重于信息技术对研究过程与研究活动的支持，以及为科学研究提供新方法、新思路。相关的术语还包括 cyberinfrastructure、D-Grid、e-Infrastructure 等。

E-Science、e-Research 和 e-Infrastructure 的核心内容从本质上讲可以视为科

技资源的信息化,它包括两大特点,即资源共享和协同工作。资源共享意味着跨部门、跨地区、跨学科的科研人员能够共享数据资源、科学仪器与设备资源和计算资源等,这些资源构成了信息化科研的基础设施;协同工作意味着可以跨时间、跨区域、实时共同研究,这产生了一种崭新的科研活动模式。在这种环境下,科研人员能够访问更为完整、准确且有质量保证的数据资源;能够获得更高层次的信息处理服务,能够使得科研工作者的研究成果更为完整的保存、共享以及再利用。

3.1 科技资源管理信息化的主要内容

深入分析世界各国科技资源管理信息化的发展历程和计划安排,可以看出,科技资源及其管理信息化可以分为3个层次,最底层是科技文献、科学数据、科技管理信息等资源的数字化,及其对信息资源的揭示,以及科学仪器设备资源和计算资源的信息化与管理;中间层是网络基础设施建设,主要完成对底层数字化、信息化之后的资源的传输、传递;最顶层是数字图书馆、虚拟实验室、协同研究环境等网络应用环境开发。如图3-1所示。

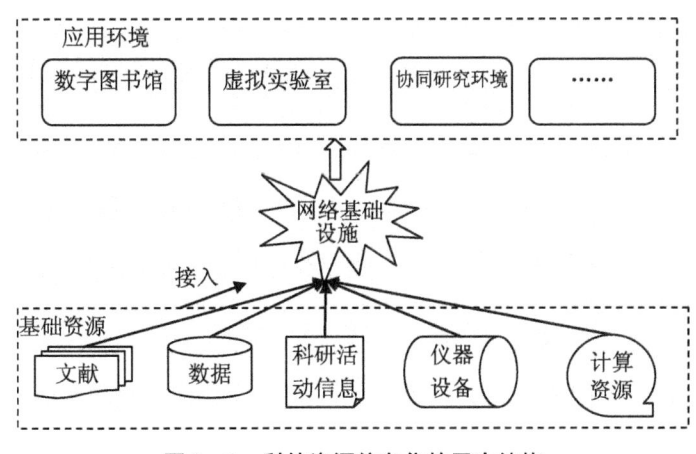

图3-1 科技资源信息化的层次结构

其中,科技文献资源指科技期刊、学位论文、专利、标准等资源,数字化后则转变为科技文献资源库;

科学数据指气象、水文、地震、国土资源、对地观测等多种类型的数据集、图片、声音、视频等,数字化后则转变为科学数据资源库;

科研活动信息指与科研活动相关的科学研究者、科技投入、科技项目等信息，数字化后则转变为科技管理信息库；

仪器设备资源通过两种方式与整个科技资源信息系统相连接，一种是建立仪器设备目录库，另一种是用信息通信技术对设备进行技术升级改造，开发虚拟仪器，实现仪器设备的远程共享；

计算资源主要指具有大型计算能力的设备，用网格等技术将分散在不同地点的计算资源集成起来，接入网络，提供给科研人员使用。

科技资源管理信息化是一个系统工程。首先，需要对科技资源管理的对象进行信息化，即科技资源数字化。其中，实物类的科技资源信息化包括资源的虚拟化和资源描述信息数字化两种，而信息类的科技资源信息化主要是将纸质、磁性等载体的信息进行转化，成为计算机编码的数字格式，并进行格式和标准的统一。其次，需要进行科技资源微观管理过程的信息化，即将科技资源生产获取、加工维护、利用服务以及最终处置的全过程纳入到管理信息系统之中，属于科技资源管理信息化建设中"软件"环境的建设。目前应用较多的有图书馆、情报机构、信息中心、数据中心以及实验室的管理信息系统。例如图书馆管理信息系统，将图书资源的采、编、用、剔、藏等环节进行自动化和信息化管理；实验室的管理将仪器的采购、登记、使用、维护等环节通过系统进行了合理安排和管理，例如通过管理信息化可以对实验室仪器进行机时预约和排队，提升仪器利用效率。再次，需要开展科技资源管理信息化环境建设，即科技基础设施的建设，包括信息通信网络、科技资源条件平台等，是科技资源管理信息化中"硬件"环境的建设。最后，在上述软硬件环境基础上开展科研活动信息化，充分利用信息技术，变革科研组织与活动模式，从而促进科技资源交流、汇集与共享，推动科技转型。科研信息化要求围绕某一科研活动的科研人员、科研设备、科学数据、科技文献资源等跨越时间、空间、物理障碍的共享与协同工作，为科学家们提供一个信息化的科学研究环境，改变他们从事科学研究活动的方法和手段，甚至直接影响到一些学科的发展。

当前世界各国在科技资源及其管理信息化方面的建设热点主要集中在：① 建设宽带网络尤其是科研教育专用网络，这是一切基于网络的科技资源及其管理活动的基础。② 建设科学数据中心并提供数据存储、分析、管理等服务，这是支撑国家科技创新发展的重要资产和战略资源。③ 提升超级计算与高性能计算服务能力。④ 建设虚拟科研组织和虚拟科研环境。⑤ 发展网格及相关技术。

特别是建立强大的网络基础设施，集成和共享科技文献、科学数据、科学仪器、科学计算能力、科技管理信息，为科学工作者提供突破时间、地点、物理障碍的协同工作环境。

3.1.1 科技资源的数字化

科技资源的信息化是科研信息化的基础。当今科研活动中使用最为广泛的科技资源主要有科技文献资源、科学数据资源、自然科技资源、科学仪器设备资源，以及公共科研管理信息资源等。这些资源类型各异、形态万千、特点鲜明，在信息化的过程中，都需要对相关信息进行采集、整理、加工、入库等环节，但不同资源采集标准不同、资源整理和加工的方法、技术手段不同等。

科技文献是人们在社会生产、生活活动中各种经验、方法和技术的总结，科技文献资源是人类积累贮存、传播利用的全部文献之总和。按出版形式划分，文献资源包括科技图书、科技期刊、专利文献、会议文献、科技报告、政府出版物、学位论文、标准文献、产品资料和其他文献等类型。科技文献资源的数字化工作主要是指历史文献资源的数字化整理与加工，以及数字化环境下的文献资源的复合出版等活动。这些资源的存储形式包括多种类型：传统的纸质介质、光盘介质、磁性介质以及网络数据库介质等。在进行数字化的过程中，信息采集方式可以根据资源的类型按刊、按册采集，也可以按光盘逐次采集，还可以按数据库采集（从内容上讲也出现了按篇采集、按知识单元采集等方式）；资源加工方式包括手工加工目录卡片、建立电子目录，以及多个数据库的联合目录、建立数字化全文数据库等。现在还有一批新兴的、通过网络协作来建设科技文献资源的方式，比如维基百科等，成为重要的新兴科技文献资源。

科学数据资源指在人类征服和改造自然界过程中所获取到的反映客观世界的本质、特征、变化规律等方面的原始数据，以及根据不同科技活动需要，进行系统加工整理的各类数据集。典型的科学数据资源包括通过传感器等仪器设备获得，以电子形式保存在计算机和数据库中的卫星遥感影像数据、国土测绘数据、气象观测数据、水文观测数据、医学观察和检测数据、环境检测数据、科学考察数据、地质勘探数据、实验研究数据等。在计算机广泛普及之前，很多科学数据是用纸质媒介保存的，计算机普及之后，越来越多的数据资源都是以电子化的形式保存，并会以数据、文字、图片、音频、视频等多种格式存储，可以以单条记录保存，也可以以一个数据集保存。科学数据资源的数字化主要指对历史科学数据的数字化,以及对数字环境下获得数据资源的整理与加工活动。

自然科技资源的构成非常复杂,主要包括各种用于科学研究的动物、植物、菌种及其种质资源,岩矿化石等。自然科技资源的信息化远比文献资源和数据资源复杂。自然科技资源本身就是信息的载体,对其数字化就是要通过信息技术将附着在这些资源上的信息与科技资源本身剥离,使这些信息独立存在,这是它与科技文献资源、科学数据资源数字化和信息化的不同之处,科技文献和科学数据资源的数字化可以认为是信息内容存储载体发生变化,而自然科技资源数字化是将其虚拟化,因此其数字化、信息化必须通过多个角度来完成。例如,对自然科技资源的外观、特性、基因等进行文字的、图片的、视频的等形式的刻画,建立自然科技资源数据库。自然科技资源数字化过程中的标准化问题比较突出,而且工作量非常巨大而繁杂。

科学仪器设备资源的数字化主要指两方面的工作:一是将科学仪器资源的描述信息用数据库的形式保存起来,形成科学仪器资源目录数据库;二是对科学仪器的创新性研发。总体来看,当今科学仪器发展呈现出以下趋势:一是常规科学仪器向多功能、自动化、智能化、网络化方向发展;二是生命科学仪器向原位、在体、实时、在线、高灵敏度、高通量、高选择性方向发展;三是用于复杂组分样品检测分析的科学仪器向联用技术方向发展;四是用于环境、能源、农业、食品和临床检验等国民经济领域的科学仪器向专用、小型化方向发展;五是样品前处理的科学仪器向专用、快速、自动的方向发展;六是监控工业生产过程的科学仪器向在线、原位分析方向发展。总之,科学仪器资源的数字化的主要工作集中在仪器功能的虚拟化、集成化、高通信功能、智能化和人性化的设计研发上。

在资源数字化的过程中,需要注意:第一,数字化后保证资源的可用性。资源经过数字化加工处理后,可以更加快捷、方便的应用于科技活动,而且数字化资源可以重复使用。在资源数字化的前期,需要解决资源数字化的授权问题,需要获得资源的改编权以及其他载体形式的出版权,这些法律上的授权问题如果不能得到真正解决,花费大量人力、物力和精力将其作品数字化,却可能面临数字环境下运营的合法问题而无法使用。第二,数字化后资源的可用性。数字化资源的可用可以通过两个方面表征,一是数据自身的可流通性,二是数字资源载体的兼容性。要达到在不同载体上一次加工多次利用的目的,首先要解决规范性问题,重点需要解决不同媒体形态资源的存储格式和精度问题,也就是载体的可兼容性。媒体格式一定要采用国际通用标准。第三,数字化后资源的可获取性。有效地将资源组织起来以便于读者的查询和检索,基于用户的认知规律,拓展性地组织和关联信息,并有效地利用多种媒体形态,综合动态推送展示内容,是提高这些数字化资源可获取性必须解决的问题。对数字化资源的组织需要保证其可追溯性,清晰数字化前的形态、特征等。第四,数字化后资源的可维护性。不断对资源进行更新、维护和补充,使资源具有生命力和可持续发展生命力。

3.1.2 网络设施环境

在国内外对网络基础设施的研究中,普遍认为网络基础设施可以分为3个方面:

1)高性能计算机节点和应用节点的建设;

2)中间件软件的开发和研究,包括资源管理系统、任务管理系统和用户管理系统、安全服务系统、数据库中间件开展异构型计算平台的单一映像研究等;

3)高速网络建设,包括数据封装技术、智能传感技术、网络计算的研究等。

网络基础设施要具有以下特性,即:

1)**中立性**,支持多种应用、硬件平台、数据库、存储机制,甚至于操作系统。

2)**透明性**,以中立的后台方式应用。

3)**标准化**,实现可互操作性、低单元成本和低采用障碍。

4)**可扩展性**,管理负担不会随着规模的增长而直线上升,能够通过硬件加速和协议优化提高性能。

5)**可扩充性**,可以逐渐增加对企业有用的服务和功能。

目前,网络基础设施的趋势主要体现在:

1)**服务器分散化**,用以有效支持按需访问,同时增加安全性和可靠性。

2)**服务导向型架构**,保证提供规模较小但功能强大的服务网络架构。

3)**IT资源融合**,可以优化应用内容的发送,保证远程用户能够缩短响应时间。

4)**强化系统管理**,数据复制、备份、安全性和调配等功能需要实施集中式策略。

目前在网络设施环境层中,主要开展的研究包括网格计算、云服务、移动网络的开发利用等。网格计算的含义是把分布在不同地理位置的高性能计算机、科学仪器、数据库等资源用高速网络连接在一起。同时研究开发相应的中间件,使这些资源看起来就像一台单一映像的虚拟机器，科研人员可以共享资源、建立虚拟实验室、共同讨论以及合作开展科研项目。"云"的概念是将 IT 资源整合起来，通过分布式处理的方式向用户提供按需服务的一种新的商业模式，云计算、云安全、云存储及云软件都适用于这个理念。网络对于云的关系更像是一种黏合剂，网络基础设施承载了将支撑云服务的服务器、存储、安全和软件等设备和技术连接在一起的任务。从更加激进一点的角度来说，网络甚至就是"云"本身，云服务就是在这个云中或者云端向用户提供服务。移动网络指基于移动设备如手机、掌上电脑或其他便携式工具连接到公共网络并获得 WEB 服务，它也可以看作是云服务的一种形式。

3.1.3 信息化应用

目前有大量学者正在研究在信息网络环境中如何利用信息化的科技资源，研制各种应用工具、算法、系统等，为科研活动提供服务或者开发新的科研活动范式。当前一些重要的应用包括数字图书馆、虚拟实验室、科技资源管理信息系统等。

3.1.3.1 数字图书馆

"数字图书馆"一词由英文 Digital Library 翻译而来，是利用现代信息技术，以计算机网络为基础平台，构建一个有利于产生影响新知识的资源、工具和合作环境。这种作为环境的数字图书馆不仅仅局限于网络数字信息资源的开放利用，更是一个促进信息获取、传递、交流的知识网络。数字图书馆能够把各种不同载体、不同地理位置的信息资源用数字技术存贮起来，实现跨越区域面向对象的网络查询和传播。

传统图书馆要收集、存储并重新组织信息，使读者能方便地查到他所想要的信息，同时跟踪读者使用情况，以保护信息提供者的权益。相比较而言，数字图书馆就是收集或创建数字化馆藏，对有高度价值的图像、文本、语音、音响、影像、影视、软件和科学数据等多媒体信息进行收集，组织规范性加工，进行高质量保存和管理，实现知识增值，并提供在广域网上高速、横向、跨库连接的电子存取服务。在数字化馆藏的建设过程中，集成了各种数字化技术，如高分辨率数字扫描和色彩矫正、光学字符识别、信息压缩、转化等，把各种文献转换成计算机能识别的二进制系列图像，在安全保护、访问许可等权限管理之下，经授权的信息利用因特网的发布技术，实现全球信息共享。在这一层面上，数字图书馆建设的主要内容包含用户接口、调度系统、查询系统和对象库等基本构件，同时还涉及知识产权、存取权限、数据安全管理等一系列问题的解决方法。

与数字图书馆相关的概念还有电子图书馆、网上图书馆、虚拟图书馆、复合图书馆等，这些概念与数字图书馆有一定的交叉，但又不完全相同。电子图书馆侧重对收藏特色的概括，收藏品基本为电子读物，阅读手段一般通过电脑等，不一定提供网上信息或上网服务。网上图书馆将一定量的信息在网上组织起来，供"读者"查阅和检索，不一定需要对应的图书馆社会实体，它也可以视为数字图书馆的初级形态。"虚拟图书馆"是网上图书馆的别称，侧重其无实体的特征。复合图书馆是从传统图书馆到数字图书馆的一个过渡阶段，传统馆藏与数字馆藏并存，但数字馆藏的比例越来越高，最终发展为数字图书馆。

建设数字图书馆要以统一的标准和规范为基础，以数字化的各种信息为底层，以分布式海量资源库群为支撑，以智能检索技术为手段，以宽带高速网络为传输通道，将各种类型的信息资源传递到各级各类用户。它涉及数字信息资源的生产、加工、存储、检索、传递、保护、利用、归档、剔除等全过程。

3.1.3.2 虚拟实验室

虚拟实验室是指借助于多媒体、仿真和虚拟现实等技术在计算机上营造可辅助、部分替代甚至全部替代传统实验各操作环节的相关软硬件操作环境，实验者可以像在真实的环境中一样完成各种实验项目，所取得的实验效果等价于甚至优于在真实环境中所取得的效果。

虚拟实验建立在一个虚拟的实验环境（平台仿真）之上，注重的是实验操作的交互性和实验结果的仿真性。虚拟实验的实现可以有效缓解很多科研机构在经费、场地、器材等方面普遍面临的困难和压力，通过网络虚拟实验室能够实现跨时空、跨学科的仪器设备远程共享与远程控制，使进入虚拟实验的科研人员能够突破传统实验对"时、空"的限制，随时随地操作仪器，进行各种实验。网上虚拟实验室的开发与应用对科研活动将产生变革性的影响。

网络虚拟实验室是一个无墙的中心，通过计算机网络系统、研究人员共享仪器设备、共享数据和计算资源，得到远程指导以及与同行相互研讨。

在虚拟实验室中，仪器扮演着重要的角色，仪器设备的虚拟化或远程操作是虚拟实验室建立的核心组件之一。虚拟仪器的设计开发就是让传统的仪器设备向数字化、实时化、集成化和在线化的方向发展，从而降低使用成本，保护仪器投资，还可以减少实验材料短缺、实验污染等问题。

虚拟仪器是在计算机基础上通过增加相关硬件和软件构建而成的、具有可视化界面的仪器。它的出现彻底打破了传统仪器只能由生产厂家定义、用户无法改变的局面，从而使得任何用户都可以方便灵活地用鼠标或按键在计算机显示器上操作虚拟仪器软面板的各种"按钮"进行测试工作，并可以根据不同的测试要求通过窗口切换不同的虚拟仪器，或通过修改软件来改变、增减虚拟仪器系统的功能与规模。虚拟仪器具有的这种"可开发性"和"可扩展性"等特点为科研人员提供了更大的自主设计、自主实验的基础，既可以有效地降低仪器设备的采购成本，又可以根据科研需要自主设计制造出科研活动所需的个性化实验设备，为自主创新奠定了基础。

大型科学仪器虚拟化远程共享系统一般是在原有大型科学仪器管理系统的基础上，以控制技术和公众宽带网为支撑，设计开发一套虚拟化接口和通信标准，不在实验室的用户可以通过这些接口和通信标准远程操作大型仪器设备的实验软件来实现实时控制，并能够观测样品图像实时变化，在线获取试验数据等功能。大型科学仪器的远程操控可以实现跨平台大型科学仪器远程共享，而且不管是并行计算机、还是离子探针系统等复杂的仪器设备，都可以利用这样的远程操控系统，使科学家不必到现场就可以参与实验全过程，直接操控仪器，大大节约了试验时间和成本。

远程操作实验方式的大型科学仪器共享，通过对优质设备资源虚拟化，使广大科研工作者能够随时随地使用大型科学仪器进行实验测试，真正打破科研工作中仪器使用的时空界限，有效提高了大型科学仪器装备的使用效率和应用水平；同时还支持多名科学家异地实时联合协同操作仪器进行高水平的实验研究，还可录制联合实验全过程，有利于节约科研成本，实现大型科学仪器拥有机构与广大科研工作者之间的双赢，促进应用仪器实现科研方式的变革。

3.1.3.3 科技资源管理信息系统

科技资源管理信息化在优化科技资源管理程序、提高科技资源利用效率、增强科技资源管理能力方面发挥了重要作用。科技资源管理信息化建设对科研院所来说，是实现其管理体制改革，建立民主、科学、高效、创新的现代科研院所制度的重要机遇，对于促进科研院所树立新的管理理念、建立新的管理机制、实现民主、高效的决策与管理有重要意义。

目前，科技资源管理工作过程中虽然也运用了计算机、互联网等工具，但主要用于资源数字化、文字处理和网上资料查询等，也有不少科研管理部门开发了一些方便自己工作的科研管理系统软件,但基本上是各自为政,只就某一管理内容进行计算机辅助管理(如科研项目管理系统、科研工作量统计系统等)。这些计算机与网络的应用虽然也属于"管理信息系统(MIS)",但它还仅仅是信息化的初级阶段,可以在一定程度提高科研管理内部单项业务的工作效率,但由于它只是孤立的管理信息系统(或称信息孤岛),无法提高科研管理整体效益。只简单地采用计算机技术提高处理速度,而不采用先进的管理方法,管理信息系统也只能减轻管理人员的劳动,其作用的发挥十分有限。

科技资源管理业务流程可以理解为:通过一组作业的整合,把输入各种必要的资源,经过系统化处理,输出目标所需要的、认可的和满意的信息(科研成果)。以科研项目管理为例,即是"从课题立项开始到课题结题并获得研究成果"这样一个完整的流程。

设计科技资源管理业务流程的目的是为了最大限度地改善科技资源管理水平和提高工作效率,同时也是为了实现科学研究的各项指标。对流程的设计、监控、改进和创新,要用先进的管理理念和方法给予指导,使之能够在科研管理人员和广大的科技工作者的共同努力下,不断消除无效作业与浪费,获得最佳的管理效益。优化科技资源管理业务流程通过减少中间管理环节来缩短决策与行动之间的时间延滞,提升动态反应和适应能力,再造业务流程,推动管理的进步。要不断通过创新来优化科研业务流程、以适应环境的变化需求,而只有当流程是"可视化"的或透明的,才有可能对流程进行监控和改进。为了使业务流程"可视化",必须建立一个体现信息集成和信息共享的信息化管理系统——科技资源管理信息系统,这个系统必须覆盖科技资源管理的全流程才能真正实现优化和提高工作效率的目的。计算机技术、网络技术和通信技术的发展和应用,使科技资源管理过程中的信息交换变得方便快捷,使工作程序进一步简化,工作量减少,节省人力物力,提高工作效率和服务水平;同时,也使各项科技资源管理工作进一步规范化和科学化。在设计开发过程中,可以借鉴企业的信息化管理——企业资源规划(ERP)的思想。

实验室信息管理系统(LIMS)是一种比较典型的科技资源管理信息系统。LIMS将实验室的分析仪器通过计算机网络连起来,采用科学的管理思想和先进的数据库技术,实现以实验室为核心进行全方位的管理。其作用是强化实验室的管理,提高实验室的工作效率,保证实验室的数据安全。当运行在实验室的局域网(LAN)或广域网(WAN)上时,可以做到自动采集仪器的数据,进行数据计算和单位换算，生成检验报告以及进行各种数据处理和统计分析等。

LIMS 自 20 世纪 70 年代末出现到如今已经历了 30 多年的发展。根据其功能，LIMS 一般可以分为两大类：① 纯粹数据管理型。此类 LIMS 系统主要功能一般包括：数据采集、传输、存贮、处理、数理统计分析、数据合格与否的自动判定、输出与发布、报表管理、网络管理等模块。这些功能满足了实验室检验工作的基本需要，功能比较单一。② 实验室全面管理型。此类系统除了具有第一类的功能外，一般还增加这些功能：样品管理、资源（材料、设备、备品备件、固定资产管理等）管理、事务（如工作量统计与工资奖金管理、文件资料和档案管理）管理等模块，组成一套完整的实验室综合管理体系和检验工作质量监控体系，除了能够实现对数据严格管理和控制外，还能够满足实验室的日常管理要求，功能比较全面。由于实验室的机构设置、职责、管理方式等随着时间的改变而发生变化，需要不断调整网络软硬件以适应这种变化。因此，一般需要配备专业的 LIMS 系统运行维护人员。

3.2　科技资源管理信息化中的主要技术

科技资源及其管理信息化中的主要技术包括数据库管理技术、虚拟化技术、网格技术、标准化技术等。

3.2.1　数据库管理技术

DBMS 是数据库管理系统的简称。从数据组织方式来看，数据库管理系统包括层次型数据库、网状数据库、关系型数据库、混合型数据库等类型。Integrated DataStore 是世界上第一个网状数据库管理系统，也是第一个 DBMS。IMS（Information Management System）是世界上第一个层次型数据库。dBASE、Foxbase/Foxpro、Paradox 是早期的层次型数据库，基本已经被淘汰。Access 是应用相当广泛的桌面小型数据库，mySQL 是一个小巧的数据库系统。PostgreSQL 是一种非常复杂的对象-关系型数据库管理系统（ORDBMS），是目前功能最强大、特性最丰富和最复杂的自由软件数据库系统。Informix、Sybase SQL Server、DB2、SQL Server、Oracle 是几个被广泛应用的大型关系型数据库，这些数据库在科学研究领域也被广泛使用。

随着科学研究对象的多样化，传统的数据库无法存储图片、视频等多媒体数据，但现实中人们又迫切需要这些数据类型，因此 20 世纪 80 年代以来，人们越来越重视多媒体数据的存储与处理，这样能存储声音、视频、图片、动画的多媒体数据库应运而生，从而使数据库变得功能更加强大而具有实用价值。出现了一类比较特殊的数据库，即多媒体数据库。多媒体数据是包括数字、文本、图形、图像和声音的多种媒体的有机集成，而不是简单的组合，具有数据量大、处理复杂等特点。多媒体数据库是数据库技术与多媒体技术相结合的产物。一般我们把文字、数字形式记录的数据称为传统数据，把图像、视频、音频等形式记录的数据称作多媒体数据。多媒体数据库可以被广泛地应用于网站的建设、医疗系统的会诊、公安系统的犯罪嫌疑人的档案（如指纹、照片等）、企业产品展示、教育系统的多媒体素材库和电子商务等方方面面，它正在越来越多地走入人们的生活。

多媒体数据库的主要特征如下：

1）能够表示多种媒体的数据。在使用中，需要根据多媒体文件的特点来决定表示方法，既可以用格式化的表结构来表示多媒体数据的内部结构，也可以是用源数据文件来表示多媒体数据本身的内容整体。

2）能够协调处理各种多媒体数据。能够正确识别各种多媒体数据之间在空间或时间上的关联，例如，关于植物种质的多媒体数据包括植物种质特性的描述，植物种质的照片，利用该植物种质生长、发育的视频等，这些不同媒体数据之间存在着自然的关联，多媒体数据库能表示、存储和管理这种某类特殊的科技资源之间的关联。

3）提供适合非格式化数据查询的搜索功能。例如可以根据像素等描述元素对 Image 等非格式化数据作整体和部分搜索，提供特种事务处理与版本管理功能。

研制一个多媒体数据库所使用的基本技术包括：

1）数据模型。目前，经常使用的数据模型有四：基于关系的模型、基于面向对象的模型、基于超文本或超媒体方法的模型、开发全新的数据模型。其中，开发全新的数据模型要求从底层实现多媒体数据库系统的方法，需要首先建立一个包含面向对象数据库核心概念的数据模型，设计相应的语言和相应的面向对象数据库管理系统的核心。这种方式系统结构清晰、效率高，但难度大。随着网络技术的发展，伴随着各种数据库访问标准和数据库互联产品的出现又相继涌现了很多数据库联合模型，如：TSIMMISHERMES、the Internet Softbot、SIMS、the

Information Manifold、Razor 等。

2）数据的压缩与还原。多媒体的数据要占据很大的空间，如一幅图像，根据分辨率和尺寸要占据数兆（MB）乃至数十兆（MB）的存储空间。所以，必须在存储时进行数据压缩，重放时进行数据还原。

3）存储管理和存取方法。动态声音和图像形成的大型数字对象即使进行了压缩，存储量也十分惊人。

4）用户界面。由于在多媒体计算机中增加了声音和图像接口，所以多媒体数据库应提供更加友好的用户界面。

5）分布式技术。不同类型或格式的多媒体数据经常分别存储在异地和异构数据库中，多媒体数据语言查询等功能必须要解决数据集成和异构全局等问题，这些都涉及分布式技术。

3.2.2 虚拟化技术

虚拟化就是将原本运行在真实环境上的计算机系统或组件运行在虚拟出来的环境中。目前，应用比较广泛的虚拟化技术有基础设施虚拟化、系统虚拟化和软件虚拟化等。

3.2.2.1 虚拟化技术的主要类型

（1）基础设施虚拟化

基础设施虚拟化主要包括网络虚拟化和存储虚拟化。网络虚拟化是指将网络的硬件和软件资源整合，向用户提供虚拟网络连接的虚拟化技术，如虚拟专网、虚拟局域网。存储虚拟化是指为物理的存储设备提供一个抽象的逻辑视图，用户可以通过这个视图中的统一逻辑接口来访问被整合的存储资源。存储虚拟化主要有基于存储设备的存储虚拟化和基于网络的存储虚拟化两种主要形式。磁盘阵列技术（RAID）是基于存储设备的存储虚拟化的典型代表。网络附加存储（NAS）和存储区域网（SAN）则是基于网络的存储虚拟化技术的典型代表。

（2）系统虚拟化

系统虚拟化指在同一台物理机上运行多个独立的操作系统，其核心思想是使用虚拟化软件在一台物理机上虚拟出一台或多台虚拟机（VM）。虚拟机是指使用系统虚拟化技术，运行在一个隔离环境中、具有完整硬件功能的逻辑计算机系统，包括客户操作系统和其中的应用程序。系统虚拟化的具体应用包括服务器虚拟化和桌面虚拟化。

(3) 软件虚拟化

软件虚拟化主要包括应用虚拟化和高级语言虚拟化。应用虚拟化将应用程序与操作系统解耦合,为应用程序提供了一个虚拟的运行环境,用户可以在不同的终端上使用自己的应用。高级语言虚拟化主要解决可执行程序在不同体系结构计算机间迁移的问题。

3.2.2.2 虚拟化技术在科技资源及其管理信息化中的应用

在科技资源及其管理信息化过程中,经常使用的是应用虚拟化技术,例如搭建虚拟研究环境和网络虚拟实验室、开发虚拟仪器等。

(1) 虚拟研究环境

弗拉斯特于 2005 年提出了虚拟研究环境(VRE)的概念。他认为虚拟研究环境是数字化的、基于信息化科研基础设施的协同研究空间及其衍生的各种服务。虚拟研究环境扩展了传统意义上的科学研究,从关注基于网格的海量数据的分布计算到提供研究工具及服务,从而在一个连贯的框架内为不同的学科和各种类型的研究提供支持。从目前的信息化科研环境来看,主要呈现为:① 科研门户。将各种应用系统、数据资源和互联网资源集合到一个信息管理平台之上,并以统一的用户界面提供给用户,使研究人员可以快速获得信息或建立合作关系。② Web 服务平台。为研究者提供具有个性化特点的数据服务、计算服务等。③ 虚拟的综合性协同工作环境,支持跨地域、跨学科、跨组织的人员协同工作,提供多种资源,支持服务定制与个性化服务,提供方便、易用的使用界面和安全的环境。

(2) 网络虚拟实验室

网络虚拟实验是指借助于多媒体、仿真和虚拟现实等技术在计算机、网络上营造可辅助、部分替代甚至全部替代传统实验各操作环节的相关软硬件操作环境,实验者可以像在真实的环境中一样完成各种实验项目,所取得的实验效果等价于甚至优于在真实环境中所取得的效果。虚拟实验建立在一个虚拟的实验环境(平台仿真)之上,注重的是实验操作的交互性和实验结果的仿真性。网络虚拟实验室按其实现功能基本可分为 3 类:

1) 软件共享网络虚拟实验室。其特点为:服务端共享本地的虚拟实验室模拟软件平台,接受客户端发送的实验请求,分析和处理实验参数,经过计算模拟最终将结果返回客户端。整个系统不涉及具体的实验仪器硬件设备,只是利用软件模拟实验的过程。

2)仪器共享网络虚拟实验室。服务端同样接受客户端的实验请求和实验参数,使用实验参数配置与之连接的实验仪器硬件设备,由实验仪器硬件设备进行实验,并将实验结果返回服务端,最后返回到用户端,实现实验仪器和实验数据的共享。

3)远程控制网络虚拟实验室。与仪器共享网络虚拟实验室最大的区别在于除了实验仪器和实验数据的共享之外,还要实现客户端对实验仪器设备的远程控制。

网络虚拟实验室最大的优点是成本低,效率高。因为"软件即为仪器",这样就可解决因实验经费不足或高档次、高价位设备缺乏所不能开出的实物实验,同时也不会造成因使用不当,管理不善等因素造成的仪器损坏、元器件丢失等现象。同时虚拟实验还可以模拟实验室中没有的设备,而且还可以不受时空的限制方便地进行实验。另外,虚拟实验室还应具备一些基本特征:与现实的一致性或现实的延伸、高度交互性、实时的信息反馈。

(3)虚拟仪器

虚拟仪器是指一种基于计算机的自动化测试仪器系统,是电子测量技术与计算机技术深层次结合的、具有很好发展前景的新一类电子仪器。虚拟仪器是集虚拟仪器技术、测试技术及计算机应用技术于一体的跟踪测量设备。

虚拟仪器的设计开发以通用计算机和配备标准数字接口的测量仪器(GPIB,RS-232,VXI等)为基础,直接利用计算机丰富的硬件(如微处理器,存储器,显示器)和软件(如软面板,图形界面,数据处理,信息交换等)资源,将计算机和测量组件等硬件资源与计算机软件资源有机地结合起来,用显示及文件管理等智能化功能,把传统仪器的专业化功能软件化,使之与计算机融为一体,构成一台从外观到功能都完全与传统硬件仪器相同,同时又充分享用了计算机智能资源的全新的仪器系统。用户可以通过友好的图形界面(通常叫做虚拟前面板)操作这台计算机,就像在操作自己定义、自己设计的一台单个传统仪器一样。因此,从某种意义上可以说:软件就是仪器。用户可以根据自己的需要,设计自己的仪器系统,满足多种多样的应用需求。

虚拟仪器技术是计算机技术、数字接口技术与电子测量技术相结合的产物,其特点为:① 基于计算机总线和模块化仪器的总线技术,硬件实现了模块化、系列化,提高了系统的可靠性和易维护性;② 基于计算机网络技术和接口技术,具有方便、灵活的互联能力,广泛支持各种工业总线标准,易于构建用户的自动测试系统，实现测量、过程控制的智能化和网络化。虚拟仪器与传统仪器的比较见表3-1，两者最主要的区别在于：虚拟仪器的功能由用户在使用时自己定义，而传统仪器的功能则是由厂商事先定义好的。

表3-1 虚拟仪器与传统仪器的比较

项目	虚拟仪器	传统仪器
开发与维护费用	使开发与维护费用降至最低	开发与维护开销高
技术更新周期	短（1~2年）	长（5~10年）
关键点	软件	硬件
价格	价格低、可复用与可重配置性强	昂贵
仪器功能定义主体	用户	厂商
开放性	开放、灵活，可与计算机技术保持同步发展	封闭、固定
兼容性	与网络及其他周边设备方便互联的面向应用的仪器系统	功能单一、互联有限的独立设备

一般来讲，虚拟仪器主要由三大部分组成：①数据采集；②数据测试和分析；③结果输出与反馈。虚拟仪器的数据分析和结果输出完全由计算机的软件系统来完成。只要提供一定的数据采集硬件，就构成了基于计算机组成的虚拟测量测试仪器。硬件技术的核心是接口总线技术，其关键就是在掌握构成虚拟测控系统各种内外总线的构成标准、通信方式的基础上，设计与测控对象相连的各种接口板卡。虚拟仪器通常是由计算机、硬件接口电路和软件3部分构成。

虚拟仪器从硬件技术发展的角度来看，主要有两条技术路线，一条是向高速、高精度、大型自动测试设备的方向发展；另一条是向高性能、低成本、普及型系统的方向发展。

3.2.3 网格技术

美国阿贡国家实验室资深科学家、美国计算网格项目的领导人艾恩·福斯特（Ian Foster）在其1999年出版的"The Grid: Blueprint for a New Computing Infrastructure"中将网格的定义为："构筑在Internet上的一组新型技术，它将高速互联网、高性能计算机、大型数据库、传感器、远程设备等融为一体，为科技人员与普通用户提供更多的资源、功能和交互方式"。GRID是新一代网络应用框架，它运用新一代Internet技术、G级高速宽带网络连接超级计算机和超级服务器，以发展迅速的Middleware，为网格操作系统、科学研究、新技术发展提供前所未有的、动态的、分布式、高性能科学计算环境。

3.2.3.1 网格的基本概念

网格把整个互联网整合成一台巨大的超级计算机,实现计算资源、存储资源、数据资源、信息资源、知识资源、专家资源的全面共享。网格的根本特征并不一定是它的规模,而是资源共享,消除资源孤岛。

网格是一种新的技术,其概念尚具有不确定性,网格之父 Ian Foster 对其概念进行了限定:

1)协调非集中控制资源——网格整合各种资源,协调各种使用者,这些资源和使用者在不同控制域中,比如,个人电脑和中心计算机;相同或不同公司的不同管理单元;网格还解决在这种分布式环境中出现的安全策略、使用费用、成员权限等问题。否则,只能算本地管理系统而非网格。

2)使用标准、开放、通用的协议和界面——网格建立在多功能的协议和界面之上,这些协议和界面解决认证、授权、资源发现和资源存取等基本问题。否则,只算一个具体应用系统而非网格。

3)得到非凡的服务质量——网格允许它的资源被协调使用,以得到多种服务质量,满足不同使用者需求,如系统响应时间、流通量、有效性、安全性及资源重定位,使得联合系统的功效比其各部分的功效总和要大得多。

网格涉及非常广泛的技术领域,主要包括:资源发现,即提供资源名称及特点,以便在分布式系统中对资源进行自动定位;同步和协作,即进行各种资源的协作利用和进行复杂协同计算;安全性,即确保在 Internet 环境下及大量用户的情况下保证信息及资源的安全;异构性,即分布式系统的异构,包括网络、硬件、软件、功能、协议等;并发性和一致性,即保证分布式异构系统的数据一致及操作原语性;溯源创建和管理,即为了更便利地重复使用信息及重复实验记录,创建、生成和管理数据产生的时间;数字版权,即科学内容的数字版权管理;可扩展性,即扩展到成千上万个节点后,仍能正常工作;元数据及其描述工具;服务描述及工具;工作流描述及工具;自然语言处理;发布和定位知识水平的服务语言;注解服务;提供大规模本体服务的方法与工具;推理服务,知识发现服务;知识获取工具;多种知识服务的协作;在无所不在的设备中嵌入知识服务;面向服务的体系结构;基于代理的技术;网络协议研究等。

3.2.3.2 网格的层次结构与特征

在现阶段应用研究中,网格可划分为 3 个层次:数据/计算网格(data/computation Grid)、信息网格（Information Grid）及知识网格（knowledge Grid）。其中，数据计算网格主要解决数据访问的问题，关注数据和计算的共享及协作，其目标是将大量的计算机与其他设备、资源连接为一个虚拟计算机，形成一种方便的访问途径，其数据由无附加信息的比特和字节组成。信息网格主要是将"异构的信息访问"变成"同构的信息访问"，需要建立针对信息内容的统一表示、储存、访问、共享及保存，其数据具有某些信息成分。知识网格处理知识的获取、使用、抽取、发布和维护，其目标是获取数据、解决问题及做出抉择的知识信息。通过信息网格提供的格式化信息（譬如元数据），知识网格已经可以很方便并相对准确地获取广域网中的各类信息。在此基础上，知识网格借助于这种海量的同构信息，实现知识的自动积累，进行"知识挖掘"。知识网格是前两种网格的集成与拓展，它除了提供计算服务和信息服务外，还使用数据挖掘、智能代理、分布式知识库等技术将数据和信息转换成知识，有利于数字图书馆进行知识管理及知识服务。

网格的本质特征是：

1) **分布与资源共享**：分布是网格最基本的特征，网格是通过集中分散的资源来完成计算的，资源的共享是一种集中资源的手段。

2) **高度抽象**：把计算能力和所有的计算资源高度抽象成为用户可见的"电源接线板"，其他的东西对用户透明。

3) **自相似**：在大尺度上和小尺度上有相同或者类似的规律。

4) **动态性和多样性**：和电力网格一样，用户的需求是变化的，所以动态性是网格需要考虑的一个基本问题。

5) **自治性与管理的多重性**：网格节点内部的自治和外部的受控整合是网格的一个特征，分层的资源需要层次化的管理，而分层来自于网格节点的归属问题和性能方面的考虑。

3.2.4 标准化技术

我国国家标准 GB/T 2000.1—2002《标准化工作指南 第1部分：标准化和相关活动的通用词汇》对"标准化"的定义是："为在一定范围内获得最佳秩序，对现实问题或潜在问题制定共同使用和重复使用的条款的活动。"

标准化的基本特性主要包括：① 抽象性；② 技术性；③ 经济性；④ 连续性；⑤ 约束性；⑥ 政策性。标准化的实质是"通过制定、发布和实施标准，达到统一",其目的是"获得最佳秩序和社会效益"。标准化的范围和对象是"在经济、技术、科学及管理等社会实践中的重复性事物和概念"。

在科技资源及其管理信息化领域,标准化工作可谓重中之重,对科技资源及其管理信息化工作起到指导和约束的关键性作用,主要体现在:① 是促进和提高科技资源质量和水平的重要途径;② 能够保证科技资源共享和联合服务的基础;③ 是提高科技资源管理机构管理水平的基础;④ 是加强国际科技资源合作的有效工具。

科技资源及其管理信息化标准化工作可以分为以下几个部分:

1)基础资源采集、管理和数字化标准规范;
2)网络协同应用技术标准规范;
3)海量信息计算、传递、交换、共享等标准规范;
4)虚拟实验室标准规范;
5)科技资源及其管理信息化管理体系标准规范;
6)科技资源及其管理信息化质量管理标准规范;
7)科技资源及其管理信息化服务标准规范;
8)科技资源及其管理信息化通用网络标准规范等。

3.2.4.1 科技资源及其管理信息化标准规范发展状况

根据科技资源及其管理信息化的三层结构,可以将科技资源及其管理信息化的标准规范分为三大类,包括科技资源描述标准规范、科技资源交换及互操作标准规范、科技资源信息的应用标准规范,这些标准的发展状况如下:

1)科技资源描述标准规范:科技资源描述是科技资源信息化过程中遇到的首要问题。科技资源描述标准规范的目标是实现对科技资源的结构化、标准化描述。只有对科技资源进行统一、规范化的描述,才能够进一步在统一规范的结构下完成对信息资源的互操作、跨库检索等整合过程。科技资源信息化描述因资源类型不同而不同,成熟度也因资源而异。典型的科技资源描述规范有:传统手工文献信息资源的编目标准,如英美编目条例 AACR Ⅱ、国际标准书目著录 ISBD、我国的 GB3792 系列著录标准等;以计算机管理技术为基础的、应用于各类型数据库中与信息资源描述元数据相关的一系列标准与规范,如机读目录 MARC 格式及其变化形式、DC 核心元数据集等;以网络管理技术为基础的、对网络信息资源进行描述的标记语言相关标准,如 FRBR。

2)科技资源信息的互操作标准规范:科技资源信息的互操作需求产生

于集成服务和使用环境下。尽管有科技资源描述标准规范，但是各个描述标准规范针对不同的应用环境和应用领域，遵循不同的描述标准规范所形成的科技资源描述信息也必然有不同的数据内容和数据格式。当开展集成应用时，这些不兼容问题就需要互操作标准和规范来解决。例如，在几何图形方面的数据格式交换标准包括法国的 SET 格式、德国的 VDAFS 格式和美国的 IGES 格式（Initial Graphics Exchange Specification）。国际标准组织（ISO）指导编制的 STEP（Standard for The Exchange of Product Model Data）、HL7（Health Level Seven，健康信息交换第七层协议）、IEC 61970 数据交换标准、SVG（Scalable Vector Graphics）可缩放的矢量图形交换标准等。这些都为数据资源互操作提供了可能。

3）科技资源信息的应用标准规范：科技资源信息的应用主要表现在检索协议标准规范、web service 协议上。

跨库检索（Cross-Database Search），也称联邦检索（Federated Search）或多数据库检索（Multi-Database Search），或集成检索（Integrated Access），是以多个分布式异构数据源为对象的检索系统。它向用户提供了统一的检索接口，将用户的检索要求转化为不同数据源的检索表达式，并发的检索本地和互联网上的多个分布式异构数据库，并对检索结果加以整合，在经过去重和排序以后，以统一格式将结果呈现给用户，而且这一过程用户只需要以单一身份、单次登录和单一的检索方式就可以实现。主要标准规范有：Flash Point、Search Light、NLM Gateway、OCLC Site Search、Hermes、SUM Search、国内比较成熟的标准规范包括 Calis、Cross Search 等。

Web services 常常被视为一种软件，在实际应用中，Web services 被看作是建立可互操作的分布式应用程序的一种新型平台。在这套平台上有一套标准，定义了应用程序如何在 Web 上实现互操作性。Web service 平台必须提供一套标准的类型系统，用于沟通不同平台、编程语言和组件模型中的不同类型系统。要达到这样的目标，Web services 要使用两种技术：XML 和 SOAP。XML 是在 web 上传送结构化数据的方式，SOAP 使用 XML 消息调用远程方法，通过 HTTP 协议的 post 和 get 方法与远程机器交互，其他像 UDDI 和 WSDL 技术与 XML 和 SOAP 技术紧密结合可以用于系统服务发现。

3.2.4.2 制定科技资源信息化标准的相关组织

科技资源管理信息化的最主要的基础性工作之一就是建立各种信息标准，下面介绍一些在信息标准方面较为重要的组织，以便了解和使用信息标准的相关信息。

（1）W3C

W3C 是英文 World Wide Web Consortium 的缩写，成立于1994年。W3C 以开发"Web 事实标准"的各种技术规范作为其核心任务，目前已开发了超过50个技术规范。该组织制定的规范（草案）既包括人们早已耳熟能详的 HTML、HTTP、URIs、XML 等，也包括针对语义 Web 的 RDF、OWL 等。

（2）OGC

OGC（Open Geospatial Consortium）属于论坛性国际标准化组织，以美国为中心，成立于1994年。其目标是通过信息基础设施，把分布式计算、对象技术、中间件软件技术等用于地理信息处理，使地理空间数据和地理处理资源集成到主流的计算技术中。

目前 OGC 制定的标准已逐渐成为广泛认可的主流标准。美国联邦地理数据委员会（FGDC）在1994年就计划引用 OGC 的标准实现国家空间数据基础设施工程，并于1997年正式开展地理信息数据处理互操作技术合作，实现网上地理信息数据和传播功能。OGC 目前在因特网上公布的标准约有30项，包括基本规范和执行规范，其中基本规范是提供 OPENGIS 的基本构架或参考模型方面的规范。OGC 不仅仅开发 GIS 内容互操作的标准，而且希望构建"一个任何人都能从任何网络、应用或平台获取地理空间信息和服务而受益的世界"。

（3）ISO

ISO（International Standardization Organization）是一个由国家标准化机构组成的世界范围的联合会，成立于1926年。其宗旨是：在世界范围内促进标准化工作的发展，扩大知识、科学、技术和经济方面的合作。其主要任务是：制定国际标准，协调世界范围内的标准化工作，与其他国际性组织合作研究有关标准化问题。

在科技资源及其管理信息化领域，制定了 ISO 19101 地理信息系列标准参考模型、ISO IEC 15052（2003）电子信息标准——信息技术系统间远程通信和信息交换等标准。

(4) CEN/CENELEC

CEN/CENELEC 是欧盟的标准制定机构,包括两部分,即欧洲标准化委员会 CEN 和欧洲电工标准化委员会 CENLEC（European Committee for Electrotechnical Standardization）。其下设 100 个专业技术委员会。主要负责欧洲标准 EN 的制定,一个欧洲标准的出台意味着协调后的各国国家标准出台,如欧洲标准 EN 10142,即作为德国的国家标准 DIN EN 10142,法国的国家标准 NF EN 10142。

(5) IEC

国际电工委员会（IEC）成立于 1906 年,至今已有 90 多年的历史。它是世界上成立最早的国际性电工标准化机构,负责有关电气工程和电子工程领域中的国际标准化工作。

IEC 的宗旨是,促进电气、电子工程领域中标准化及有关问题的国际合作,增进国际的相互了解。IEC 发布的 8 类标准中,只有电信、电子系统和设备及信息技术标准与科技资源信息化相关,这类标准的主要制定领域包括：无线电通信、信息技术设备、数据处理设备和办公机械的安全、音频视频系统的设备、医用电气设备、测量和控制系统用数字数据通信、遥控和遥护、电磁兼容性,无线电干扰的测量、限制和抑制；报警系统；导航仪表。

3.2.4.3 元数据

元数据是关于一个对象的描述数据（data about an object）,它是有意义的、结构化的、标准的描述信息,它描述的对象包括数据、实物和系统过程。元数据为信息的管理、发现和获取提供一种实际而简便的方法。科技资源及其管理信息化的数据管理目标是实现对科技资源及其管理信息化体系框架中数据全生命周期的统一管理,实现统一数据管控,提供全面、统一的数据服务,灵活支撑业务,为科技资源管理机构精细化管理提供保障。在科技资源及其管理信息化过程中,元数据的研制和管理是不可或缺的工作。

元数据在科技资源及其管理信息化中的作用主要体现在：① 构建科技资源目录体系,便于资源的存储和检索；② 通过元数据构建科技资源管理体系,对科技资源进行全方位的管理。元数据管理体系包括元数据登记、元数据使用、元数据注销、元数据更新、元数据扩展等内容。数据管理体系是以元数据为核心和基础的。

利用元数据可以达到科技资源标准化以及科技资源共享、交换和整合。利用元数据,人们能够对科技信息资源进行详细、深入的了解,包括科技资源的基本特征、质量、处理方法和获取方法等各方面的信息。元数据标准可适用于资料共享、数据发布、数据集编目、数据交换、网络查询服务等,也是数据集元数据整理、建库、汇编、发布的标准格式。

(1) 面向资源生产者的发布与维权

资源描述发布:科技资源生产者可以利用元数据对他们的数据集进行详细的说明,按元数据描述的数据通过网络进行发布,帮助用户了解数据的基本特征,供用户查询下载。

资源权益维护:对于安全级别较高或有使用限制的科技资源,可以不提供实际的科技资源,而是通过元数据提供具体的资源指向,由用户直接与资源生产者联系,一定程度上确保了资源生产者的权益。同时,对于直接在线共享的科技资源,也可以通过元数据的版权声明、使用限制等来要求用户在使用数据时注明资源的引用信息等,从而维护了资源生产者的权益。

(2) 面向资源使用者的数据发现与获取

资源发现:通过元数据,用户可以快速地查询到自己所需要的资源。资源获取:用户查询得到元数据后,根据元数据的描述信息确定自己需要的科技资源,采用在线或离线的方式得到实际的资源。

(3) 面向资源管理者的数据管理与交换

资源管理:管理员可以进行元数据的审查发布,通过对用户权限、级别、数据安全级别的设置,控制资源的访问对象。通过元数据接口,对元数据与资源实体进行同步管理。

目录交换:通过元数据目录的交换,为用户提供其他单位拥有的科技资源清单目录和访问入口,用户可以很容易地在一个地方查到资源提供单位的科技资源。

3.2.5 科技资源及其管理信息化技术的发展趋势

在科技资源及其管理信息化领域,以下技术在未来几年中将会有越来越多的应用,受到更多关注:

(1) 服务器技术

Gartner 认为,通过多核和混合服务器,IT 产业的格局将发生显著变化:数据处理速度大为提升,应用软件功能显著增强,操作系统的现有结构也将随之改变。当然,多核和混合服务器普及后,也对各企业用户的 IT 管理水平提出了更高要求,也将对科技资源及其管理信息化应用产生重要影响。

(2) 基于互联网的架构技术

未来，面向网络的技术和标准将继续影响企业的计算模式，这将导致面向服务的环境在企业中的应用越来越广泛。Gartner 称，云计算服务等理念的日益流行，将推翻人们对互联网架构的现有理解，科技产业将对主流互联网架构和发展模式提出新设想。

(3) 企业聚合应用（Mashup）技术

所谓聚合应用（Mashup），是指网络上新出现的一种现象，将两种以上使用公共/私有数据库/数据源的 web 应用，加在一起，形成一个整合应用。一般使用源应用的 API 接口，或者是一些 RSS 输出（含 atom）作为内容源，合并的 web 应用什么技术，则没有什么限制。Mashup 并不一定需要很高的编程技能，只需熟悉 API 和网络服务工作方式，就能进行开发，因此这将成为科技资源及其管理信息服务的重要方式之一。

(4) 社交软件和社交网络

在科研机构社交软件领域，将产生出一批合作性产品，用户提交内容后，将与其他用户共享。用户可对这些数据进行多次修改，从而创建出庞大的内容系统。传统的博客和维基百科全书多以个人为主，今后这种内容创建方式也可用于机构和群体用户领域。通过社交网络，科研人员将可准确查找到自己想要的具体信息。

(5) 统一通信技术

统一通信是指把计算机技术与传统通信技术融为一体的新通信模式，作为一种解决方案和应用，其核心内容是：让人们无论任何时间、任何地点，都可以通过任何设备、任何网络，获得数据、图像和声音的自由通信，大幅降低运营开支。

(6) 商业智能技术

商业智能是对信息的搜集、管理和分析过程，目的是在信息泛滥前提下，使科技管理人员和研究人员获得知识或洞察力，促使他们做出对企业更有利的决策。

(7) 物联网

物联网就是把传感器装备到电网、铁路、桥梁、隧道、公路、建筑、供水系统、大坝、油气管道以及家用电器等各种真实物体上，通过互联网联接起来，进而运行特定的程序，达到远程控制或者实现物与物的直接通信。物联网技术在科技资源信息化领域的应用，是通过装置在各类科技资源实体上的射频识别（RFID）、传感器、二维码等，经过接口与无线网络相连，从而给这些实物资源赋予"智能"，实现人与物体的沟通和对话，也可以实现物体与物体互相间的沟通和对话，用中心计算机对机器、设备、人员、科技资源进行集中管理、控制，在此基础上开发各种应用。

3.3 国外科技资源管理信息化建设

信息技术带来的科研活动方式以及科技资源管理方式的革命性影响，引起了许多国家的重视，近年来各国开展了大量战略研究，纷纷制定国家层面的规划，推进科技资源及其管理信息化，并把它看成是提高国家科技竞争力的关键。

3.3.1 美国

美国是对科技资源及其管理信息化的重要性认识最早的国家，在基础资源层、网络层和应用环境层都进行了大规模的投入。

从 1985 年起，美国就开始建设了一批超级计算中心（如 SDSC、PSC、NCSA、NCAR 计算中心等），提出了一系列的计划。2002 年以来，美国科学基金会（NSF）把建设 CI（Cyberinfrastructure）作为推进科技资源及其管理的主要内容。2005 年 6 月，由美国总统信息技术咨询委员会（PITAC）向总统提交了《计算科学：保障美国竞争力》（Computational Science：Ensuring America's Competitiveness）研究报告。报告指出，计算科学对国家的科学、经济、社会和安全的目标都有重要贡献，报告建议对大学和联邦机构的计算科学体制进行合理化改造和重组，并制定对计算科学研究发展投资的路线图，以发展和维护计算科学基础设施。

美国 20 世纪 90 年代启动了"分布式活跃档案中心群"（DAACs）的建设计划，之后美国又启动了地球观测数据信息系统（EOSDIS）、全球变化主目录（GCMD）等共享系统，使科学数据库的建设、共享和应用越来越广泛。2005 年 9 月，美国国家科学理事会发布了《长生命周期的数字化数据库：21 世纪科研与教育的必备基础》（Long-Lived Digital Data Collections：Enabling Research and Education in the 21st Century）研究报告，提出"信息技术的发展使科研和教育的方式发生了根本性的变化，而数字化数据是这种变化的核心。它使得可以在十分精确和复杂的水平上进行分析，洞察事物规律。数据规模和复杂度的增长给研究工作带来了全新的情景。"报告要求 NSF 制定长期数据保存的战略，并给以政策和财政的保障。

1993 年 9 月，美国数字图书馆创始工程（DLI）正式启动。该工程的建设经过 3 个阶段：（1）数字化资源库的开发阶段。开展图书馆文献资源、科技成果的数字化转换（字符编码文本、电子化的位图映像等）、存贮、标引与检索、显示和输出等方面的研究。（2）数字图书馆技术研究阶段，研究重点是数字化图书馆的信息存取、服务提供技术的解决方案。（3）数字化图书馆的综合研究阶段。研究涉及计算机和信息科学、数字图书馆的经济、社会、法律和政策框架，制定信息共享格式与国际标准，数字图书馆网站的可靠性和稳定性，经济因素和商品化等。美国国会图书馆启动的"美国的记忆"（American Memory）项目也是一个影响深远的项目。"美国的记忆"最早是一个于 1990—1995 年间实施的试验性计划，其目标是确定数字式馆藏的读者对象，建立数字图书馆的一整套技术过程，讨论有关知识资产的论题，进行分发演示，并最终确定国会图书馆数字化的方针与规范。该计划的数字馆藏对象主要为美国的历史文献，包括历史照片、手稿、历史档案及其他文献等。在虚拟应用环境方面，美国 NSF 推动的社会技术系统虚拟组织计划（VOSS）使虚拟科研环境的建设不断迈上新台阶。Carnegie-Mellon University 的卡内基梅隆虚拟实验室（Carnegie Mellon's Virtual Lab），Johns Hopkins University 的虚拟工程与科学实验室（A Virtual Engineering/Science Laboratory）以及 The University of Tennessee at Chattanooga 的网上工程实验室（Engineering Laboratories on the Web）是其中的比较成功的范例。

为了满足上述基础资源信息化和资源应用的需要，美国还启动了国家信息基础设施计划（NII）、下一代因特网计划（Next Generation Internet Initiative, NGI）、网格研究项目等。

（1）高性能计算与通信研究发展计划（HPCC）

1989 年，美国公布了 HPCC 计划。1991 年，国会通过 HPCC 法案，从而在法律层面上保证了 HPCC 计划的顺利推进。HPCC 计划由 5 部分组成，分别是：HPCC（开发高性能计算机系统）、NREN（开发、经营用于研究和教育的网络）、ASTA（先进软件技术及十进制算法的研究发展）、IITA（信息基础技术的开发和应用研究）、BRHR（促进基础研究与人才培养）。HPCC 的主要贡献在于：可升级的平行系统、工作站和分布网络的支撑技术（Enabling technologies）、微核操作系统、因特网网络技术、信息基础设施、数字图书馆、千兆比特试验网、超导计算机中心、宏大的挑战应用、国家的挑战应用、任务应用（例如国家安全、医药、环境和教育）。其中，可升级的平行系统、工作站和分布网络的支撑技术（Enabling technologies）、微核操作系统、因特网网络技术、信息基础设施、数字图书馆、千兆比特试验网、超导计算机中心都成为新型的战略性的科技基础条件资源，为美国的气候预测、环境建模、汽车设计、飞机研制和药物研制等领域提供了支撑。美国国家科学基金会资助的 Track 1 和 Track 2、美国能源部的 ASC 计划、美国国防部的"先进高性能计算计划"（UHPC）、欧盟的 DEISA 等极大地推动了超级计算的发展。

（2）国家信息基础设施计划（NII）

NII 计划又称信息高速公路计划，在 1993 年由克林顿政府提出，目标是在美国的政府、研究机构、大学、企业以及家庭之间，利用先进的计算机、通信和视频技术建立可以交流各种信息的大容量、高速率的通信网络，向用户更有效地提供大量而及时的信息。NII 计划的一大目标是促进国家信息基础设施无缝化（Seamless）、交互式和用户驱动的操作，确保用户能跨过不同的网络而方便和有效地转移信息。

（3）下一代因特网计划

1998 年 10 月，下一代因特网计划（NGI）开始实施，2001 年结束，建立了两个试验网：一个是联结 150 个站点的 100x 的 NGI 试验网，一个是联结 15 个站点的 1000x 的超速实验室，并成功地把高性能试验网转换到私人企业。发展了超过 100 个 NGI 的应用。

（4）网格

美国从 20 世纪 90 年代初即开始进行国家高性能计算环境（网格）的研究。目前，美国政府的多个部门，如 NSF（自然科学基金会）、DOE（能源部）、NASA（航天局），都投入大量资金支持科学研究的信息化。

TeraGrid 是 NSF 投资 5 300 万美元建设的一个大型 Grid 项目，它以 40Gbps 的带宽连接了美国圣地亚哥超级计算中心（SDSC）、国家超级计算应用中心（NCSA）、加州理工学院（Caltech）和阿贡实验室（ANL）等 4 个拥有大量计算资源和数据资源的结点。目前 TeraGrid 中的资源达到 13.6TFLOPS 的计算能力，6.8TB 内存，79TB 的内部磁盘，576TB 的网络存储等。在美国，TeraGrid 被看作是未来科学研究所必需的计算基础设施，可以说是 e-Science 的一个典型代表。

此外，美国还有 Access Grid、IPG、GriPhyN、PPDG 等多个重要的 Grid 项目，而且 Globus 项目所开发的 GlobusToolkit 已经成为 Grid 系统软件的事实标准。美国军方对 GRID 更为重视，规划实施了一个巨型网格计划，名为"全球信息网格（Global Information Grid）"，预计在 2020 年完成。总之，美国凭借其强大的财力物力，利用在信息技术和资源方面的既有优势，将这些优势快速应用到科技资源及其管理方面。

3.3.2 英国

英国政府非常重视科技资源及其管理信息化。2000 年，英国政府提出了《E-Science 计划》，总经费 2.5 亿英镑。

英国 e-Science 计划的目的是：要通过解决对越来越多的科学数据进行处理、通信、存储和可视化时遇到的挑战，使得科学的一些关键领域能开展全球合作，提高英国科学和工程的效率和产出率。其目标包括：使英国研究人员在开发和利用网格技术上取得优势地位，获得参与制订正在涌现的下一代信息使用标准的能力；解决各个学科中的一些问题，使英国研究人员具有全球性竞争力。

E-Science 第一期计划为 2001—2004 年，在伦敦、剑桥、牛津、南安普敦、卡地夫、曼彻斯特、纽卡斯尔、格拉斯哥、爱丁堡、贝尔法斯特 10 所大学和 DL、RAL、Hinxton 3 个国家实验室建立了 e-Science 中心，随后又扩展了一批专业优势中心。同时还支持了一批 e-Science 项目，开发通用网格中间件，促进技术辐射和国际合作。e-Science 的第二阶段为 2003—2006 年，计划继续支持已有的 e-Science 中心，突出了网格中间件和由各个 e-Science 中心组成的 e-Science 网格的建设。为了加强网格的运行管理，成立了一个网格支持中心，提供统一服务，对网格运行状况实施监测。为了使各个项目开发的中间件能够不断完善并成为类似商品化中间件的成熟软件，成立了开放中间件基础设施研究所（OMII—Open Middleware Infrastructure Institute）。另外，为了加强数据方面的工作，英国还成立了一个全国数据管理中心。

2004 年，英国财政部、工贸部和教育部发布了《科研与创新投资框架（2004—2014）》（Science and Innovation Investment Framework 2004－2014），工贸部组织了 e-Infrastructure 工作组，进一步深入研究英国科研与创新信息化基础设施的内涵和发展路线图。2007 年 3 月，该工作组发布了研究报告《发展英国科研与创新信息化基础设施》（Developing the UK's e-infrastructure for science and innovation)。报告指出：国家科研信息化基础设施（e-infrastructure for research）为英国科学研究提供了一个至为关键的基础平台，不仅支持了技术的迅速发展，而且也为转移知识和创造财富提供了新的可能。报告从 6 个方面提出了建设国家科研信息化基础设施的关键问题，包括：数据和信息的产生，数据的保存和管理，数据的查询和导航，虚拟研究团体，网络、计算和数据存储设施，AAA（认证 authentication、授权 authorization 和核算 accounting），中间件（middleware）和数字版权管理。报告提出了实施这一计划的共性问题，包括：技术的转移（工业界适合于学术界的需求）、互操作性和标准、支持新技术的研究开发、重视信息化带来的文化变革、协作问题、质量保障以及应用与技能培训。

在 e-Science 框架中，计算资源是最基础的资源，需要有面向科学计算的高性能计算机和通用的高性能服务器等。数据资源是 e-Science 中的灵魂，往往也是最难得的资源。大量宝贵的数据不仅是许多科研活动的基础，往往也是科研的成果体现。网络是 e-Science 的基础平台，所有的活动和应用都在网络上进行，因此，高速网络通信资源是实现 e-Science 的基础条件。另外，e-Science 的基础设施中还包括一种特殊的资源——科学仪器仪表设备，大型科学仪器设备是科研活动中所需要的专用设备，往往造价昂贵，而使用和管理也必须是专业的技术人员。通过 e-Science，大型科学仪器设备的共享将成为可能，典型的例子如粒子加速器、天文望远镜、同步辐射装置、各种传感器等。

总的来说，e-Science 的基础设施既包括了通用的公共信息基础设施，又包含针对科学研究需要的特殊部分。通过 e-Science 的建设，将使广大的科学家跨越时空的障碍，充分地共享和利用这些宝贵的资源。

英国 e-Science 计划管理模式采用了一种"在集中统一的平台下协调发展"的管理模式。由 e-science 计划指导委员会负责根据政府的有关政策和计划（如科学研究投资基金计划和小企业创新研究计划）有效规划并协调全国 e-Science 计划；由 e-Science 技术顾问组就广泛的 e-Science 技术问题，向 e-Science 指导委员会提供技术咨询。在这两个机构下，分设了 8 个研究部分，分别是：

1) e-Science 核心计划：由英国工程与物理研究理事会代表各研究理事会进行集中统一管理。其职责是要建立一个 e-Science 的发展框架，使各专业领域科学家、计算机科学家、工业界能通力合作，判断并开发出能在各领域通用的、强健的、并具有强大工业应用前景的 e-Science 网格中间件。此外，核心计划还要支持各科学领域先导应用项目的基础结构，作为 e-Science 活动和与其他国家合作的中心点,并确保在各个具体应用中宣传最佳实践。

2)e-Science 先导应用项目:分 7 大研究理事会,在自身所分管的不同科学领域,有独立资金资助本领域的 e-Science 研发工作。各研究理事会在自身的科学领域,建立一些先导应用项目。这些先导应用项目的任务,是在各不同领域,如基因、天文、粒子物理等,率先实现具体的应用,使 e-Science 研究和应用向各科学领域的深度和广度发展。

3)e-Science 体系结构任务组(ATF):ATF 将在开放网格体系结构和泛计算等技术发展的基础上,继续关注 e-Science 长远的结构问题。

4)网格工程任务组:主要任务是指导建设、测试和演示一个 e-Science 网格的原型。

5)安全任务组:负责考虑围绕网格存在的安全问题,包括识别和鉴权、接入控制、数据库安全、保密、整体性、可获得性、可依靠性和可使用性,向 e-Science 负责人提供建议和咨询,如需要优先解决的安全问题,已经具有安全方案的一些领域,以及解决这些关键问题的方向。在特定安全领域委托开展研究工作,资助英国工作组加入全球网格论坛安全工作组等。

6)网格网络组(GNT):就计算机网络问题向董事会及其技术顾问组(TAG)提供咨询,主要任务则是与 TAG 一起评估 e-Science 计划的项目建议中有关网络方面的内容。

7)数据库访问和业务集成工作组:致力于促进开发网格数据库业务,主要着眼于提供对现有数据库访问的一致性,自动管理数据库。目的是通过提供组件,使开发应用变得更加容易,并跟踪开放网格体系结构的发展。该组并不开发新的数据存储系统,而是要使这种系统更方便个人或集体在网格框架下使用。

8)网格支持中心:该中心也是核心计划的一部分,负责网格中间件的使用、操作和维护,以及网格测试床中分布式资源的管理等,该中心对全国 e-Science 计划提供支持。

目前 e-Science 已经在 10 所高校建立了研究网格节点,分别分布在爱丁堡、伦敦、格拉斯哥、牛津、比尔法斯特、卡地夫、曼彻斯特、纽卡索、剑桥和南安普敦。这些研究节点已经取得一些初步进展,例如曼彻斯特大学则正在筹建英国最大规模的超级计算中心;英国剑桥大学基于高性能计算网格实施远程学术交流的 Access Grid;英国帝国理工大学基于高性能计算网格开展生物学知识发现研究的 Discovery Net;英国曼彻斯特大学建立了生物信息学数据库和计算网格 My-

Grid；罗斯林研究所基于网格的生物信息学研究也已初具规模。

3.3.3 欧盟

欧盟对科技资源及其管理十分重视并进行了长期研究和部署，欧盟的科技资源及其管理建设大体可分为3个阶段，分别以欧洲数据网格（EDG）、科研信息化网格（EGEE）和欧洲网格计划（EGI）3个网格项目为代表。EGEE现已成为世界最大的多科学网格，欧盟今后将支持欧洲e-Science网格向新的互操作、可持续模式转型，开展欧洲网格计划，建立泛欧网格基础设施。

在欧盟科技发展计划第5、第6框架的持续支持下，科学研究的基础设施，包括信息化设施得到不断发展，逐步形成了明晰的e-Infrastructure的概念。已经实施的计划包括：GÉANT2（泛欧网络基础设施）、EGEE—The Enabling Grids for E-sciencE（由欧洲核子中心CERN牵头建立的世界上最大的国际网格系统）、DEISA—Distributed European Infrastructure for Supercomputing Applications（由法国国家科研中心CNRS牵头，目标是建设一个分布式的万亿次规模的超级计算机系统，由欧洲6个主要超级计算中心，通过千兆高速网络相联接组成）等。这些计划是在欧盟的科技发展第5、第6框架支持下发展起来，并将在第7框架计划进一步得到发展。

为了有效建设欧洲的科研基础设施，欧盟成立了高层次的战略研究组织，为e-Infrastructure的战略进行了大量研究工作。例如：

欧洲科研基础设施战略论坛ESFRI（European Strategy Forum on Research Infrastructures），该论坛于2002年成立，由欧盟成员国家代表和欧洲委员会代表组成，其任务是研究制定欧洲大型研究设施的规划和政策。2006年9月发布了第一个大型研究基础设施的欧洲路线图，包括支持科学研究的高性能计算、数据处理及服务等研究领域的35个大型科学设施。

信息基础设施咨询工作组e-IRG（e-Infrastructure Reflection Group），成立于2003年12月，目前由29个欧洲国家的国家代表和欧盟代表组成，其任务是在政策、咨询和监督的层面，提出有关技术和管理方面的相关政策和管理模式的建议，以便在欧洲范围内经济和方便地共享信息化资源（着重于网格计算、数据库和网络资源），同时为ESFRI制定政策提供建议。2006年8月，e-IRG发布了欧盟的《科研信息化基础设施的路线图（e-Infrastructures Roadmap）》。

欧洲高性能计算工作组HET（High Performance Computing in Europe Taskforce)，2006年6月由欧盟11个国家联合建立。HET目前由奥地利、芬兰、法国、德国、爱尔兰、意大利、荷兰、西班牙、瑞士、瑞典、英国等22个国家组成。2007年1月，HET发布了欧洲在高性能计算领域的政策框架建议，目标是在欧洲建立一个可持续发展的科学研究超级计算基础设施。这一基础设施形成一个金字塔状的"高性能计算生态系统（HPC Ecosystem）"，金字塔的顶端是世界一流的千万亿次超级计算机，为全欧最高端的应用提供最强大的计算能力；底部是国家和区域级的超级计算资源，并通过"欧洲研究网格（European Research Grid）"把各层次系统联结起来。

欧盟支持了一系列网格研究项目，被称为Enabling Grids for e-science（EGEE），它联结了欧洲27个国家超过70家研究机构，组成了一个多学科计算网格。其中启动最早的EU DataGrid项目的建设目标是：① 建立一个安全、可信赖、强健的网络基础设施，使之能够分享计算资源，开展合作研究；② 重建一个轻量级的中间件解决方案gLite，来适应不同学科的需要；③ 通过技术支持和培训的方式为企业和研究机构中的用户提供产品化的服务。EGEE还支持了EU-ROGRID、英国的e-Science计划、GridPP、意大利的INFN–Grid、荷兰的DutchGrid、北欧的NorduGrid等网格研究项目，北欧、东南欧、波罗的海地区也陆续启动网格计划，并逐步实现与EGEE（Enabling Grids for E-science）的融合。此外，在EGEE的支持下，面向欧洲和拉丁美洲的e-Science网格设施EELA也得到长足发展。

3.3.4 澳大利亚

澳大利亚政府非常重视科技资源及其管理领域的研究和开发，科技和创新已经成为澳大利亚政府优先考虑的主要战略之一，通过更新思想和创新技术应用，不断加强澳大利亚的科技资源及其管理能力。澳大利亚的研究人员正在为完成国际公认的、高质量的研究成果而努力。伴随着科技资源及其管理信息化的进程，澳大利亚的研究人员将能够获得并分享研究数据、仪器仪表和计算资源，并通过先进的信息通信技术和协同工作以便捷地进行协同研究。未来创新活动计划（Backing Australia's Ability to An Innovation Action Plan for the Future）是澳大利亚政府面向未来科技资源及其管理需求和挑战而开展的一项改革和创新计划，它的主要目的是通过支持创新，开发和应用新的技术和创新思想，促使产生具有实效性的科研结果（The Government's Innovation Report 2001–2002）。在实施Backing

Australia's Ability 举措的 7 年间，澳大利亚政府启动了 Major National Research Facilities（MNRF）项目，广泛地支持包括地球物理、天文学、地理学、神经系统科学和纳米技术等领域的信息化科学研究（Major National Research Facilities Programme）。

维多利亚 eResearch 战略计划（The Victorian eResearch Strategic Initiative, VeRSI）是澳大利亚首个由州政府资助的电子研究类项目计划。该项目主要效仿英国的 e-Science 计划统筹规划本国的 eResearch 框架。澳大利亚完整的国家 eResearch 中心由一个国家协调机构和分布在 6 个州的州级节点组成，他们认为这种模式将有利于各研究团体之间关于 eResearch 方法的知识转移。在此背景下，VeRSI 项目计划于 2006 年由维多利亚州政府提出并正式启动，项目预算为 800 万澳元，项目周期预计 5 年，项目参与机构包括：墨尔本大学、蒙纳士大学、拉托贝大学以及澳大利亚初级产业部等，其主要目标是加速并协调大学、政府机构以及其他研究性组织对 eResearch 模式的应用，并为澳大利亚其他州乃至世界其他国家和地区的类似活动提供范例。

VeRSI 项目主要与数据相关，该项目还致力于帮助研究者们对其在研究活动中产生的大规模持续增长的数据进行有效管理。作为一个终端到终端的数据管理环境中的关键组成部分，VeRSI 首先构建了一个分布式的联邦网格存储方案，该方案对多种存储协议提供支持。

VeRSI 的另一项重要工作是应用信息通信技术支持和丰富研究方面的合作，其中尤其关注解决两个方面的问题：一是如何克服地理距离的障碍；二是如何保证时间和经费的成本-效益最优。

由于认识到研究活动转向 eResearch 模式将是一个长期的过程，因此，VeRSI 尝试通过 eVBL（The VeRSI Educational Virtual BeamLine）来帮助学生理解科学研究以及 eResearch 的过程，还通过工作组会议、小型研讨会、大型专业会议、电子茶话会（e-coffee meeting）、电子通讯，以及奖励 eResearch 最佳实践（VeRSI eResearch award）等多种形式对 eResearch 模式进行全方位地探讨，以扩大其影响和认知，建立了专门的邮件组，希望更多业内同行能够一起参与讨论，对其进行进一步深入探讨。

3.3.5 其他国家和地区

许多其他国家也提出了和正在实施国家级的科技资源及其管理信息化建设计

划。在网格研究领域,日本提出了 NAREGI（National Research Grid Initiative）计划,荷兰提出了 VLAM（DutchGrid）项目,波兰启动了 PIONIER Grid 项目,爱尔兰启动了 Grid‐Ireland,印度启动了 GARUDA,韩国启动了 e‐Science K∗Grid,巴西开展了 Cyberinfrastructure for Multidisciplinary Science in Brazil 等研究。

日本还基于 GRID 建立了 ITBL（IT Based Laboratory）系统,这是具有日本特色的 e‐Science,在未来的 5 年内将为该项目投入 1 亿 6000 万欧元。

在 APGrid（Asia Pacific Grid）和 PRAGMA（Pacific Rim Application Grid Middleware Assembly）这两个针对亚太地区的国际合作组织中,日本、韩国、新加坡、澳大利亚、泰国以及我国台湾和大陆地区都很活跃。

近年来国际上还启动了一大批有代表性的数据中心建设计划,如美国的 DateNET 计划、英国数字典藏中心 DCC、澳大利亚的科研信息共享计划（ARDC）、英国合格晶体结构数据中心建设项目（CCDC）等,在自动化技术、存储管理技术、高可用性/灾难恢复、虚拟化等方面取得了进展。

3.4　我国科技资源管理信息化建设

3.4.1　我国科技资源信息化的基本情况

我国于 1998 年前后开始对科技资源信息化进行研究、讨论,随后,科技部先后启动了国家科学数据共享工程以及国家科技基础条件平台的建设。中科院启动了科学数据库的建设,并开展了 e‐Science 和科研院所资源管理信息系统的开发和实施工作。教育部规划并组建了科技基础资源数据平台,还建成了覆盖全国主要教育科研机构的中国教育和科研网,并提出了中国教育科研网格计划。在《2004—2010 年国家科技基础条件平台建设纲要》和《"十一五"国家科技基础条件平台建设实施意见》的引导下,各地方政府也纷纷出台了本地科技基础条件平台的建设纲要或实施意见,并启动了创新资源平台的建设。中国农业科学院建成了国家农业科技文献与服务平台和国家农业科学数据中心等。

我国非常重视高性能科学计算环境和信息服务的战略性基础设施建设。"九五"期间国家"863"计划启动网格计算环境研究重大项目,着手建立国家高性能计算环境和国家信息网格系统。"十五"期间又将国家高性能计算环境建设列为"863"计划重大专项。科技部支持建立的 5 个国家高性能计算中心,已经初步实现统一的资源目录管理。中国科学院、清华大学等科研院所和高校都承担了一系列国家高性能计算环境和国家信息网格系统建设攻关项目。此外，我国的信息网格建设也在稳步发展中，中国教育与科研计算机网（CERNET）在全国7大中心城市的主干网络带宽已达到2.5G，接近或达到发达国家水平。由科技部支持的"国家高性能计算环境"项目已经在全国范围内建立了由多个高性能计算机结点组成的计算网格系统，开发出了包括网格用户管理、网格资源信息管理、网格作业管理、网格安全系统等功能模块的网格系统软件GridWan和若干重大行业应用系统，包括生物计算、气象预报、石油油藏模拟、科学数据库等。国家发展改革委员会启动了中国下一代互联网示范工程和大科学装置计划。

可以说，我国科技资源及其管理信息化建设方面取得了可喜的成绩，但仍然存在一些问题，主要体现在：

（1）信息化建设严重滞后于需求的发展

随着我国信息基础设施的普及，通过互联网获取信息、与同行联络、下载和使用各种资源与工具等已成为科研人员从事科学研究的普遍方式。但是作为科学研究支撑的、有规模、高质量的科技资源信息化建设，我国依然还比较落后，很多历史性的数据资源还没有进行数字化，无法做到有效的资源共享；大量的自然科技资源并未被数字化，也没有用计算机系统对其进行整理和编目，网络虚拟实验室的建设也刚刚起步，还远未形成规模，公共资源和服务环境还远远不能满足科研人员的需要。

（2）条块分割、各自为政的现象依然严重

各类科技资源分属于不同部门、不同地区，各主管部门参照国外同行或国内同类机构的经验和做法，实施本部门、本地区的科技资源信息化工作。但由于认识程度、重视程度和能力水平的差异，导致科技资源信息化的效果和效益差别很大，信息化工作的发展很不平衡。

（3）科技资源及其管理信息化的监管虚化，关键资源的信息化缺失

国家对条块分割的科技资源及其管理信息化活动缺乏总体层面上的统筹协调和有效指导，科技管理和科技资源信息化两张皮，在科技资源及其管理信息化的相关研究上缺乏专门的、长期研究机构，在科技资源及其管理信息化的实施上尚未制定详细可行的实施方案，缺乏对科技资源及其管理信息化项目的全生命周期管理意识和方法，缺乏对科技人力资源、科技项目等管理信息资源信息化的规划与设计，致使这些关键资源在共享和协同应用中缺失。

(4) 缺乏较为完整的科技资源及其管理信息化标准体系和关键基础标准

信息化工作首先需要一套标准规范来约定各种数据、信息、活动、流程等，科技资源及其管理信息化也不例外。由于缺乏统一的监管和专门机构负责，科技资源信息化工作也缺乏一套切实可行的标准规范体系来约束各种信息化建设，而在实际的建设过程中，把物理的、部门的条块分割进一步延伸到信息化环境这一问题依然比较突出，从而导致了信息化的成效难以充分体现。

造成上述问题是多方面的，主要原因有3个：

(1) 对科技资源信息化工作的认识不足

片面地认为信息化仅仅是一个技术问题是造成当今科技资源信息化存在严重问题的首要原因。由于信息和通信技术源于科技领域，其试点和示范项目也都在实验室中产生，因此客观上形成"信息化是一个技术问题"的错误倾向。尽管信息化已经给全世界和我国的经济和社会带来了深远的影响，各国各地很多专家、学者、政府机构都致力于研究和评估信息化效益和效果，但是在某些重要的科技主管部门和领导心里，对信息化的作用和影响还没有特别清醒的认识和理解，既没有清晰地认识到科技资源信息化必然对科研活动、科技管理活动带来根本的变化，也没有把科技资源信息化作为一项战略任务来抓。这就致使他们不了解科技资源信息化工作的主要过程和管理的关键环节，以及科技资源信息化可以产生的主要作用，从而忽略了科技资源信息化工作，导致我国的科技资源及其管理不能全面支撑科研活动和科技管理活动，科技文献和科学数据资源总量不足且利用不够，科学仪器自主设计和制造能力不足，没有国家一级的、统一的科技人力资源数据库、科技项目管理数据库、科技投入信息数据库，国家不能快速、全面掌握我国科技活动、科技投入、科技人员的分布现状，最终导致难以做到快速、科学决策。

(2) 缺乏专门的管理部门和研究机构

随着信息技术的发展，我国相关部门相继成立了信息化管理机构和相应的研究机构，但相互协作与配合明显不足。例如，国务院成立了信息化办公室（现已并入工业和信息化部）负责制定全国总体信息化规划和标准，最后成立了工业和信息化部来统筹协调信息化工作，特别是推进企业信息化的发展。中国科学院专门为科研信息化成立了领导小组，成立了一本专刊来报道国内外科研信息化的成功案例，介绍技术方法，推广科学院自己的科技资源及其管理信息化工作。与国家"16金"工程相关的各大部委都成立了自己的信息中心，负责制定本部门的信息化发展规划和工程相关的管理工作，原下属的科技情报研究机构或并入信息中心，或成为支持信息中心业务工作的研究机构，专门负责调研国内外在本部门业务领域的信息化发展状况、管理方法、相关技术研究和推广等工作。

而科技部于 20 世纪 90 年代撤销了原科技信息司，致使在我国科技领域自此没有一个专门的管理部门对科技资源信息化工作进行管理和指导，原信息司下属的科技情报所一直以传统科技文献资源建设和服务为核心，业务领域没有随着信息化的发展而及时调整，其后科技部成立的信息中心仅仅承担了科技办公网络的运行维护工作，也没有承担起科技信息化的宏观管理职能，导致了国家层面科技信息化宏观管理和研究机构的双双缺位。上述问题是造成我国科技资源信息化工作缺乏统筹协调、条块分割的重要原因。

(3) 缺乏科技资源及其管理信息化标准规范体系

科技资源及其管理信息化分为基础资源层、网络设施层和应用 3 个层次，是一个庞大的体系，为了让这个体系顺利运转，必须建立一套与三层体系相适应的标准规范体系。而在科技资源及其管理信息化总体规划缺失的状况下，是无法完成这一标准规范体系的研制工作的。

3.4.2 国家科技基础条件平台

2002 年以来，经国务院批准，科技部联合国家发展和改革委员会、财政部、教育部等有关部门开展了国家科技基础条件平台（以下简称"平台"）的建设试点工作。2004 年 7 月，国务院办公厅转发了由科技部、发展改革委员会、财政部、教育部联合制定的《2004—2010 年国家科技基础条件平台建设纲要》（以下简称《纲要》）。按照《纲要》的要求，科技部会同财政部、发展改革委员会、教育部等 20 多个部门和有关地方政府，采取加强统筹规划、科学部署、采取增量资金带动存量资金、共建共享等多种机制，整合 1000 多家科研机构、高等院校相关科技基础条件资源，推进平台建设，为一些重要领域的科技自主创新提供了有效支撑。为了突出平台建设在科技创新体系中的地位，科技部将平台建设与 973 计划、863 计划和科技支撑计划并列，作为与主体科技计划相对应的重要科技工作内容。在组织保障方面，科技部于 2006 年成立国家科技基础条件平台中心负责平台建设项目的过程管理和基础性工作；承担国家科技基础条件平台建设发展战略、规范标准、管理方式、运行状况和问题的研究，以及国际合作与宣传、培训等工作；承担科技基础条件门户系统的建设与运行管理工作；参与对在

第3章 科技资源管理信息化

建和已建国家科技基础条件平台项目的考核评估和运行监督工作。

国家科技基础条件平台建设（以下简称"平台建设"）是充分运用信息、网络等现代技术，对科技基础条件资源进行战略重组和系统优化，通过社会科技资源高效配置和综合利用，为全社会科技创新服务。国家科技基础平台包括国家研究实验基地和大型科学仪器设备共享平台、自然科技资源共享平台、科学数据共享平台、科技文献共享平台、网络科技环境平台和科技成果转化公共服务平台等6大共享平台，以及以共享为核心的制度体系和专业化队伍建设。为有效推动平台建设，增量资源，盘活存量资源，中央财政自2003年以来设立了国家科技基础条件平台专项资金。按照平台总体设计的有关精神，科技部从2003年开始，将"国家科技基础条件平台专项经费"、"中央级科研院所科技基础性工作专项经费"、"科技文献信息专项经费"等科技基础条件建设有关经费，统一用于国家科技基础条件平台建设。

科技基础条件平台对推动科技创新和促进资源共享具有重大的意义；同时平台又是增强我国科技总体实力、实现我国自主创新战略必不可少的基本保障，因此，平台建设的启动对确保《国家中长期科学和技术发展规划纲要（2006—2020年）》的顺利实施发挥了重要的作用。

国家科技基础条件平台的架构如图3-2所示。

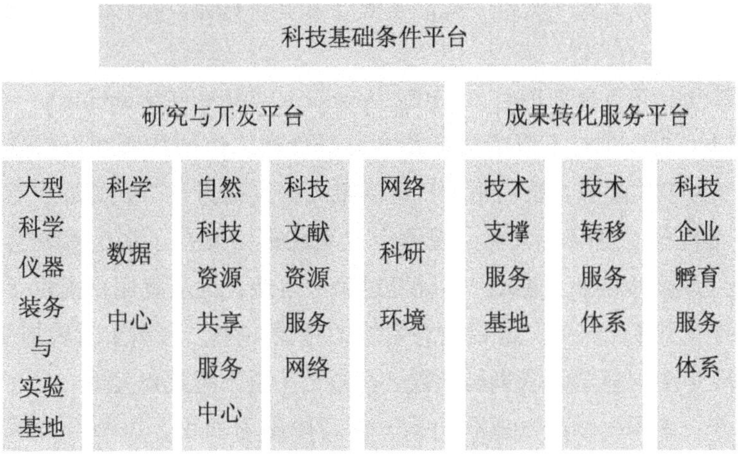

科技基础条件平台								
研究与开发平台					成果转化服务平台			
大型科学仪器装务与实验基地	科学数据中心	自然科技资源共享服务中心	科技文献资源服务网络	网络科研环境	技术支撑服务基地	技术转移服务体系	科技企业孵育服务体系	

图3-2 国家科技基础条件平台架构图

目前，在研究与开发平台根据"信息化带动共享"的原则启动了一系列项目，完成了平台总门户、二级平台门户和一批资源共享系统的建设工作，选择

23个项目由建设转为系统运行，并启动了成果转化服务平台的规划和试点工作。

3.4.3 中科院科技资源及其管理信息化的进展

为适应信息化、网络化的时代要求，建设现代研发平台和支撑体系，夯实中国科学院科技创新的信息化基础，提升中国科学院科技创新能力，中国科学院设立了信息化建设专项，先后启动了中国科学院资源规划系统（ARP）、数字图书馆、科学数据库等事关全院信息化建设的项目，并积极推动科研活动的信息化（e-Science）。

2001年，中国科学院启动了"十五"信息化建设专项。通过该专项的实施，中国科学院信息化基础设施得到加强，信息化应用稳步推进。北京到各分院网络带宽达到或超过155Mbps，国际出口总带宽超过3Gbps，开通了中俄美环球科教网络（GLORIAD：Global Ring Network for Advanced Application Development），建立了香港国际开放节点 HKOEP（Hongkong Open Exchange Point）。装备了深腾6800超级计算机及其配套的存储设备和可视化环境，研制开发了一系列基础并行计算软件包，基本形成了支撑中国科学院高性能科学计算的平台。45个研究所共同完成了503个专业数据库的建设，总数据量达到16.6TB，初步形成了中国科学院科学数据资源体系；研制并实施了20多项科学数据的标准规范，包括1项国家标准；建立了统一的科学数据库管理与服务系统，向社会提供更便捷的科学数据服务。

中国科学院资源规划项目（ARP：Academic Resource Planning）一期工程于2002年启动，初步建成了覆盖全院基本科研管理工作的院所两级信息系统。院门户网站经过多次改版，页面平均日访问量大幅度提升。"中国科普博览"网站2005年获得世界信息峰会大奖。视频会议系统有力支持了多次重要会议，为国际交流提供了便利条件。院邮件系统经过集中改造，为全院用户提供了安全、可靠、统一的电子邮件服务。远程教育系统的重要讲座、论坛实时转播受到欢迎。2002—2006年中国科学院国家科学数字图书馆一期工程建设完成。

2007年，中国科学院以理顺关系、创新体制为抓手，以整合资源、推动应用为目标，以实施ARP二期工程与e-Science为重点，全面推进中国科学院信息化建设的各项工作。确定了主要任务：优化互联网络、超级计算和数据应用三大环境；构建网络化科学传播、网络化信息发布、网络化科学研究、网络化教育培训和网络化运行管理五大平台；完善信息化支撑服务、信息化安全保障、信息化制度规范三大体系。提出了中国科学院信息化长远发展的愿景——数字化中国科学院（e-CAS）。

同年，中国科学院参与了中国下一代互联网示范工程（CNGI）建设，进一步拓宽了国际、国内信道。国家域名系统运行稳定，CN域名注册量突破900万，跃居全球第二大的国家顶级域名。超级计算环境继续提供稳定的服务，明确了未来中国科学院超级计算环境的结构、布局及实现路线。科学数据库数据服务门户网站不断完善，用户数和数据访问量呈增长趋势。先期部署的e-Science应用试点项目顺利推进。ARP项目一期工程通过验收，ARP系统在全院得到全面应用。教育信息化稳步发展，已经成为中国科学院研究生教育改革创新、人才培养不可或缺的支撑保障。院门户网站内容的新闻性、科学性与原创性得到了加强，院属各单位网站在信息内容、服务功能与风格形象等方面得到改善，中国科学院网站群模式已初显端倪。中国科学院网络科普已经成为"中国数字科技馆"的重要组成部分，数字科普资源稳步增长，表现形式不断创新。国家科学数字图书馆的文献信息保障和服务能力得到提升，基本形成了基于网络的全院集成服务与联合服务体系。

第4章 科技资源管理政策与法规

科技资源管理政策法规是指导和规范科技资源管理工作的准绳，对于有效进行科技资源的科学规划、有效开发、合理配置和高效利用，起着重要的保障性作用。掌握国内外科技资源管理的法律规范现状，梳理我国在国家政策层面上对科技资源管理的基本思路和指导方向，为进一步剖析我国科技资源管理政策法规建设的主要问题和发展原则提供依据。这里，主要针对两方面的政策法规进行归纳整理，一是专门性科技资源管理的政策法规，二是在其他政策法规中，与科技资源管理相关的内容阐述。

4.1 科技资源管理政策法规概述

科技资源管理政策法规体系，是指以宪法、党和国家的科技政策为指导，将与科技资源管理相关的现行的、正在制定的和将要制定的全部政策法规组合起来，形成的相互间具有内在联系的、统一的有机整体。

4.1.1 科技资源管理政策法规建设的必要性

科技资源管理是一个特定的科学技术活动领域，涉及诸多的社会关系，将这些涉及科技资源管理的各种政策、法律、法规、指导性文件和条例等集中起来，确立统一的立法原则和政策目标，有利于避免科技资源管理领域的政策法规之间的相互矛盾，有利于充分发挥政策法规在调整科技资源管理领域中复杂社会关系方面所起到的重要作用。建立健全的科技资源管理政策与法规作为国家法制建设的具体实践，其具有的重要意义体现如下：

1）加快推进自主创新、建设创新型国家的需要。科技资源是科技创新和经济可持续发展的物质基础，随着我国科技的不断发展，科技资源约束已上升为影响我国提高自主创新能力和建设创新型国家重大战略部署的重要因素。现代科学技术革命加速了对科技资源大规模开发和利用的进程，资源消耗量巨大，特别在不可再生和再生周期较长的科技资源领域，资源供需紧张状况尤为显著，资源稀缺问题已经成为人类面临的重大问题之一，日益受到各国政府和国际组织的高度重视。因此，我们不能继续走大量消耗科技资源的传统道路，必须加大力度促进科技资源的合理利用和高效共享，为大力提升国家的自主创新能力提供坚实的物质基础。通过立法手段规范科技资源的利用和共享已成为各国和全球科技资源管理中最有效的方式之一。

2）科技资源管理工作规范化、科学化的需要。现代科技资源管理已不再局限于对科技资源（文献、数据、自然科技资源、科学仪器设备等）的微观管理，更多的是面向宏观层面的管理。政策和法律的应用改变了单纯依靠技术的简单管理模式，有利于解决许多技术本身无法解决的社会问题，克服由于技术的应用而造成的种种弊端，并引导技术发挥积极作用。

3）我国科技资源保护和改善资源开发严峻状况的需要。我国是一个科技资源大国，资源总量居世界前列，但人均拥有量低于世界人均水平，而且资源开发利用形势严峻，重要战略性科技资源不断流失，有限的科技资源保存供给与巨大的科技资源需求之间的矛盾十分突出。随着科学技术的迅猛发展，特别是计算机和自动化技术的普遍应用，使科技资源环境发生了根本变化，最为显著之处体现在人的能力得到空前加强。然而，这种发展同时也引起了许多新的问题，如信息安全、知识产权以及一些利益的合理分配问题，促使人们将政策和法规作为应对这些变化的重要手段，以促进科技资源管理工作的健康发展。

4.1.2 科技资源管理政策法规的内涵

科技资源管理政策法规是保证科技资源管理正常运作、促进科技资源可持续发展的一系列指导性文件、条例、法令等，有效促进科技资源进行科学规划、有效开发、合理配置和高效利用，是实施科技资源管理的重要手段。科技资源管理政策法规由法规与政策两部分组成。其中，科技资源管理法规是关于科技资源管理领域的一系列法律、法规和规章的总称，是科技资源管理领域的基本行为准则；科技资源管理政策是国家机关在特定的时期，为实现科技资源管理的目标而制定的、具有法令性的以保证科技资源优化配置和履行其社会功能的行为准则，具有原则性、规章性、灵活性、适应性的特点。

科技资源管理政策与法规既有联系又有区别，科技资源管理政策主要通过行政手段来管理科技资源，科技资源管理法规则主要通过法律规范来制约和规划科技资源管理活动。政策与法规相辅相成，相互补充。科技资源管理政策是制定法律的依据，科技资源管理法规是政策的具体化、条文化和规范化，具有约束力，是保障科技资源管理政策得以贯彻、实施的重要法律手段。对于科技资源管理中一些暂时的、尚未定型的社会关系，通常依靠政策来调整，通过政策来指导科技资源管理工作是加强对科技资源的管理、建立科技资源管理秩序的必要手段。相对稳定明确的社会关系一般由法律调整，主要体现为科技资源管理行政法规和部委规章。从长期来看，制定科学合理的科技资源管理法规对于科技资源管理事业的发展具有更重要的战略意义。

4.1.3 国外科技资源管理政策与法规概述

科技资源管理政策是一个完整的体系，是一个从宏观到微观、从指导到具体操作的一个过程，因此科技资源管理政策的制定需要遵循重视政策法规体系构建的原则。近年来，科技资源管理的政策法规建设逐步受到各国政府的重视，成为政府、学术界与产业界共同关注的热点问题。以美、日、英、德等西方国家为首，强调政府主导、统筹规划，注重建立和完善政策法规，已着手于科技资源共用、管理、权益保护等方面的政策、法规的研究与制定。涉及的相关政策法规，在科技资源全生命管理过程中，主要体现在资源的生产和获取、服务和利用等环节。具体地，国外科技资源管理的政策与法规建设呈现出如下特点：

（1）重视科技资源共享的政策法规建设

纵观国外的科技资源管理现状，很多国家高度重视科技资源的共享和利用，注重通过政策和法律手段实现科技资源的共享，为全社会提供资源服务。

例如，为了实现科学数据在世界范围内的共享，国际组织从1990年以来13次要求成员国认定对公共领域科学研究数据"完全与公开"政策的承诺。国际CODATA2002年世界大会在集中讨论包括"数据处理技术与数据显现工具"、"数据综合与数字互操作"等6个前沿领域的基础上，又决定了"亚洲——太平洋国家的数据资源共享"、"发展中国家科技数据保藏"等8项任务，作为国际合作的共同行动计划反映出国际社会注重数据共享、注重科学技术数据在国际发展的不平衡性及其相应的对策研究，对于各国利用国际数据提供了共享通道。

又如，为了提高仪器设备和设施的使用效率，很多国家都制定了科学仪器设施共享的政策。如美国的《联邦采购法》、《生命基因组研究法》等。日本在《第二个科技基本计划》中规定，要改变大学以院系分别使用的状况，推进仪器设备和设施的跨院系使用。欧盟制定了《欧盟跨国使用研究基础设施计划》，韩国制定了《协同研究开发促进法》。我国科技资源管理政策的制定不仅要满足科技资源管理的目的，而且应该重视对科技资源共享的促进作用，制定促进科技资源共享法规和政策的建设。

(2) 重视科技资源知识产权保护的政策法规

很多国家在强调资源共享的同时，也十分注重对科技资源知识产权的保护，资源共享与保护同时进行。例如，在自然科技资源领域，发达国家高度重视资源大额搜集、保存和利用，因此注重从政策上和法律上对自然科技资源进行保护和利用。这些国家拥有先进的技术和雄厚的资金，在世界范围内收集尽可能多的资源，进而运用科学的方法和先进的技术对其加工、改造、利用并向发展中国家转让知识产权，通过垄断新技术、新发明获取超额利润。而发展中国家则更重视对本国资源的保护，往往从防止资源流失的角度来指定严格的资源收集和共享利用规则。在一些发展中国家的法规中，很详细地规定了国外人员及组织对本国资源的使用权限，这也和当前许多发达国家采用各种政治、经济手段收集、攫取发展中国家自然科技资源的情况有关。我国的科技资源管理政策的制定不仅要满足管理的目的，而且需要制定知识产权保护相关的法律和规定，从而促进科技资源的良性健康的发展。

(3) 重视政策法规体系构建

随着科技发展和信息化进程的不断加快，新的科技资源管理相关的政策法规不断出现，如何整合、协调新旧政策法规，构建系统完整的科技资源管理政策法规体系，促进科技活动的健康发展，成为各国科技资源管理政策法规建设的重心。例如在信息资源方面，美国根据不同的政策需求和目标制定了NII、GII与NGI等纲领性的网络信息政策和其他政策法规，内容涉及网络信息活动的方方面面。随着GII的深入，网络信息活动跨越国界产生很多新的问题，如跨国数据流、大众传媒、通信和电子商务的问题。这些问题并不能单独依靠本国网络信息政策法规就能解决，还需要在国际范围内制定多边或全球性的相关政策法规予以协调。再如，世界知识产权组织（WIPO）成员国缔结了《世界知识产权组织版权条约》、《世界知识产权组织表演与唱片条约》；经济与合作发展组织（OECD）

各成员国达成了《中国数据流宣言》；国际电信联盟（ITU）签署了《ITU组织法》，提出实施无线电频率分配，促进全球电信标准化；国际无线电咨询委员会（UIR）制定了全球陆上移动通信系统的统一标准等。这些国际网络信息政策法规与各国信息政策法律共同构成一个完整的网络信息资源管理政策法规体系，推进全球信息化的发展。

发达国家注重对具体政策的制定，多数法律都有配套的实施细则，以保证相关法规和政策措施的落实。例如，国外的信息政策注重分析具体政策所产生的实际效果和影响，是实证研究和案例研究方法的具体应用，如"测度美国《A-130号通告》的效果"、"构建信息政策框架：《千禧年数字版权法》的政治问题"、"在电子政府时代诠释《信息自由法》"等。欧洲委员会十分注意对舆论和政策落实的情况进行各种调查研究，建立各种信息反馈渠道。欧洲共同体委员会自20世纪70年代开始，对舆论进行各种定期和不定期的调查研究，内容涉及公众对共同体组织机构和政策的态度、反映和愿望等，调查包括"欧洲舆论晴雨表"、"欧洲舆论"、"定性研究"等。

下面分别总结在科技发展中占据重要地位的几个国家和地区对科技资源管理制定相关政策和法规的总体概况。

美国没有专门的科技法，也没有"科技进步法"这类原则规定和宏观管理的法律或法规。但在各个具体门类的法律、法规和政策性文件中，既有关于科学技术对国家发展的重要意义及联邦层面主要科技机构的设立等宏观的、关系全局利益的规定，也有各政府机关及其研发机构的有关管理内容的规章制度，这是一套庞大但操作性很强的系统。其中最重要的是美国《信息自由法》和《版权法》，它是美国科技信息共享的法律基础，并将"合理使用原则"作为科技信息资源开发、利用的法律基础。

欧盟的信息政策与其自身的社会属性、联盟特点密切相关，具有3个明显的特点：① 二重性。《马斯特利赫特条约》的签署，标志了欧盟不仅是一个区域国家间的合作组织，更是一个经济、政治、外交、防务等全方位迈向一体化的"大国家"，这样的性质也决定了它的信息政策既具有区域合作组织的特性，又带有国家信息政策的特征。② 合作性。欧盟的特殊性质，决定了其在制定和执行信息政策的时候必须更多地考虑到国家间的协调与合作，只有这样才能更好地促进整个欧洲地区的信息化和信息社会建设。③ 人本性。欧洲人更关注"信息社会"的概念，反映出其以人为本的思想。

日本在科技发展过程中较早地关注到科技资源管理的重要性。1995年"科学技术基本法"出台,规定政府必须每5年制定着眼较长远(10年左右)的科技基本计划,重视科技资源建设与管理的投入。2000年4月出台的"产业技术力强化法"强调国家必须采取措施完善科研设施的建设,促进产学研发展。通过制定法律政策与战略,逐步建立起独具特色的日本科技资源管理体系:独具特色的国立大学共同利用体制、产业技术合作研究体制,以及中央与地方政府共同努力、产学官合作共建科技成果转化平台等强调科技资源开放与共享、力争提高科技资源利用效率的管理体系。

4.1.4 我国科技资源管理政策与法规现状概述

目前,我国法律制度建设正处于不断完善的阶段,面对日新月异的国内外发展环境,法律的触角难以深入社会生活的方方面面。特别在科技领域,法律固有的滞后性特征,使其对科技发展的引导作用大打折扣。因此,国家政策便成为弥补法律缺陷的重要力量。国家政策强有力的导向作用,为我国科技事业的发展提供了前进方向和动力源泉,同时,政策的灵活性又满足了科技发展突飞猛进的多变需求。目前我国科技资源管理政策法规体系建设针对科技资源管理生命周期中的科技资源获取、维护、服务和利用3个环节具有一定的成果。比如针对科技资源获取方面,《中华人民共和国科学技术进步法》、《中华人民共和国专利法》和《专利法实施细则》、《中华人民共和国著作权法》、《著作权法实施条例》、《计算机软件保护条例》、《集成电路布图设计保护条例》、《集成电路布图设计保护条例实施细则》、《中华人民共和国种子法》、《野生动物保护法》等均有相应的规定;针对科技资源维护,《人类遗传资源管理暂行办法》、《实验动物管理条例》、《实验动物质量管理办法》、《国家实验动物种子中心管理办法》、《大型精密仪器管理暂行办法》、《高等学校仪器设备管理办法》、《中央级新购大型科学仪器设备联合评议工作管理办法(试行)》等均有相应的规定;针对科技资源共享和科技成果转化方面,《中华人民共和国科学技术进步法》、《中华人民共和国政府信息公开条例》、《中华人民共和国促进科技成果转化法》等有关法规均有所涉及。但是,目前针对科技资源管理的法规尚不健全,尤其是专门或者直接对科技资源管理进行明确具体规定的法律规范也比较少,存在结构体系不成熟、内容规定不齐备等问题:

(1) 法律规范零散烦琐，法律效力较弱

在我国，有关科技资源管理的法律法规很少，严重影响了科技资源共享和科技进步。目前我国还没有专门针对科技资源管理的法律，例如《科技资源管理法》。现有的科技资源政策管理法规主要是分散在科技法律体系中，在科技法规中，没有将科技资源作为一个重点，只是附带着提出来，相关规定很模糊、不详细。

在现已颁布的相关法律规范中，政策法规体系不完善，配套的实施细则不健全。多数当前存在的法律规范位阶偏低，缺少全国人大及其常委会制定的基本法，本应充实的国务院的行政法规亦不常见，多数规范集中于国务院各部门规章或地方政府规章，甚至还有大量部委以及地方政府的非规范性法律文件，效力等级较低。

此外，现行法规在分布上也不甚均衡，存在大量法律空白地带。科技资源涉及的领域广泛，种类繁多，根据《2004—2010年国家科技基础条件平台建设纲要》，科技基础条件平台建设所涉及的科技资源主要包括研究实验基地和大型科学仪器设备、自然科技资源、科学数据和科技文献等。目前，在大型科学仪器、科学数据领域内有关科技资源管理的部门规章和地方性法规、规章较多，而在自然科技资源等许多领域则缺乏专门性的规定。每一类科技资源又存在不同的领域和种类，以自然科技资源为例，主要涉及农业、林业、卫生、气象、矿产、海洋等领域，包括动物、植物种质资源，微生物菌种、人类遗传资源，标准物质、实验材料、岩矿化石标本和生物标本等资源。在关于自然科技资源共享的规定中，有关动植种质资源等方面的规定较为完备，而诸如岩矿化石标本、人类遗传资源、微生物资源、畜牧资源等领域至今没有相关的立法，至多只有科技资源持有者的内部操作规则。

(2) 立法精准性不足，操作性较差

我国现行的与科技资源相关的法律法规，大多是在计划经济时期和向市场经济过渡时制定的。通过对这些法规内容的分析和实际应用状况的判别大致可以发现，其中大多数的法律法规侧重实体法规定，缺少程序法规定；重于公法调整，疏于私法规制；重视法律义务的确认，轻视法律权利的赋予；侧重国内法制法规，缺少国际法合作；原则性规定居多，具体性规定不足；主观性规定突现，客观性规定欠缺等。一些比较先进的科技资源管理政策法规处于初步制定和试行阶段，难免存在很多缺陷与不完善之处。有关的法律条文比较含糊，特别是关于违法责任的规定不甚明确，有些甚至鲜有涉及。例如，《国家分析测试中心管理暂行办法》规定，大型精密仪器平均综合使用效率不低于 60 分，至于如何评价使用效率以及不达标的后果，均没有相关的规定，缺乏可操作性。

法律本身的缺陷会导致其执行不力，兼之处罚措施难以落实，最终势必打消执行者的积极性，不利于法律体系的长远发展。许多地方性法规、部门规章、地方政府规章以及其他规范性文件中虽常见有关科技资源管理的规定，但这些规定仍然缺乏切实的操作性。主要表现在对科技资源管理的内容和对象缺少明确的界定，对科技资源管理的具体机制没有系统性的设计，对科技资源管理的主体及其权利义务规定不明。某些法律法规已经出台很长时间，但相应的实施办法、实施细则却迟迟未能制定，使政策法规不配套，也增加了实际操作的难度。

（3）政策法规滞后，法律体系内部存在矛盾

科技资源的生成、利用、维护、转化、共享等现象由来已久，但相关的政策法规却起步较晚，许多专门的法律规范至今仍未出台。即便是已经颁布实施的若干科技资源管理领域的法律规范，也往往是对现实中亟待解决问题的补救，缺乏必要的前瞻性。政策法规的滞后非但难以为科技资源管理活动提供强有力的制度保障，反而会阻碍科技资源的有效利用和持久发展。例如，数据库从产生到发展已经经历了很长一段时间，我国现有法律条款中还没有提到"数据库"这一概念，数据库只是归入"汇编作品"加以保护。欧盟制订了"数据库保护指令"，日本制订了《关于数据库服务的中间报告》，都为数据库提高了有效的政策保护。在数据库保护方面，我国明显滞后。

现行法规之间存在一些矛盾，使得在执行法规时存在一些盲点。如《政府信息公开条例》与《档案法》的矛盾与冲突非常突出。归档是政府信息与档案信息的分水岭。在归档之前，它是以政府信息的形式存在的，而归档之后，就成为政府档案。在归档之前，政府信息是由政府机关自己保存的，归档之后，就归各级档案馆来保存了，相应地，就要由档案法来调整。从我国的档案法及其实施办法的规定内容上看，更多的是强调保存，对于档案的开放和利用则限制过多，规定严格。根据该法规定，只要行政机关的信息材料形成档案，原则上 30 年内不得公开。法律的滞后或不协调为某些行政机关规避政府信息公开提供了借口。实践中，有些行政机关往往就以政府文件已归档、是否允许查阅须经档案部门同意为由，拒绝提供政府信息。

此外，科技资源的概念是发展的，随着人类资源获得和利用技术的进步和社会经济发展，其范围也将发生相应变化。例如，目前我国自然科技资源的立法模

式实行的是针对不同种类、各部门进行单项的立法,而没有按照自然科技资源共同属性要求进行综合性系统法制建设,使自然科技资源科学界定和范围变化领域产生新的法律空白,从而造成立法浪费。同时,潜在的自然科技资源(如植物种质资源、动物种质资源和微生物菌种资源)在自然生态系统中总是出于一种相互协调、相互依赖的共同进化过程之中,对其中一种资源的保护或收集都必然影响到预期共生的其他资源的生长状态及采集。由于我国现有的自然科技资源法律及行政法规、规章之间的调整对象交叉,法律效力层次混乱,执法权争夺或推诿,部门利益冲突严重,综合部门作用发挥不足,一些法律法规已经成为个别部门扩张权利、维护自身利益、提供其利益保障的工具和手段。

我国的科技资源政策法规体系的建设是一个艰巨的任务,不可一蹴而就,需要根据我国科技的发展的现状和未来的规划,在现有法律法规的基础上,不断借鉴国外的成功经验,避免国外建设中的不足,逐步建设成体系完善、立法精准、便于操作的具有中国特色的科技资源管理政策法规体系(表4-1)。以下将进一步集中对目前我国综合性的国家政策法规中涉及科技资源管理的部分进行简要归纳,以此梳理我国在国家政策法规层面上对科技资源管理的基本思路和指导方向。

(1)《中华人民共和国科学技术进步法》

《中华人民共和国科学技术进步法》(以下简称《科技进步法》)是我国科技领域具有基本法律性质的重要法律。围绕科技活动各个环节,《科技进步法》均提出了原则性的法律指导意见。科技资源管理是科技活动的重要组成部分,因此,《科技进步法》对科技资源管理各环节均在宏观上做出了指导意见或制度安排。2007年,我国对《科技进步法》进行了修订,针对当前制约我国科技进步的制度性问题,进行了一系列体制、机制和制度方面的创新,该法第46条、第64条、第65条、第68条对有关管理部门、资源管理单位、资源使用者的权利、义务、责任进行了明确规定,构建了科技资源共享制度的基础,为开展平台建设工作提供了最重要的法律依据,对加强科技基础能力建设、优化科技资源配置、促进全社会自主创新具有十分重要的意义。

(2)《国家中长期科学和技术发展规划纲要(2006—2020年)》

《国家中长期科学和技术发展规划纲要(2006—2020年)》(以下简称《科技规划纲要》)提出"自主创新、重点跨越、支撑发展、引领未来"的科技发展的指导方针,对我国未来15年科学和技术发展做出了全面规划与部署,是新时期指导我国科学和技术发展的纲领性文件。《科技规划纲要》共分10个部分，分别为序言、指导方针、发展目标和总体部署、重点领域及其优先主题、重大专项、前沿技术、基础研究、科技体制改革与国家创新体系建设、若干重要政策和措施、科技投入与科技基础条件平台、人才队伍建设；确定了11个重点领域、68项优先主题、4个重大科学研究计划、5大人才建设目标、8个技术领域的27项前沿技术、18个基础科学问题、9大政策措施以及16个重大专项。《科技规划纲要》第九部分集中对科技投入与科技基础条件平台建设做出了部署，具体分4方面：一是建立多元化、多渠道的科技投入体系；二是调整和优化投入结构，提高科技经费使用效益；三是加强科技基础条件平台建设；四是建立科技基础条件平台的共享机制。在科技投入方面，提出要着力于强化科技投入能力，从物质、资金角度给予科技发展强有力的支撑。通过国家财力之保障，推进科学技术发展进程，加快发展速度，加速科技成果产出和积累，进而丰富我国科技资源储备。

为深入贯彻实施上述《科技规划纲要》，营造激励自主创新的环境，推动企业成为技术创新的主体，努力建设创新型国家，2006年国务院又专门发布了"关于实施《国家中长期科学和技术发展规划纲要（2006—2020年)》若干配套政策的通知"（以下简称《科技规划纲要配套政策》)。该配套政策共60条，分别从科技投入、税收激励、金融支持、政府采购、引进消化吸收再创新、创造和保护知识产权、人才队伍、教育与科普、科技创新基地与平台、加强统筹协调等10个方面详尽表明国家在相关层面的指导意见。

针对科技资源领域的政策主要体现在《科技规划纲要配套政策》第九、第十两个部分。《科技规划纲要配套政策》指出，要加强实验基地、基础设施和条件平台建设。围绕经济社会发展和国家安全的重大战略需求，在新兴交叉前沿领域的战略空白领域建设若干学科交叉、综合集成、机制创新的国家实验室。以国家实验室、国家重点实验室、国家工程实验室、国防科技重点实验室、国家工程（技术研究）中心、企业技术中心或研究开发中心等为依托，组织实施重大自主创新项目，吸引和凝聚高水平人才，推动项目、基地、人才的有机结合。重点建设一批科研基础设施和大型科学仪器、设备共享平台、自然科技资源共享平台、科学数据共享平台、科技文献共享平台、成果转化公共服务平台、网络科技环境平台等，全面加强对自主创新的支撑。推进科技创新基地与条件平台的开放共享。扩大科技创新基地与条件平台向全社会的开放，建立和完善国家科研基地和科研基础设施向企业和社会开放共享的机制和制度。把面向企业和社会提供服务，作为考核其运行绩效的重要指标。建立和健全合理配置科技资源的统筹机制，完善财政部门与科技等部门科技资源配置的协调机制。完善统计方法，提高研究与开发统计数据质量。强化科技预算的执行监督，确保财政科技投入目标的实现。建立创新资源配置的信息交流制度，防止重复立项和资源分散、浪费。

（3）《2004—2010年国家科技基础条件平台建设纲要》

2004年7月初，由中国科学技术部、国家发展和改革委员会、教育部、财政部联合制定的《2004—2010年国家科技基础条件平台建设纲要》（以下简称《平台建设纲要》）正式发布。作为国家科技基础平台建设的纲领性文件，《平台建设纲要》的发布对平台建设起到重要的指导作用。《平台建设纲要》指出，国家科技基础条件平台建设是充分运用信息、网络等现代技术，对科技基础条件资源进行的战略重组和系统优化，以促进全社会科技资源高效配置和综合利用，提高科技创新能力。国家科技基础条件平台建设的首要原则是"突出共享，制度先行"，即以资源共享为核心，打破资源分散、封闭和垄断的状况，积极探索新的管理体制和运行机制。加快推进制定和修改有关法律、法规、规章和标准，理顺各种关系。平台的主要任务之一是"建立以共享为核心的制度体系。制订、公布《科技资源管理法》，加快推进修改、制定一系列配套的法律、法规、规章和标准，明确各相关主体的责任、权利和义务，建立和完善激励机制和评估监测机制，推进管理方式创新，创造公共资源公平使用的法制环境"。平台建设的重点包括5项：研究实验基地和大型科学仪器、设备共享平台、自然科技资源共享平台、科学数据共享平台、科技文献共享平台、成果转化公共服务平台。

2005年7月18日，科技部、财政部、国家发展与改革委员会、教育部共同发布了《"十一五"国家科技基础条件平台建设实施意见》（以下简称《实施意见》），明确提出"到2010年，建立与平台建设和管理相适应的政策法规和制度规范，初步形成以共享为核心的制度框架；搭建由研究实验基地和大型科学仪器设备共享平台、自然科技资源共享平台、科学数据共享平台、科技文献共享平台、成果转化公共服务平台和网络科技环境平台等6大平台为主体框架的国家科技基础条件平台，为各类科技创新活动提供公平竞争的环境，使全社会成员都能享受到科技进步的成果。"

《实施意见》主要目标包括：建成资源丰富、面向社会开放的重要科技基础条件资源的信息平台，率先实现资源信息共享；建设和完善区域大型科学仪器设备协作共用网，推动全国仪器设备资源高效利用；新建一批大型科技基础设施，整合、优化各类重点实验室，初步形成国家研究实验基地；建成以20余个资源、环境等领域的观测、考察数据中心和科学数据网为主构成的科学数据共享平台；实现外文科技期刊网上资源种类占国际主要科技期刊资源的50%以上，实时服务系统延伸到县市；在自然科技资源领域，农作物、林木、微生物等种质资源保存率和利用率实现大幅度提高；建成全国统一规范的科技成果与技术交易信息平台，在能源、材料、制造业等重点行业建立共性技术服务平台，为国家支柱产业的创新和发展提供技术支撑。

(4)《国民经济和社会发展第十二个五年发展规划》

《国民经济和社会发展第十二个五年发展规划》提出坚持把科技进步和创新作为加快转变经济发展方式的重要支撑。要深入实施科教兴国战略和人才强国战略，充分发挥科技第一生产力和人才第一资源作用，提高教育现代化水平，增强自主创新能力，壮大创新人才队伍，推动发展向主要依靠科技进步、劳动者素质提高、管理创新转变，加快建设创新型国家。深化科技体制改革，促进全社会科技资源高效配置和综合集成。重点引导和支持创新要素向企业集聚，加大政府科技资源对企业的支持力度，加快建立以企业为主体、市场为导向、产学研相结合的技术创新体系，使企业真正成为研究开发投入、技术创新活动、创新成果应用的主体。建设和完善国家重大科技基础设施，加强相互配套、开放共享和高效利用。围绕增强原始创新、集成创新和引进消化吸收再创新能力，强化基础性、前沿性技术和共性技术研究平台建设，建设和完善国家重大科技基础设施，加强相互配套、开放共享和高效利用。在重点学科和战略高技术领域新建若干国家科学中心、国家（重点）实验室，构建国家科技基础条件平台。在关键产业技术领域建设一批国家工程实验室，优化国家工程中心建设布局。加强企业技术中心建设，支持面向企业的技术开发平台和技术创新服务平台建设。深入实施全民科学素质行动计划，加强科普基础设施建设，强化面向公众的科学普及。

(5)《国家"十二五"科学和技术发展规划》

《国家"十二五"科学和技术发展规划》提出"十二五"科技发展的总体思路是：深入贯彻落实科学发展观，坚持"自主创新，重点跨越，支撑发展，引领未来"的指导方针，以科学发展为主题，以支撑加快经济发展方式转变为主线，以提高自主创新能力为核心，深化改革开放，深入实施《科技规划纲要》，着力攀登科技发展制高点，着力促进产业结构优化升级，着力满足改善民生的重大科技需求，着力提升科技创新基础能力，着力培养造就创新型科技人才队伍，全面推进国家创新体系建设,实现我国科技发展的战略性跨越,为进入创新型国家行列奠定坚实基础。同时,该规划还对科技资源特别是科技条件资源管理做出了部署。主要包括以下内容:① 加强科技条件资源的开发应用。以新原理、新方法为突破口,研发若干前沿重大科研仪器设备。集中力量攻克若干科学仪器设备核心技术和关键部件,研发一批重要通用科学仪器,提升科学仪器设备产业的核心竞争力。加强科学仪器的小型化、专用化研究,加快推进具有自主知识产权科学仪器的应用示范和产业化。着力推动科研用试剂、优势实验动物资源、实验动物新品种(系)的开发与应用,加强重要分析测试技术研究和应用。加强科技文献领域的关键技术研究和应用。建立高精确度和高稳定性的计量基标准和标准物质体系,加强面向战略性新兴产业发展、民生改善以及其他重点领域的计量基标准、计量方法与计量测试技术研究。加强科学思维、科学方法和科学工具研究,强化创新方法的应用推广。加强科技条件资源的质量保障体系建设,推动科技条件资源管理的规范化和制度化。② 推进科技平台建设和开放共享。进一步完善科技基础条件平台和技术创新服务平台的建设布局,强化支撑服务能力建设,更加突出平台的开放运行和为研发创新提供公共服务的能力。在信息、生物、新材料、航空航天、能源、海洋、节能减排等重点领域以及新兴、前沿和交叉学科领域,推动多学科交叉集成、面向社会开放服务的共享平台建设。继续加强科学仪器设备、计量基标准装置、科技文献、科学数据、网络科技环境、自然科技资源等各类科技资源的整合和开放共享。建立健全平台运行服务的评价体系、管理模式和支持方式。鼓励科研院所、高等学校向社会开放科技资源。加快科技资源开放共享网络建设,构建国家科技资源调查的长效机制,加强科技资源整合与共享的标准化工作。按照分层建设、分级管理的要求,加速中央和地方优质资源的衔接互动。

(6)《科研条件发展"十二五"专项规划》

《科研条件发展"十二五"专项规划》提出"十二五"科研条件发展要围绕"十二五"科技发展的战略任务,以支撑科技进步和创新为主线,以促进科研条件优化配置和高效利用为核心,以体制机制创新为动力,着力优化科研条件系统布局,着力增强科研条件创新能力,着力推进科研条件开放共享,着力强化科研条件质量保障,着力加强科研条件队伍建设,大幅提升科研条件整体水平,为加快推进自主创新和建设创新型国家提供坚实保障。在战略部署上,按照"统筹协调、强化支撑、自主研发、开放共享"的思路,不断加强和改进科研条件建设工作。在统筹协调方面,要强化科研条件发展的宏观管理,加强中央各部门之间、

第4章 科技资源管理政策与法规

中央与地方之间、军民之间在科研条件建设上的协调，促进科研条件基地建设与人才、项目的有机衔接；在强化支撑方面，要面向基础研究和前沿技术领域，前瞻部署一批重大科技基础设施和研究实验基地，围绕国家重大科技专项、培育发展战略性新兴产业和区域创新发展的重大需求，进一步增强科研条件的支撑服务能力；在自主研发方面，把科研条件自主研发作为自主创新的重要任务，着力开发具有自主知识产权的科学仪器设备，掌握科研条件发展的关键核心技术，为提升原始创新能力和产业核心竞争力提供重要保障；在开放共享方面，要完善科研条件开放共享机制，加强资源整合，盘活存量，强化公共服务，促进科研条件的优化配置和高效利用。在发展目标上，提出到2015年我国科研条件发展的总体目标：科研条件规模和质量进一步提升，自主研发能力明显提高，基本建成布局合理、功能完善、运行高效的科研条件体系，支撑科技进步与创新的能力显著增强。

表4-1 我国科技资源管理政策法规表

法律类型	法律名称	制定和实施状况	与科技资源管理的关系	制定的内容要点
基本法律	《中华人民共和国科学技术进步法》	1993年7月2日颁布，修订版于2008年7月1日正式实施	科技资源管理的基本法律	我国科技领域一部具有基本法律性质的重要法律。首次引入科技资源共享制度
	《中华人民共和国促进科技成果转化法》	1996年5月15日颁布	科技资源管理相关的法律	
	《中华人民共和国保守国家秘密法》	1988年9月5日颁布	科技资源管理相关的法律	
	《中华人民共和国专利法》	2000年8月25日最新修订	科技资源管理相关的法律	
	《中华人民共和国著作权法》	1990年9月7日颁布	科技信息资源管理相关的法律	旨在保护文学、艺术和科学作品作者的著作权，以及与著作权有关的权益
	《中华人民共和国档案法》	1997年7月5日最新修订	科技信息资源管理相关的法律	
	《中华人民共和国电子签名法》	2004年8月28日颁布	科技信息资源管理相关的法律	第一部真正意义上的信息化法律，规范电子签名行为，解决数据电文和电子签名的法律效力问题

续表

法律类型	法律名称	制定和实施状况	与科技资源管理的关系	制定的内容要点
基本法律	《中华人民共和国农业法》	1993年7月2日颁布，2002年12月28日最新修订	自然科技资源管理相关的法律	对种植业、林业、畜牧业和渔业的生产、经营、流通和保护工作进行了详细规定
	《中华人民共和国种子法》	2000年7月8日颁布	自然科技资源管理相关的法律	
	《中华人民共和国森林法》	1984年9月20日颁布，1998年4月29日最新修订	自然科技资源管理相关的法律	
	《中华人民共和国草原法》	1985年6月18日颁布，2002年12月28日最新修订	自然科技资源管理相关的法律	
	《中华人民共和国野生动物保护法》	1988年11月8日颁布	自然科技资源管理相关的法律	
行政法规	《中华人民共和国专利法实施细则》	2002年12月28日国务院最新修订	科技资源管理相关的行政法规	
	《中华人民共和国政府信息公开条例》	2008年5月1日实施，国务院颁布	科技信息资源管理相关的行政法规	主要规定了政府信息公开的立法宗旨，政府信息的法律定义，政府信息公开的总体要求，政府信息公开的范围、方式和程序，政府信息公开的监督和保障
	《中华人民共和国农业转基因生物安全管理条例》	2001年5月9日国务院颁布	自然科技管理相关的行政法规	
	《中华人民共和国种畜禽管理条例》	1994年4月15日国务院颁布	自然科技管理相关的行政法规	
国家政策	《国家中长期科学和技术发展规划纲要（2006—2020年)》	2005年12月31日	科技资源管理相关的国家政策	规划纲要对我国未来15年科学和技术发展做出了全面规划与部署，是新时期指导我国科学和技术发展的纲领性文件
	《国家科委关于加强信息资源建设的若干意见》	1997年4月	科技信息资源管理相关的国家政策	对于科技信息资源共享有所论述，指出要"充分利用现有国家公共通信平台和网络，完善自身网络节点，积极推进信息资源共享计划"

续表

法律类型	法律名称	制定和实施状况	与科技资源管理的关系	制定的内容要点
国家政策	《关于进一步增强原始性创新能力的意见》	科技部联合教育部、中国科学院、中国工程院、国家自然科学基金委员会下发	科技信息资源管理相关的国家政策	把建立科学数据共享机制作为增强原始性创新能力的重要环节
	《2004—2010年国家科技基础条件平台建设纲要》	2004年7月初中国科学技术部、国家发展和改革委员会、教育部、财政部联合制定发布	科技资源管理相关的国家政策	《纲要》指出国家科技基础条件平台建设是科技基础条件资源进行的战略重组和系统优化，促进全社会科技资源高效配置和综合利用，提高科技创新能力
	"十一五"国家科技基础条件平台建设实施意见	2005年7月18日，科技部、财政部、国家发展与改革委员会以及教育部共同发布	科技资源管理相关的国家政策	明确提出到2010年，建立与平台建设和管理相适应的政策法规和制度规范，初步形成以共享为核心的制度框架
	中央级新购大型科学仪器设备联合评议工作管理办法（试行）	2004年4月14日，财政部、科技部、教育部、中国科学院联合发布	大型科学仪器管理相关的国家政策	从源头逐步解决中央级大型科学仪器设备建设和管理中存在的条块分割、自我封闭、使用效率低下问题
	大型精密仪器管理暂行办法	1982年3月20日国家科委发布	大型科学仪器管理相关的国家政策	对大型科学仪器管理的各个方面。例如设备进口审批、资产管理、计划管理、协作共用（包括收费，奖励）、修理和技术人员都进行了较为详细的规定，具有明显的时代和计划经济的特点

4.2 科学仪器设备资源管理政策与法规

4.2.1 国外科学仪器设备管理政策与法规

4.2.1.1 美国的政策法规

美国政府部门对仪器设施的管理依据是《联邦采购法》和行政管理和预算局（OMB）发布的相关通告。《联邦采购法》中对项目承担方所占有的政府资产

（包括仪器）规定了基本原则、责任和义务。基本原则包括最大程度地消除项目承担方因占有政府资产所带来的竞争优势，避免不公平竞争；项目承担方必须最大程度的利用政府资产来履行合同内容，并依据政府资产管理标准对政府资产进行管理；主要责任和义务包括依据相关要求对政府资产进行登记，管理制度须经相关联邦政府部门批准，应对政府资产的丢失、损坏和不正当使用负责等。美国宪法制定的联邦行政机构法决定了联邦政府各机构的职能，各机构根据其职能制定年度计划和预算法案（其中包括科学仪器设施的资金预算），并报 OMB 汇总称为联邦下一年度预算案，国会对其进行听证辩论，通过后经总统签署，即成为总统年度拨款授权法。各机构的预算数额和用途在拨款授权法中规定。由于预算由美国国会统一审批，因此在一定程度上避免了重复投资，尤其是一些数额较大的大型仪器和大型设施。另外，对于科学仪器设备等的采购，要符合《联邦采购法》。白宫管理与预算办公室制订了经费管理条例，包括科研仪器设施及其经费的管理，如 OMB 通告 A-11 第三部分"固定资产的计划、预算、采购"，以及第三部分的补充"资产计划指南"；OMB 通告 A-123、A-127、A-130、A-110 通告《关于对高等教育机构、医院及非营利机构给予资助的统一管理要求》，为仪器设备的经费管理提供了最基本的法律依据。美国各个政府部门也对自己所管辖的科学仪器设施等制订了管理法规，例如美国国家科学基金会的《设施监管指南》、美国农业部的《研究设施法》、美国航空航天局的《设备管理指南》、国家标准和技术研究院的《设施管理指南》、能源部的《寿命期的资产管理》等。除政府机构外，科学仪器和设备的依托单位对仪器也都制定了非常详细的管理条例，如各大学都制定了相关的政策和管理指南，如哈佛大学的设备管理指南（Equipment Manual）与南加州大学的设备政策和程序（Equipment Policies & Procedures）等。其他研究机构也都有相关的科学仪器设施管理规定，如能源部 Lawrence Livemore 国家实验室、Los Alamos 国家实验室等的承包方—加利福尼亚大学制定了《采购标准惯例》，对实验室承包合同中涉及的政府资产做出了管理规定。

  美国很重视科学仪器的投资，很多法规明确提出要加大对科学仪器设备的投资、提高资金使用的透明度、扩大资金来源以及避免重复投资等。如《1998 年高等教育机构研究设施现代化法》指出："在许多高校内实施的国家研究和相关教育项目因落后过时的研究场所和设施，以及缺乏足够的资源以维修、更新和替换而不得不中断，国家必须在全国范围内鼓励对研究设施的再投资"，并要求联邦政府、州及地方政府制定政策并进行项目合作，使国家对稀有资源的投资会得到最大的回报。《2002年美国国家科学基金会授权法》甚至对下一年度的设施投资及增长率做出了规定。农业部的《竞争性、特殊和设施研究拨款法》要求农业部长每年拨款资助研究场所和仪器的改造、修缮、购买等，还规定农业研究仪器要有非联邦配套资金，用现金支付，另外一些法规还指出科研设施不能重复购置，如农业部的《研究设施法》要求"农业研究设施在州和地区内与各大专院校、非营利机构和研究服务机构的设施是互补而非重复的"。

在大型科技仪器设备共享服务方面，美国制定的很多法规都明确规定科研仪器要开放共享。如1995年克林顿发布了总统决定令（PDD、NSTC-5）"联邦实验室改革指导方针"责成有关部门协调实验室资源，避免不必要的浪费。再如《联邦采购法》要求项目承担方占有的政府资产最大程度地在联邦部门内部再利用；能源部《寿命期的资产管理》要求现场管理局与能源部各部门协调多余仪器、设施的再利用；《生命基因组研究法》指出，应该鼓励大学、实验室和产业界对生命基因组设施的共享。《标准文献数据法》指出，在进行标准文献数据收集、编辑、出版的过程中，在征得对方同意的前提下，要尽可能利用其他机构的设施和联邦政府、州政府等的仪器设施。A-110通告中指出，可将仪器用于其他联邦资助的活动，并制定了优先顺序。

4.2.1.2 日本的政策法规

国立大学共同利用体制是日本独特的科研设备设施共享与研究交流合作体制。日本1949年颁布《国立学校设置法》（2003年改为《国立大学法人法》），对设立大学共同利用机关以及作为大学共同利用设施的大学附设研究所及研究设施给予政策上的支持。

20世纪70年代日本开始集中兴建世界一流的尖端大型科研设施。1986年日本政府制定《科学技术政策大纲》，将"加强科技振兴基本条件建设"作为推进科技政策的重要措施，有力促进了大科学装置建设及其共同利用的发展。1996年日本推出的第1期科技基本计划（1996—2000年），提出加大政府对研究开发基本条件建设给予必要的资金倾斜，促进尖端先进科学研究设施设备的产学官广泛共同利用及国际合作交流等。

日本高度重视尖端大型科学仪器设备的共享与利用。2006年8月，日本修订了《关于促进特定尖端大型研究设施共同利用的法律》，要求为Spring-8及2012年建成的下一代超级计算机创造公平与高效利用的环境。日本文部科学省于2005年和2007年分别设立"尖端大型研究设施战略利用计划"和"尖端研究设施共同促进创造计划",安排相应预算促进尖端研究设施的共同共享研究活动。

4.2.1.3 韩国的政策法规

韩国通过立法来保障科研仪器设备向社会开放共享。法规包括:《协同研究开发促进法》、《科学技术革新特别法》、《技术开发促进法》、《基础科学振兴研究振兴法》、《产业技术研究组合育成法》、《韩国科学技术院法》、《光州科学技术院法》、《产业技术基础法律》、《计量及检测法规》、《获得科学器材及共享的规定》等。其中,《协同研究开发促进法》第8条规定,从国家、地方政府或政府投资机构得到所需运营经费的大学或研究所在对该机构业务没有影响、收取费用的情况下,该机构拥有的研究开发设施和器材应允许其他单位使用。

4.2.2 我国大型科学仪器管理法规

原国家科委于1982年制定了《大型精密仪器管理暂行办法》。该暂行办法确立了大型精密仪器分级管理制度,由国家科委统一管理若干种通用的、贵重的大型精密仪器,国务院各部门和省、市、自治区科技主管部门分别管理本部门和本地区的大型精密仪器。另外,该暂行办法还着重强调了大型精密仪器设备的协作共用理念,为充分发挥大型精密仪器的使用效率,由各级科技主管部门负责组织好专管共用、地区协作网等多种形式的协作共用。对于共用费用,采取低收费原则,一般只收直接消耗费和少量管理费。协作共用所收费用不上交,留归本单位用于消耗性原材料、试剂、易损零配件及燃料、水、电等项开支。

高等院校作为我国开展科技活动的重要支撑,掌握着大量科学仪器设备。为了进一步加强对高等学校仪器设备的管理,提高使用效益,使其更好地为教学、科研服务,教育部于2000年在广泛征求意见的基础上,组织了对1984年颁布的《高等学校仪器设备管理办法》的修订工作。该办法指出,学校仪器设备的管理,应充分挖掘现有仪器设备潜力,重视维护维修、功能开发、改造升级、延长寿命的工作。鼓励自制新型教学、科研仪器设备,并经技术鉴定合格后登记。仪器设备在使用中应保持完好,做到合理流动、资源共享。杜绝闲置浪费、公物私化。对于贵重仪器设备的使用和管理,该办法指出,仪器设备要逐台建立技术档案,要有使用、维修等记录。要按照国家技术监督局有关规定,定期对仪器设备的性能、指标进行校检和标定,对精度和性能降低的要及时进行修复。在仪器使用效率方面,提倡高等学校仪器设备实行专管共用、资源共享。尽量共享外单位已有的仪器设备,避免出现区域性仪器设备的重复购置。学校仪器设备在完成本校教学、科研任务的同时，要开展校内、校际和跨部门的咨询、培训、分析测试等协作服务工作，努力提高仪器设备的使用率。

《中央级新购大型科学仪器设备联合评议工作管理办法（试行）》对从源头上逐步解决中央级大型科学仪器设备建设和管理中存在的条块分割、自我封闭、使用效率低下等问题起到了很好的示范作用，上海、重庆、江苏、中科院等部门和省市也制定了各自的省部级大型科学仪器联合评议工作办法，在中央财政和地方财政上都对重复购置起到了一定的遏制作用。

4.3 科技信息资源管理政策与法规

4.3.1 科技信息资源管理国际公约

科技信息资源管理相关的国际公约主要从知识产权保护、科学数据管理和信息开放共享等方面对资源进行管理和使用行为的约定。

4.3.1.1 知识产权保护方面的国际公约

促进信息资源的广泛应用，保护信息资源的知识产权和公众对信息资源应用的权利间的平衡，是国际组织在信息资源政策和战略决策中的出发点。在知识产权保护方面，已经通过的最重要的国际公约主要有以下5个：《保护工业产权巴黎公约》、《保护文学艺术作品的伯尔尼公约》、《与贸易有关的知识产权协议》（TRIPS）、《世界知识产权组织版权条约》（WCT）、《世界知识产权组织表演和录音制品条约》（WPPT）。上述5个公约，除了TRIPS是由世界贸易组织（WTO）管理以外，其余4个公约都是由世界知识产权组织（WIPO）管理。

世界知识产权组织版权条约于1996年12月20日关于版权和邻接权若干问题的外交会议在日内瓦通过。这个条约的第5条规定：数据或其他资料的版权无论采用任何形式，只要由于其内容的选择或排列构成智力创作，其本身即受到保护。这种保护不延及数据或资料本身，也不损害汇编中的数据或资料已存在的任何版权。

4.3.1.2 科学数据管理方面的国际公约

对于科学数据库来说，保护是手段，在保护的基础上推动更广泛的应用和共享是国际组织努力的目标。国际组织在保护信息资源知识产权基础上，十分重视信息资源共享的政策保障问题，通过各种有效途径和政策调整，在征集多国签字的国际协议方面做出了很大的努力，更重要的工作是要求成员国认定对公共领域科学研究数据"完全与开放"数据政策的承诺，在很大程度上推进了信息资源的开放和共享。

该承诺是对国际法的一种补充，首先提出科学数据"完全与开放"政策并通过立法保障该政策实施的是美国1990年11月国会通过的"1990年美国全球变化研究法案"，此后，与科学数据相关的国际组织先后强调应加强这个政策的观测实施，这些组织包括：世界气象组织：重申在成员间对基本气象数据和产品实行自由和无限制的国际交换，第二届国际气候大会科学与技术宣言（1990年）：数据应该以不高于复制和散发成本的费用向社会开放；国际地圈与生物圈委员会（IGBP）、国际科学联合会（ICSU）：数据应该以尽可能最低的价格提供给用户，数据顶级的第一原则不能高于数据复制和分发所发生的费用；国际地球观测卫星委员会（1990年）：应该向国际社会提供无歧视的、完全的数据服务；经济合作与发展组织（OECD）（1991年）：要促进环境数据和信息的完全与公开交换；全球变化研究美洲研究所协议（1992年）：促进完全、开放和有效的数据与信息交换；联合国21世纪议程（1992年）：在科学家和决策者之间，实行数据和信息的完全、公开的共享；国际气候变化框架协议（1992年6月）：促进完全、公开及时的信息交换；国际地球观测卫星委员会决议（1992年12月）：卫星数据应该对从事全球变化研究、气候与环境研究及检测的所有用户实行无歧视的开放；全球气候观测系统组织（GCOS）（1993年1月）：要确保全球气候观测系统数据在非商业的科学与应用领域实现无限制的国际交换，数据应该以尽可能低的价格提供给用户；联合国政府间海洋委员会（IOC）全球海洋计划数据管理政策：促进对满足质量要求的海洋数据的完全与公开的共享。本着完全与公开原则，数据应该以尽可能低的价格提供给海洋研究人员，定价的第一原则是不超过满足特定用户要求所发生的复制和邮寄费用；全球气候计划政府间会议（1993年4月）：为数据标准化、数据的完全和公开交换建立国际协作框架；国际社会科学学会全体会议，社会科学数据管理政策（1994年12月）：根本目标是所有数据库，对所有社会科学家，实行完全与公开的共享；国际政府间海洋委员会（1995年6月）：急需倡导快速、完全、公开的数据交流；国际科学联合理事会（ICSU）（1996年9月）：提倡为科学和教育为目的，完全与开放共享科学数据和信息应该作为国际科联的政策和基本原则；世界经济合作组织（OECD）（2004年

1月):公共基金资助产生的科学研究数据要实施开放共享。

4.3.1.3 信息资源开放获取方面的国际公约——柏林宣言

《柏林宣言》是德国最大的科研机构——马克斯·普朗克科学促进学会(简称马普学会)发起,由来自德国、法国、意大利等多国科研机构于2003年10月在柏林联合签署。根据布达佩斯开放存取计划(Declaration of the Budapest Open Access Initiative),ECHO宪章(ECHO Charter)和百事达宣言(Bethesda Statement on Open Access Publishing)的精神,我们起草此柏林宣言,意在将因特网作为全球科学知识的基地和人类思考的重要设施,提供给研究政策制定者、研究机构、资金代理商、图书馆、档案馆和博物馆需要考虑的各种措施。

《柏林宣言》全称为《关于自然科学与人文科学资源的开放使用的柏林宣言》,旨在利用互联网整合全球人类的科学与文化财产,为来自各国的研究者与网络使用者在更广泛的领域内提供一个免费的、更加开放的科研环境。宣言呼吁向所有网络使用者免费开放更多的科学资源,"以促进更好地利用互联网进行科学交流与出版"。

该宣言的主要内容包括4个方面,即鼓励科研人员与学者在"开放使用"原则下公开他们的研究工作;鼓励文化机构通过在互联网上提供他们所拥有的资源来支持"开放使用";用发展的手段和方法来评估"开放使用"对促进科研的贡献,以维护在此过程中确保质量和良好的科学实践标准;支持对诸如公开发行出版物等在宣传和使用价值上进行重新评估。

德国的马普学会、弗劳恩霍夫研究所、莱布尼茨科学联合会以及法国国家科学研究中心、欧洲科学院等科研机构与一些国家的图书馆和大学及网络机构已经签署了《柏林宣言》,他们期待更多机构加入签署该宣言的行动。中国科学院和国家自然科学基金委员会此举即是中国科学机构对《柏林宣言》的积极响应。中国科学院院长路甬祥和国家自然科学基金委员会主任陈宜瑜分别代表各自机构,在北京签署《柏林宣言》,以推动中国科学资源实现全球科学家共享。

4.3.2 国外科技信息资源管理政策与法规

信息政策与法规适用于科技信息资源的管理。这里,重点针对国外科技信息资源管理相关的信息政策与法规,以及专门针对科技信息资源管理的政策进行归纳整理。

4.3.2.1 美国的政策法规

目前，美国信息政策和法规已经形成了一个广度和深度兼具的体系，从总体上看，这些政策法规主要围绕信息的开放与获取、信息的建设与利用、信息安全、知识产权等几个方面展开。

（1）信息的开放与获取

美国国会和行政部门颁布了一系列政策加强公众获取政府信息的能力，其中最重要的有《信息自由法》、《A-130号通告》和《保藏图书馆计划》。近期美国在关于政府资助研究所产生的科技资源（研究数据和出版物）的公开获取上采取了更为严格的政策。2010年5月5日在美国国家科学理事会上，国家科学基金会（National Science Foundation，NSF）官方发表声明，表示要改变当前的共享研究数据政策。大致从2010年10月起，NSF将要求所有申请NSF资助的项目计划要以两页补充文件形式提交研究项目的数据管理计划，同时必须对该计划进行同行评议。2013年2月22日，科学技术政策办主任执行办公室发布了题为"增强政府资助科学研究成果的获取"的文件，其主任John Holdren宣布，凡年度研发支出超过1亿美元的所有联邦政府机构，都要在半年内拿出方案，谈谈本部门如何将联邦政府资助的研发项目所产生的科学论文和科学数据在发表后一年内通过机构知识库向公众免费开放。

（2）信息资源的建设与利用

在科技信息资源建设与利用方面，美国已经由1993年制定的"信息高速公路"战略过渡到"大数据"时代。1993年9月，美国副总统戈尔和商业部长布朗正式宣布了"国家信息基础设施"（National Information Infrastructure，简称NII）计划，也就是俗称的"信息高速公路"计划。从此，发展信息高速公路成为美国联邦政府的一项国策。政府的主要作用体现为：① 支持通信网的标准化；② 支持网络间相互连接；③ 排除遇到的各种障碍；④ 促进千兆位等尖端项目的研究和开发。这项规划带动了1995年以来美国科技行业的全面竞争力，是"科网泡沫"、2005年后科技新时代的基础。

2012年3月29日，奥巴马政府投资2亿美元启动"大数据研究和发展计划"，6个联邦政府的部门和机构宣布新的2亿美元的投资，提高从大量数字数据中访问、组织、收集发现信息的工具和技术水平。通过提高从大型复杂的数字数据集中提取知识和观点的能力，旨在增强收集海量数据、分析萃取信息的能力，尤其大数据技术，事关美国国家安全、科学和研究的步伐以及引发教育和学习的变革。

（3）信息安全

信息安全是美国信息政策最为关注的领域之一，从20世纪70年代起，联邦政府就出台了各种政策加强信息系统和信息网络的安全。1970年国防部发布了密级报告《计算机系统的安全控制》，促成国防部计算机系统密级信息安全测度指标的出台。1984年9月17日，里根总统签署了《145号国家安全决定指令》，命令保护密级信息，并授权国家安全局辅助联邦机构和私营部门制定计算机安全政策。联邦政府颁布了《电子政府法》对政府信息安全做出专门规定，《国家电信与信息系统安全出版物》指导政府部门对以电子形式存储的敏感信息提供适当的保护。1986年，国会通过了《计算机欺诈和滥用法》，禁止未经授权或利用欺诈手段存取政府计算机，并确立了惩罚条款。1987年的《计算机安全法》扩大了计算机安全保护的范围，要求所有的联邦机构制定计算机系统安全计划，并由"国家标准与技术局"负责审查，"联邦管理与预算局"存档。1998年5月22日，白宫签署了《63号总统决定指令》，要求到2000年大大提高政府系统的安全性，到2003年建立一个可靠、互联、安全的信息系统基础设施。

（4）知识产权

美国实施知识产权战略主要沿着3条轨迹不断伸延：根据国家利益和美国企业的竞争需要，对《专利法》、《版权法》、《商标法》等传统知识产权立法不断修改与完善，扩大保护范围，加强保护力度；加强调整知识产权利益关系，强化转化创新方面的立法。国会相继通过了《拜杜法》、《联邦技术转移法》、《技术转让商业化法》、《美国发明家保护法》等，使美国大学、国家实验室在申请专利，加速产、学、研结合及创办高新技术企业方面发挥了更大的主动性。2000年10月，众参两院又通过了《技术转移商业化法》，进一步简化了归属联邦政府的科技成果运用程序，形成了一套有利于美国的新的国际贸易规则。

4.3.2.2 欧盟的政策法规

在科技信息资源方面，欧盟的政策法规多以行动计划的方式发布。其中，最重要的两个文件是《欧洲信息社会行动计划》和《电子欧洲：全民信息社会行动计划》。前者第一次确立了欧洲国家和地区建设信息社会的总体框架和目标；后者实际上包括《电子欧洲2002》和《电子欧洲2005》两个计划，明确提出了促进欧洲信息社会建设的一些重点领域、达到的目标和时间安排。

欧洲的专利权保护和专利制度的建立主要是在两个国际协议的基础上展开

的：一个是1973年签订的《慕尼黑协议》，另一个是1975年签订的《卢森堡公约》。在版权和邻接权方面，1995年通过《信息社会版权和邻接权的绿皮书》阐述关于信息社会版权和邻接权立法的背景。到21世纪初，欧盟已通过7个有关协调成员国关于信息社会版权和邻接权立法的指令，包括《计算机软件法律保护指令》、《租赁权和某些版权邻接权指令》、《版权和邻接权保护期限指令》、《数据库法律保护指令》、《有条件接入服务的法律保护指令》以及《信息社会版权指令》，若干欧盟指令构成了欧盟关于版权和邻接权的立法框架。

在科技资源共享服务方面，欧洲各国为了提高各国科学仪器的共享，制定了《欧洲跨国使用研究基础设施计划》。2011年12月12日，作为欧盟2020数字议程的一项行动目标，欧委会通过了《公共数据数字公开化》决议。决议主要涉及三大方面：一是设立欧盟统一的公共数据互联网对外服务门户网站；二是完善欧盟范围内数据公开的公平竞争环境建设；三是要求加大数据管理的数字技术应用研发投入，规范社会化服务及监管。欧委会公共数据公开决议的具体政策措施包括：① 建议重新修订欧盟于2003年制定的公共部门信息再利用指令；② 基本通用规则是所有公共财政资助所获取的资料数据，以符合商业化或非商业化服务的方式向社会公开，除非涉及第三者的知识产权保护；③ 原则上，公共部门不得向数据再利用者收取使用费或由此产生的成本费（边际成本），其在实际操作中意味着提供的绝大部分数据是免费或几乎免费的，除非过高的成本得到确认；④ 强制所公开的数据必须是社会流行的格式和计算机可读的形式，从而保证数据的有效再利用；⑤ 扩大公共数据公开的部门范围，公共图书馆、博物馆及档案馆将首次纳入数据需要公开的公共部门目录；⑥ 欧委会2011—2013年计划对数据公开的信息技术应用及研发投入1亿欧元，各成员国及公共部门均应列入必要的研发预算。建议设立专门的机构对上述政策措施的执行落实进行督促和监督。

4.3.2.3 日本的政策法规

日本科技信息政策主要强调以下基本思想：① 科技信息是全国重要的资源。② 积极利用全世界的科技信息出版物，有选择的区分吸收。③ 在经济上，短期必须对科技信息活动予以扶植资助，长远则应促使科技信息活动产生经济效益。④ 科技信息活动应加强合作和考虑国际因素。⑤ 注重信息系统技术现代化。

20世纪70年代是日本的信息政策的形成时期，1970年5月日本颁布实施了《信息处理振兴事业协会法》来鼓励和刺激全社会都来重视和发展信息服务业；

80年代是其发展时期，日本于1985年5月出台了《信息处理促进法》，1989年5月颁布《推进地域软件供给力开发事业临时措施法》以加强东京以外地区软件开发；90年代为日本信息政策的调整期，调整的内容包括建设高度的信息通信社会的国家战略以及实施放松管制的电信改革，1995年日本政府制订了《日本信息通信基础建设基本方针》，指出日本要把1995年作为"信息通信基础建设元年"。1998年8月，日本公布了《信息通信政策大纲》，提出了"发展数字化技术，重建经济"的目标。进入21世纪是其政策的转型时期，日本推行了一系列的政策计划，有效地保障了其信息政策的制定和实施。

进入21世纪后，日本信息化政策的重点是发展信息化网络，扩大网络应用技术。2000年7月召开的日本政府内阁会议上设立了"IT战略本部"，全面推进日本的IT革命。2000年，日本国会通过了日本《IT基本法》，确立了信息化的目标和方向，并从2001年1月起生效，其目的是要使日本成为世界IT领先国家。《IT基本法》的主要内容包括：一是建立世界最高水平和所有国民都能容易使用的高级信息通信网络；二是建立中央和地方政府的网络化办公系统；三是确保信息通信网络的安全性并对个人信息加以保护；四是制定实施信息化社会的具体计划；五是设立首相为本部长的信息化战略推进部。

日本政府为推动信息化进程，积极推进IT立国战略，先后颁布了3项重大的国家战略——《e-Japan战略》（2001年）、《e-Japan战略Ⅱ》（2003年）和《u-Japan战略》（2004年）。这3个战略形成一个前后衔接、循序渐进的战略体系。《e-Japan战略》以宽带化为突破口大力开展信息基础设施建设，为推动国民经济和社会信息化打下良好的硬件基础；《e-Japan战略Ⅱ》以促进信息技术的应用为主旨，利用实施《e-Japan战略》所创造的信息基础设施，重点推进IT技术在医疗、食品、生活、中小企业金融、教育、就业和行政等7个重点领域的应用；《u-Japan战略》前瞻性地抓住信息、通信技术发展的制高点，力图通过实现"无所不在"的网络社会，在更深的程度上和更广的范围内拓展信息技术的应用，使日本成为未来信息社会发展的楷模。这些战略措施的出台，显现出日本以信息技术应用为导向的新的信息政策发展思路。

4.3.3 我国科技信息资源管理法规

我国目前科技信息资源管理领域现行的法规主要包括：
(1)《中华人民共和国专利法》和《专利法实施细则》

科学技术活动进程中总是伴随着新技术方案的产生。为了保护专利权人的合法权益，鼓励发明创造，推动发明创造的应用，提高创新能力，促进科学技术进步和经济社会发展，我国于1984年首次制定了《中华人民共和国专利法》（以下简称《专利法》），至2008年12月已经进行了3次修正。在我国规模庞大的科技资源中，符合专利保护条件的资源为数众多，特别是近年来新开发生成的诸多技术措施、发明创造，作为智力成果理应受到法律完善的保护。法律给予新发明创造专有使用的垄断权利，并非仅仅着眼于对发明人的权利保护，更深层次的原因乃在于，通过赋予专利权人使用上的垄断权利，换取其技术措施的公开，保证先进的技术措施最大程度发挥社会价值。同时，通过严格的专利权期限和随时间逐步提升的专利维持费用，促使专利技术尽早进入公有领域，真正成为能够服务于经济和社会发展的公共科技成果。

《专利法》在2008年第3次修正后，某些规定发生了实质性的改动。其中有两处变化，将对我国科技资源管理工作产生影响。其一，新公开的科技资源在申请专利保护时，其"新颖性"的判断与修改前的《专利法》有所不同，新《专利法》改变了旧法在技术判断新颖性时国内外标准不一致的做法，将对国内外在先技术的检索范围加以统一。《专利法》第22条第1款规定，"新颖性，是指该发明或者实用型不属于现有技术；也没有任何单位或者个人就同样的发明或者实用新型在申请日以前向国务院专利行政部门提出过申请，并记载在申请日以后公布的专利申请文件或者公告的专利文件中。"从该条文的表述不难看出，"现有技术"成为判断申请专利的技术措施是否具有新颖性的关键，而针对"现有技术"，该条第3款也做出了明确的定义，即"申请日以前在国内外为公众所知的技术"。其二，新《专利法》首次承认了世界范围内专利产品平行进口的合法性。第69条规定，"有下列情形之一的，不视为侵犯专利权：专利产品或者依照专利方法直接获得的产品，由专利权人或者经其许可的单位、个人售出后，使用、许诺销售、销售、进口该产品的"专利的平行进口问题在国际上争论已久，在此之前，只有欧盟内部承认欧盟区域内的平行进口。明确在法律中承认国际范围内平行进口行为的合法性，中国《专利法》在世界各国中开创了先例。我国的这一举动，在现有环境下来看，至少可以有助于专利产品价格歧视的消除。不过，毕竟此前缺少其他国家的实践经验，日后这一规定的实施效果究竟如何，还有待进一步验证。

（2）《中华人民共和国著作权法》、《著作权法实施条例》、《计算机软件保护条例》、《集成电路布图设计保护条例》、《集成电路布图设计保护条例实施细则》

如前文所述，科技文献与科学数据是科技资源的重要组成部分，软件和集成电路是信息化时代科技飞速发展的最显著体现。对于上述智力成果的法律保护，最主要的依据即为我国现行的著作权体系和与之相类似的集成电路特殊权利保护制度。由《著作权法》、《著作权法实施条例》、《计算机软件保护条例》构成的我国著作权体系，为绝大多数的科技文献、计算机软件以及符合汇编作品要求的科学数据库提供了权利保障。在具体权利设计上，我国著作权体系基本采取与国际通行规则一致的手段，对一经发表的作品和软件提供著作权法上的保护。这种做法，有力地保障了作者创作过程中的智力付出，激发作者的创作热情，促进作品的广泛传播。

为了保护集成电路布图设计专有权，鼓励集成电路技术的创新，促进科学技术的发展，我国于 2001 年制定了《集成电路布图设计保护条例》及其实施细则。集成电路布图设计方案是推动信息技术突飞猛进的关键因素，但集成电路布图设计有其自身的特殊之处，既不同于符合"专利权三性"的技术方案，也不同于受著作权保护的普通作品，因此，给予集成电路布图设计特殊权利保护，乃是当前国际上的通行做法。对于集成电路布图设计专有权，我国采取了登记生效主义的立法例。《集成电路布图设计保护条例》第 8 条规定，"布图设计专有权经国务院知识产权行政部门登记产生。未经登记的布图设计不受本条例保护。"考虑到集成电路布图设计的技术更新周期，我国给予布图设计专有权的期限是自登记申请或在任何国家首次使用之日起十年，但自布图设计创作完成之日起满 15 年的，一律不再给予保护。

(3)《中华人民共和国政府信息公开条例》

《中华人民共和国政府信息公开条例》（以下简称《政府信息公开条例》）于 2008 年 5 月 1 日开始实施，共 5 章 38 条，主要规定了政府信息公开的立法宗旨、政府信息的法律定义、政府信息公开的总体要求、政府信息公开的范围、方式和程序以及政府信息公开的监督和保障。该条例主要是从政府信息资源的角度、从法律意义上对网上政府信息公开，将在建设公开透明的政府、保障公众知情权和监督权方面带来深刻影响。条例规定，行政机关对符合下列基本要求之一的政府信息应当主动公开："涉及公民、法人或者其他组织切身利益的；需要社会公众广泛知晓或者参与的；反映本行政机关机构设置、职能、办事程序等情况的；其他依照法律、法规和国家有关规定应当主动公开的。"《政府信息公开条例》的规范内容是政府信息。第 2 条规定，本条例所称"政府信息"，是指行政机关在履行职责过程中制作或获取的，以一定形式记录、保存的信息。不仅包括政务公开，还包括公开行政机关掌握的关于社会生活各方面的数据资料。《政府信息公开条例》还明确了主动公开政府信息的范围，确立了依申请公开政府信息的制度，明确了不予公开的政府信息范围。在我国，科学数据主要产自政府或国家科学基金资助的研究。我国政府掌握了国家80％的信息资源，其中包括宝贵的科学数据。通过《政府信息公开条例》能够促使政府公开科技信息资源，使这些资源能够更有效地被公众使用。《政府信息公开条例》没有采用"以公开为原则，以不公开为例外"的模式，而是具体列举公开政府信息的范围，公开范围受到限制，还缺乏考量机制来评判某些政府信息是否能够公开。此外，《政府信息公开条例》对历史信息没有规定，在是否公开历史信息这一点上就产生了分歧。虽然从国务院办公厅《关于做好实施〈中华人民共和国政府信息公开条例〉准备工作的通知》中要求"要按照由近及远的原则，重点对本届政府以来的政府信息，特别是涉及人民群众切身利益的政府信息进行全面清理。凡属于应当公开的必须按规定纳入公开目录"可以得知应该公开历史信息，但是在法律中回避了这一点。

我国科学数据共享法律规范梳理

现行法律规范对科学数据共享做出明确规定的较少，涉及内容多针对科技资源共享的宏观概述。本部分将按法律规范效力的不同对科学数据共享领域现行主要法律规范做出简要梳理。

国务院行政法规方面，2002年7月1日起施行的《地质资料管理条例》针对地质工作中形成的文字、数据、实物等资料的汇交、保管和利用做出了比较详尽的规定。该条例旨在"加强对地质资料的管理，充分发挥地质资料的作用，保护地质资料汇交人的合法权益"，原则上提出了鼓励资料汇交、建立地质资料信息系统的总体规定。在具体制度层面，对地质资料汇交制度、保管和利用制度做出了详细安排，对地质资料汇交范围进行分类列举，对汇交义务人、资料管理机构的权利义务明确界定，同时重视地质资料汇交制度与其他法律规范的协调，强调遵守《保守国家秘密法》、《著作权法》，维护国家安全与资料持有人的知识产权。

2008年5月1日起施行的《政府信息公开条例》对政府掌控的科学数据公开共享做出了总体上的规制。该条例旨在"保障公民、法人和其他组织依法获取政

第4章 科技资源管理政策与法规

府信息,提高政府工作的透明度,促进依法行政,充分发挥政府信息对人民群众生产、生活和经济社会活动的服务作用",要求我国各级行政机关按照法律将其"在履行职责过程中制作或者获取的,以一定形式记录、保存的信息"向社会公开。该条例虽然不是直接规范科学数据共享的行政法规,但就我国当前科技领域发展现状来看,政府科技行政部门掌握着大量科技信息与科研成果,是众多持有科学数据资源的科技机构中的"大户"。科学数据是科技信息资源的重要组成部分,各级科技行政主管部门有义务遵守《政府信息公开条例》的制度安排,切实履行职责,及时准确地向社会公众公布科学技术信息,促进科技资源特别是科学数据的共享共用。

国务院部委规章方面,2001年11月12日发布并施行的《气象资料共享管理办法》是我国政府职能部门首次针对科技资源共享问题进行专门立法,开创了科技资源共享部门立法的先河。该办法对"各级气象主管机构组织收集并存档的各种气象观(探)测记录,以及由这些记录加工处理而成的各类气象数据集、各种气候统计值和数值分析资料"的具体共享规则做出了详细安排,为其他各领域制定共享管理办法总结实践经验并提供成熟范本。除气象部门之外,专门针对某一领域科技资源共享的部门规章还有国土资源部颁布的《地质资料管理条例实施办法》,作为《地质资料管理条例》的部门配套规章,该实施办法细化了《地质资料管理条例》的要求、内容和具体管理程序,使依法管理地质资料、促进地质科学数据汇交共享的工作更具现实意义和操作性。其他部门规章包括《国土资源部深部地球物理数据探测数据共享管理办法(试行)》、《先进制造与自动化科学数据共享管理办法》等。

除个别领域、学科范围内的专门规定外,《国家科技计划管理暂行规定》、《国家科技计划项目管理暂行办法》、《国际科技攻关管理办法》、《国家高新技术研究发展计划(863计划)管理办法》、《科学技术保密规定》等也都从不同的方向对我国科技创新全局发展进行了部署,其中不乏对科技资源共享理念的提倡与鼓励,不同程度地对推动科学数据共享产生积极影响。

其他规范性法律文件方面,各个部门均开展了积极尝试。科学数据共享工程试点项目之一的"国家地震科学数据共享中心"在政策法规的制定方面始终给予高度重视。2006年该中心先后制订了《地震科学数据共享管理办法》及其4部配套实施细则,即《地震科学数据汇交管理规定》、《地震科学数据分类与分级方案》、《地震科学数据共享系统运行规定》、《地震科学数据共享服务规定》。上述文件现已在行业内部试行，为地震科学数据共享的全面展开和良性发展提供了制度保障，对地震科学数据共享体系的完善巩固起到关键作用。

科学数据资源共享领域标准

一级划分	二级划分	三级划分	标准名称	分类
指导标准			《标准体系及参考模型》	描述标准
			《标准化指南》	描述标准
			《科学数据共享概念与术语》	描述标准
			《标准一致性测试》	管理过程标准
通用标准	数据类标准	元数据标准	《元数据内容》	技术标准
			《元数据 XML/XSD 置标规则》	技术标准
			《元数据标准化基本原则和方法》	技术标准
		分类与编码标准	《科学数据分类与编码原则与方法》	技术标准
			《科学数据分类与编码》	技术标准
		数据内容标准	《数据元标准化原则与方法》	描述标准
			《数据元目录》	描述标准
			《数据模式描述规则和方法》	描述标准
			《数据交换格式设计规则》	描述标准
			《数据图示表达规则和方法》	描述标准
			《空间框架数据标准》	描述标准
	服务类标准	数据发现服务标准、数据访问服务标准、数据表示服务标准、数据操作服务标准	《目录服务规范》	管理过程标准
			《数据与服务注册规范》	管理过程标准
			《数据访问服务接口规范》	技术标准
			《元数据检索和提取协议》	技术标准
			《数据分发服务指南与规范》	管理过程标准
	管理与建设类标准		《质量管理规范》	管理过程标准
			《数据发布管理规则》	管理过程标准
			《运行管理规定》	管理过程标准
			《信息安全管理规范》	管理过程标准
			《共享效益评价规范》	管理过程标准
			《工程验收规范》	管理过程标准
			《科学数据中心建设规范》	管理过程标准
			《科学数据网建设规范》	管理过程标准

续表

一级划分	二级划分	三级划分	标准名称	分类
专用标准	领域数据类标准	领域元数据		技术标准
		领域分类与编码		技术标准
		领域数据内容		描述标准
	领域服务类标准			管理过程标准
	领域管理与建设类标准	领域直接采用标准	《国家科学数据中心建设规范》	管理过程标准
			《国家科学数据网建设规范》	管理过程标准
		领域根据情况，可以进一步修订、细化的标准	《质量管理规范》	管理过程标准
			《运行管理规范》	管理过程标准

4.4 自然科技资源管理政策与法规

4.4.1 自然科技资源管理国际公约

目前，国际上有关自然科技资源的国际条约较多，主要涉及资源的主权、获取、利益分享、品种权保护等。1992年在联合国环境与发展大会上通过、至今已有175个国家签署的联合国《生物多样性公约》是一部对生物多样性和遗传资源保护与可持续利用具有深远意义的国际性文件。联合国大会1962年通过了《关于国家对天然资源的永久主权宣言》，国际植物新品种保护联盟1961年通过了《国际植物新品种保护公约》。

国际上非常重视对动物种质资源的保护，目前国际上有近百个与动物种质资源保护有关的国际条约和公约，比较知名的有1938年美洲国家组织21个成员国签订的《西半球自然保护和野生动物保存公约》、1968年非洲统一组织28个成员国签订的《非洲自然和自然资源保护公约》等。涉及实验动物共享的国际公约——《濒危野生动植物种国际贸易公约》制定了一个濒危物种名录，通过许可证制度控制这些物种及其产品的国际贸易，从而使该公约成为打击非法贸易、限制过度利用的有效保障。

目前，国际上关于微生物菌种资源管理，尤其是微生物菌种资源共享的具体政策法规比较缺乏，世界知识产权组织1977年制定的《国际承认用于专利程序的微生物保存的布达佩斯条约》可能是唯一一部专门用于微生物的国际条约,国际上对微生物菌种资源的管理往往包含在一些综合性国际条约里面,如1962年联合国大会通过的《关于国家对天然资源的永久性主权宣言》、1972年通过的《禁止生物武器公约》等。

目前我国已经加入的相关国际公约主要包括以下几类:

第一类,是有关自然资源国家主权的国际公约。1962年联合国大会通过的《关于天然资源之永久主权宣言》确认了各国对天然财富与资源的永久主权;提出了以国家安全、公共利益为目的的国有化,征用的合法性以及将有关争端尽量诉诸国内管辖的原则。

第二类,是有关知识产权的国际公约。这类公约主要包括:《保护工业产权巴黎公约》、《与贸易有关的知识产权协议》、《国际植物新品种保护公约》等。

第三类,主要体现在《濒危野生动植物种国际贸易公约》(CITES)中。该公约的宗旨是通过各缔约国政府采取有效措施,加强贸易控制来切实保护濒危野生动物,确保野生动植物种的持续利用不会因国际贸易而受到影响。

第四类,《生物多样性公约》及《关于获取遗传资源并公正和公平分享通过其利用所产生的惠益的波恩准则》。

4.4.2 国外自然科技资源管理政策与法规

4.4.2.1 美国的政策法规

在自然科技资源管理方面,1970年美国颁布了保护植物有性繁殖品种法案——《植物品种保护法案》,该法案规定所有由种子繁育的植物除了杂交一代都是适于保护的,但细菌和真菌之外,而且也针对单一品种保护,并且规定授予农民利用受保护品种种子进行生产的权利。该法案首先创立了一种类似于专利权的准知识产权—品种权。1994年,进行了对《保护植物品种法案》的修订。在约束和保护实验动物以及实验动物使用与管理方面,有美国在1978年颁布的《实验室操作规范(GLP)》和美国国立卫生研究院(NIH)定期修订出版的《实验动物使用与管理指南》。

4.4.2.2 欧盟的政策法规

在农作物及植物种质资源管理领域,欧盟相关的法律法规主要为《植物品种保护法》,植物新品种保护在英国及欧洲又称为"植物育种者权利"。英国是世界上较早对植物新品种实施知识产权保护的国家之一，于1965年批准了《国际植物新品种保护公约》，是第一个批准该公约的国家，英国也是促使《国际植物新品种保护公约》生效的5个签字国之一。英国现行的植物新品种保护法是与《国际植物新品种保护公约》以及《欧盟植物品种条约》的精神相协调的，法律体系严密，保护力度较强。该法规定了植物品种保护的有关条件、国家植物品种权利办公室的权限以及品种保护权利的受理过程。

在微生物菌种资源的保护与管理方面，20世纪80年代后期，由英国联邦政府提出倡议，积极开发保藏资源，组建了一个统一的英联邦培养物保藏系统来集中指导分布于各地的保藏中心，即英国的国家微生物及各种培养物的保藏机构——英联邦国家培养物保藏体系（UKNCC）。UKNCC遵循英国生物技术与生物科学研究理事会（BBSRC）的所有关于科学研究、实验、人员管理等方面的法律规定，如《科研时间联合法典》等。为了保障资源保藏和管理过程中所有相关人的安全，相关的安全法规必须建立。在英国，1992年的工作中健康和安全管理法规是一个基本法规，被延伸为多项具体的法规，如《健康危害性物质监控条例》等。此外，英国在生物反恐方面制定了相关的法律，在《反恐怖、犯罪与安全法》中，使得在研究实验室病原微生物和毒素获得控制，拥有相关的生物材料的研究机构或大学必须向政府有关部门登记注册，并按照相关制度严格管理。

4.4.2.3 日本的政策法规

日本的生物资源（植物、微生物、动物、DNA）由日本农林水产省统一管理，由下属国立农业生物科学所牵头管理，形成以15个地区资源圃和43个科研院所为技术支撑的全国生物资源协作网。该协作网不仅保存日本原产植物4000余种，还收集保存海外资源，现保存生物资源20余万份。相关的法规如《种苗法》，旨在通过建立新品种注册制度，振兴育种业。1978年通过的新《种苗法》，首次采用了植物品种保护制度。在此之前，日本对种苗实行植物品种名称注册制度，只为名称提供保护。1979年日本加入了国际植物新品种保护联盟（UPOV），成为亚洲第一个加入UPOV的国家，采用《国际植物新品种保护公约》。在日本，可以授予保护的植物种、属均要列入《种苗法》条例。

1995年日本出台科学技术基本法，并于次年实施第1期科技基本计划后，开始重视自然科技资源基础设施建设，并加大政府财政投入。特别是从第2期科技基本计划（2001 年）起，日本开始实施"知识基盘①整备计划"，提出加强知识基盘 4 大领域（生物遗传资源等研究用材料、计量标准、计测/分析/试验/评估方法及相关尖端仪器、相关数据库等）建设，实现 2010 年前达到世界最高水平的战略目标。

4.4.3 我国自然科技资源管理法规

我国十分重视自然资源的立法工作，为保障自然资源的合理利用，禁止任何组织或者个人用任何手段侵占或者破坏自然资源，国家先后颁布多部相关的自然资源法。20 世纪 80 年代颁布我国第一部自然资源单项法——《森林法》，后制定了《草原法》、《野生动物保护法》、《矿产资源法》、《种子法》等多部自然资源法，国务院及有关部、委、局等也制定了相当数量的有关自然资源的行政法规和规章。

目前我国已经形成了以多种单项自然资源法集合为法群形态的自然资源法律体系，国内有关 8 大类自然科技资源的主要法律法规共 172 部。

我国已初步建立起植物种质资源共享法规体系。2003 年 7 月农业部又依据《种子法》颁布了《农作物种质资源管理办法》。该管理办法对农作物种质资源管理机构、工作性质、收集、保存、共享利用、信息管理作了详细规定。但与美国等国家相比，我国种质资源共享法规还存在较大差距。

我国还没有专门的动物种质资源共享的立法，只有在其他法规的条款中有零星的体现。关于动物种质资源共享的相关法律法规大多数是以动物种质资源的保护、特别是珍贵动物资源的保护为着眼点的，我国的动物种质资源更确切地说是珍稀动物保护法。此外，我国大多数遗传资源管理规定是在其他法律、法规框架下附带提出的，内容很不完善，也不具体，尤其是在遗传资源的取得、惠益分享和专利制度方面基本是空白，更无从谈起在此基础上的资源共享。

目前我国还没有专门针对标本共享的政策法规。在实验动物共享方面，1988 年国务院批准颁布了我国第一部实验动物管理法规《实验动物管理条例》，2002 年科学技术部委托中国实验动物学会启动了该条例的修改工作，目前已基本完成。2001 年科学技术部会同卫生部、教育部、农业部、国家质量监督检验检疫总局等 7 部委提出了《实验动物许可证管理办法 (试行)》。总之，我国的实验动物有关政策法规

---

① 日本将自然科技资源称为"知识基盘"。

以管理条例居多。

(1)《种子法》

《种子法》由全国人民代表大会于2000年7月8日颁布。尽管该法规制定的目的是为了规范品种选育和种子生产、经营、使用行为，维护品种选育者和种子生产者、经营者、使用者的合法权益，提高种子质量水平，推动种子产业化，促进种植业和林业的发展。但因农作物种植资源是品种选育的物质基础，为有效保护和利用我国丰富农作物种质资源，该法规第2章是专门涉及"种质资源保护和利用"的条款，体现了国家的立法主导思想。对于资源保护，《种子法》第8条规定："国家依法保护种质资源，任何单位和个人不得侵占和破坏种质资源。禁止采集或者采伐国家重点保护的天然种质资源。因科研等特殊情况需要采集或者采伐的，应当经国务院或者省、自治区、直辖市人民政府的农业、林业行政主管部门批准"。第9条规定："国务院农业、林业行政主管部门应当建立国家种质资源库，省、自治区、直辖市人民政府农业、林业行政主管部门可以根据需要建立种质资源库、种质资源保护区或者种质资源保护地。"对于资源利用与共享，《种子法》第9条规定："国家有计划地收集、整理、鉴定、登记、保存、交流和利用种质资源，定期公布可供利用的种质资源目录。具体办法由国务院农业、林业行政主管部门规定。"对于资源对外交流，《种子法》第10条规定："国家对种质资源享有主权，任何单位和个人向境外提供种质资源的，应当经国务院农业、林业行政主管部门批准；从境外引进种质资源的，按照国务院农业、林业行政主管部门的有关规定办理。"

(2)《野生动物保护法》

《野生动物保护法》对野生动物所有权、出售、利用等方面做出规定："第3条　野生动物资源属于国家所有。国家保护依法开发利用野生动物或者其产品。因科学研究、驯养繁殖、展览等特殊情况，需要出售、收购、利用国家以及保护野生动物或者其产品的，必须经国务院野生动物行政主管部门或者其授权的单位批准；需要出售、收购、利用国家二级保护野生动物或者其产品的，必须经省、自治区、直辖市政府野生动物行政主管部门或者其授权的单位批准。驯养繁殖国家重点保护野生动物的单位和个人可以凭驯养繁殖许可证向政府制定的收购单位，按照规定出售国家重点保护野生动物或者其产品。工商行政管理部门对进入市场的野生动物或者其产品，应当进行监督管理。"

(3)《人类遗传资源管理暂行办法》

为了有效保护和合理利用我国的人类遗传资源,加强人类基因的研究与开发,促进平等互利的国际合作和交流,科技部与卫生部于1998年联合制定公布了《人类遗传资源管理暂行办法》。该办法共6章,分别对人类遗传资源管理过程中涉及的基本原则、管理机构、申报审批、知识产权、奖惩措施等事项进行了详细规定。该办法规范了与人类遗传资源相关的各个方面,"凡从事涉及我国人类遗传资源的采集、收集、研究、开发、买卖、出口、出境等活动,必须遵守本办法。"在具体管理制度方面,该法第6条规定,"国家对人类遗传资源实行分级管理,统一审批制度。"

(4)《实验动物管理条例》及相关管理办法

为了加强实验动物的管理工作,保证实验动物质量,适应科学研究、经济建设和社会发展的需要,原国家科委早在1988年就发布了《实验动物管理条例》。该条例共8章35条,分别对"实验动物的饲育管理"、"实验动物的检疫和传染病控制"、"实验动物的应用"、"实验动物的进口与出口管理"、"从事实验动物工作的人员"、"奖励与处罚"等涉及实验动物管理的事项进行了规范。1997年12月,为进一步加强全国实验动物质量管理,建立和完善全国实验动物质量监测体系,保证实验动物和动物实验的质量,适应科学研究、经济建设、社会发展和对外开放的需要,国家科学技术委员会联合国家技术监督局,根据《实验动物管理条例》,制定颁布了《实验动物质量管理办法》。该办法确定了全国执行统一的实验动物质量国家标准和实验动物质量管理制度的原则,对国家实验动物种子中心的建立做出了较为详细的指导意见和要求;对实验动物的生产和使用,实行许可证制度;设立实验动物质量检测机构,分国家和省两级管理。1998年5月,为了贯彻实施《实验动物质量管理办法》,科学地保护和管理我国实验动物资源,实现种质保证,加强国家实验动物种子中心的管理,科学技术部制定了《国家实验动物种子中心管理办法》。根据国家科学技术发展的需要,由科学技术部统一协调,择优建立各品种的国家实验动物种子中心,必要时各品种实验动物种子中心可设分中心和特定品种、品系保种站。根据该管理办法,国家实验动物种子中心的主要任务为:引进、收集、保存实验动物品种品系;研究实验动物保种新技术;培育实验动物新品种、品系;为国内外用户提供标准的实验动物种子。

第5章 科技资源配置

在当前全球化大背景下，持续的科技创新能力已成为一个国家竞争力和持续发展的重要标志，科技资源的配置、开发和利用的效果，成为决定一个国家科技创新能力的关键因素。一个国家或地区拥有一定数量和质量的科技资源，只能说明其拥有对科技资源占有的情况，并不等于能够有效地使用资源。要提高科技资源的有效利用，推动科学技术的持续发展，就必须重视科技资源的配置问题。

5.1 科技资源配置概述

5.1.1 科技资源配置的概念

资源配置的目的是解决资源稀缺性与需求无限性之间的矛盾。牛树海等认为科技资源配置是指科技活动中的各项要素（科技教育与传播、科技生成与创新、科技中介服务、科技管理等体系或系统）在不同的活动主体、学科领域、时间空间的分配与组合，从其功能看，主要是追求科技资源配置的最优化。朱付元等认为科技资源配置是"各种科技资源在不同时空上的分配和使用"，是"以最大限度地提高科技创新活动的产生效率及其所实现的经济效益为目标，而对现有与后期投入的科技资源的组合结构中的不合理成分从宏观与微观角度加以调整并建立起与科技经济发展状况、科技体制相适应的科技资源配置机制"。本书认为科技资源配置主要是为满足国家科技和经济社会的需求，在一定的制度体系下对科技资源在不同科技活动主体、领域、过程、空间、时间上的分配和使用，以最大限度地提高科技资源利用效率。

科技资源配置是一个相当复杂的系统工程（图5-1），需要从多角度，多纬度分析，主要包括配置主体、配置客体、配置结构、配置模式、制度体系和技术方法6个方面。从配置的主体来看，主要包括政府部门、企业、大学与研究机构、中介机构；从配置的客体来看，主要包括科技人力资源、科技财力资源、科技物力资源、科技信息资源等；从配置的模式来看，主要包括计划配置、市场配置以及混合配置；从配置的结构来看，主要包括区域机构配置、行业机构配置、学科机构配置和垂直结构配置。在科技资源配置系统内外还要考虑的内容包括科技资源配置的制度体系，主要包括与科技资源配置相关的政策、机制、制度等；科技资源配置的技术手段，主要包括信息技术、网络技术以及其他有利于科技资源配置的技术手段、方法、工具等；科技资源产出，即科技资源配置的效率。

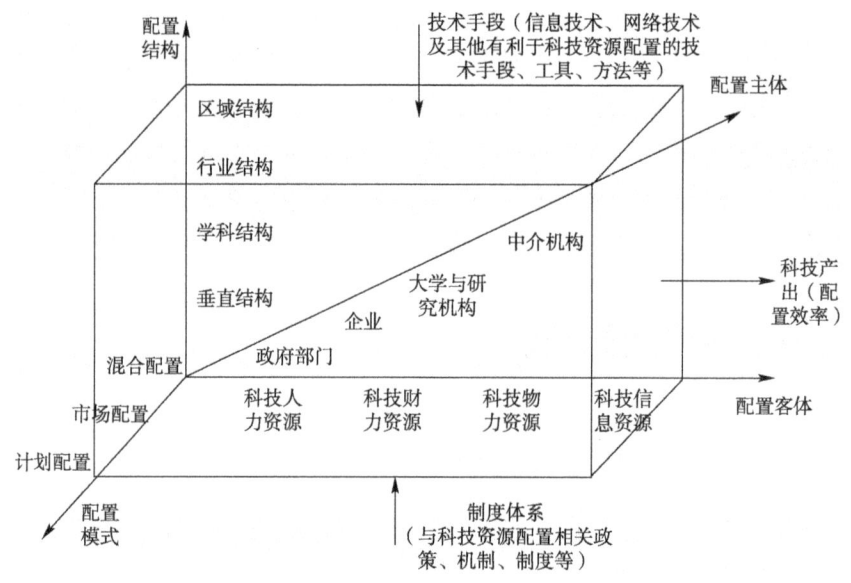

图5-1 科技资源配置基本框架

5.1.2 科技资源配置模式

科技资源配置模式是实现科技资源有效配置的重要途径。从不同的视角出发，科技资源配置的模式各不相同。

5.1.2.1 针对不同主体的配置模式

从经济学研究稀缺资源配置的理论范式出发，新古典学派强调市场对稀缺资源的完美配置，凯恩斯学派强调国家干预能有效弥补市场失灵，马克思指出："权力永远不能超出社会的经济结构及由经济结构所制约的社会的文化发展。"从而引出对稀缺资源进行配置的三大配置力量，即国家制度、市场和社会文化。

科技资源要素作为稀缺资源同其他资源一样存在着这3种配置力量的作用，这3种配置力的协同作用有利于科技资源配置效率的提高。而文化配置就其本质可以说是计划配置的重要内容。

(1) 市场配置

科技资源的市场配置是以微观科技活动主体为配置主体，通过市场发挥利益调节和竞争机制的作用来进行科技资源的配置。这些微观科技活动主体按照经济利益最大化的原则，根据市场信号，最大限度地利用各种科技资源，以获得最大的利益。市场配置科技资源的实质就是由市场需求决定科技资源的分配、流动和使用。科技资源的市场配置主要体现于研究开发机构运作的市场化、科技经费来源的市场化、科技研究过程的市场化组织和科技成果市场化的转化机制等。市场配置的最大优点在于使微观科技活动主体充满活力。

(2) 计划配置/国家制度配置

科技资源的计划配置也就是通过国家制定指令性计划来配置科技资源的方式，其主要的表现形式是各种科技计划。科技资源的计划配置在税收、利率等方面的优惠有利于提高科技资源配置效率。同时，政府通过转移支付等手段加强对不发达地区的科技投入，为当地注入新的科技资源要素，以增量带动存量促进当地科技资源配置效率水平的提高，从而进一步带动当地的经济发展。这种配置方式的优点是可以基于制度优势，能够集中必要的人力、物力等科技资源进行基础研究和重大项目的研究，以国家利益为出发点从宏观上配置各种资源，能指导各个主体按照政府计划指令行动，避免单纯的按照市场机制盲目的、无序的竞争。但是这种方式也容易造成信息失真，信息闭塞，各个主体的积极性受到压制等。

(3) 混合配置

科技资源的混合配置则是计划与市场相结合的科技资源配置方式，即对于一些可以通过利益机制扩大和调节资源流向的领域，可以采用市场机制配置的方式；而对于一些不能完全通过利益机制进行调节的领域，可以适当采取计划配置的方式；基础研究领域主要是学术上、社会上的效益，基础研究成果在某种意义上具有经济学中的"公共物品"的性质，市场机制在这一领域会失灵，因而需要政府对其进行以计划为主的配置，二者相互结合可以在充分发挥各自优势的基础上，弥补单一的一种资源配置方式的不足。在这种配置方式下，各个主体具有共同的配置目标，在不同层面进行制度设计，提供措施保障，从而使得配置主体之间形成一个互相协调配合、联动开放的配置体系，可以根据形势、情况的不同，灵活地选择市场或者政府配置方式，既发挥政府有力的行政职能，又充分使用市场需求，同时强调配置的可持续性和动态性。

5.1.2.2 针对不同对象的配置模式

根据科技资源配置的客体/对象划分，在科技资源配置中，存在着以下几种基本的模式：以科技人才（人）为主线的配置、以任务为主线的配置、以机构为主线的配置、以产品或技术为核心的配置以及综合一体化配置模式。

（1）以科技人才（人）为主线的配置

科技人才在整个科技活动中是最活跃的因素。以科技人才（人）为主线进行配置就是指以科学家个人为资助对象和投资载体的科技投资活动。主要解决两个问题：第一，以进行科技创新的人才为核心（大多为直接从事研发的研究人员或技术人员），配备相应的管理型人才为其服务，为其协调各种关系，配备领导型人才进行组织和领导整个R&D活动；第二，以人才为中心，为其科研活动配备相应的设备、仪器、实验环境、科学数据、科技文献等研究型资源，另外，还要建设各种科研活动的制度、组织体系，并提供生活的各种保障。

（2）以任务为主线的配置

以任务为主线的科技资源配置方式主要是课题制配置，课题制指以项目为资助对象和经费载体的科技投资活动。它涉及项目目标、资源保证、项目结果和项目管理等基本要素，是科技资源的投入与配置最主要的模式之一。课题的资金来源包括：政府资金、市场资金、企业资金、金融和风险投资资金、社会资金等。我国目前科研课题的资金来源以政府资金为主，有科技计划、科学基金等投资方式。科技计划方式主要是政府为支持或引导其他社会组织重视某方面的科学技术活动，筹措部分财力资源，制定一些特定目标的科技计划。目前我国国家级科技计划主要有国家科技重大专项、国家高技术研究发展计划（863计划）、国家科技支撑计划、国家重点基础研究发展计划（973计划）、国家科技基础条件平台建设、政策引导类科技计划及专项等。科学基金方式是指政府、民间团体或个人建立一个具有明确目标和资助范围的募金，并在一定地域范围和学科范围内挑选一批科学家对申请的项目进行评审。其中较著名的有国家自然科学基金、教委科学基金、各省市的科学基金等。

需要注意的是，单纯依靠政府投资远远不能满足整个社会科研活动的需求，这就要求加快建立鼓励其他类型的科研资金投入、运作和管理的制度，充分调动各种可用的资金为科技服务，特别是要做好科技金融方面的政策引导。

(3) 以机构为主线的配置

这种模式即机构模式。机构模式是指以科研机构为资助对象和经费载体的科技投资活动。以机构的发展为目标，将各类科技资源（人才、设备、信息、制度等）投入到机构中。科技资源配置的机构对象包括实验室、科研机构、高等院校、企业以及其他各类科研基地、大型科学基础设施等。配置形式有科学事业费、实验室运行费及运行补助费、专项经费等。

(4) 以产品或技术为核心的配置

以产品或技术为核心的配置要求这种产品或技术能影响到今后行业的发展趋势，有一系列关键和核心技术需要突破，需要整体规划，全盘考虑。这种配置模式比较贴近市场，获得更大经济效益和社会效益的可能性大大增加。基于技术类型、技术资源的配置应该围绕国民经济和社会发展所需，既要重视共性技术研发所需要的技术配置，又要关注个别重大技术的关键突破，还要加强其他管理和决策技术的突破。如科技重大专项就是基于核心技术和产品进行资源配置的重要方式，强调大型企业、用户和科研院所共同参与，让产、学、研、用等产业链的各个环节都加入进来，形成大军团的作战模式。

(5) 综合一体化配置模式

综合一体化配置模式是指各种方式相互交融、相互作用的综合配置方式，在科技资源配置过程中，对多类型资源、多种类主体进行配置，可能需要采取这种手段。国家技术创新工程就是一种典型的一体化资源配置模式。

国家技术创新工程是在现有工作基础上，进一步创新管理，集成相关科技计划（专项）资源，引导和支持创新要素向企业集聚，加快以企业为主体、市场为导向、产学研相结合的技术创新体系建设的系统工程。国家技术创新工程的主要任务是推动产业技术创新战略联盟构建和发展；建设和完善技术创新服务平台，突出资源整合和服务功能；推进创新型企业建设，引导和鼓励创新型企业承担国家和地方科技计划项目；面向企业开放高等学校和科研院所科技资源；引导企业充分利用国际科技资源。

推进国家技术创新工程的实施需要综合运用国家科技计划、无偿资助（含后补助）、贷款贴息、风险投资、偿还性资助、政府购买服务等方式，引导全社会资源支持企业技术创新。

5.1.3 科技资源配置结构

科技资源配置结构包括内部结构和外部结构两个方面。科技资源配置的内部结构是指在经济活动过程中,科技资源在不同方面的分配和使用比例。科技资源配置的外部结构是指科技资源在整个社会资源中的使用和分配比例,具体包括科技资源在不同活动层次配置结构(基础研究、应用研究、开发研究)、不同活动主体的配置结构(企业、高校、研究机构)、不同的行业部门配置结构和不同的学科领域间的配置结构。总的来讲,科技资源要素(包括资金)的配置结构在很大程度上决定着整个科技系统的功能和效率,对该部分的研究一般采取定量分析的方法。

(1) 区域结构

指科技资源在不同区域之间的分布结构。一般来讲,对于不同区域结构差别较大,一般来讲科技资源在各个区域的配置是和其经济发展水平密切相关,如我国东部和西部发展差距较大,对科技资源配置的要求不同。

(2) 行业/产业结构

指科技资源在不同行业、产业之间的分布结构。一般来讲,对于不同区域行业/产业结构差别较大,一般来讲是和区域结构相联系,体现区域的发展战略和关注的重点行业、产业密切相关,如湖北省以汽车产业为主导产业,相应地,科技资源投入主要向汽车产业倾斜。

(3) 学科结构

指在科学研究当中科技资源配置的状况,具体包括科学仪器、科技人员、科技文献和科学数据的学科分布倾向,这些资源主要分配给基础研究、应用研究、开发研究等,这些不同类型的科学研究会指向不同的学科或者不同的教育科研部门,学科结构则指他们之间科技资源配置的结构。

(4) 部门/垂直结构

是根据科技机构的隶属结构和组织体系进行的科技资源配置。这种科技资源配置必须能够体现和协调这种部门/垂直关系。如中央和地方科技资源的配置与协调、部门内外科技资源配置与协调。

5.1.4 科技资源配置效率

长期以来,实现科技资源的优化配置,最大限度地发挥科技资源的效能,促进国家、地区经济的持续增长,一直是各国、各地区普遍追求的目标。科技资源的优化配置是科技管理和科技政策优先关注的核心问题之一。只有实现了科技资源的优化配置,提高了资源的使用效率,才能使宝贵的资源发挥应有的作用,真正促进科学技术事业的发展,进而促进社会与经济的发展。如果将大量的科技资源投入到一个效率低下的科技系统中,则不仅不能发挥资源应有的作用,反而可能降低整个社会大系统的运行效率。因此,在高度重视科技投入总量增长的同时,必须对科技资源的配置效率给予更高程度的重视。

5.1.4.1 科技资源配置效率的内涵

科技资源配置的绩效表现为两个方面:一是科技资源投入是否取得了科技产出,并对生产力的发展和社会的进步做出了多大的贡献;二是科技资源投入与其所带来的产出相比,效率如何。科技资源配置效率的高低是反映科技能力强弱的一个重要方面,也反映着科技资源配置系统的素质。科技资源配置的绩效主要受到规模、结构和方式的影响,其中,方式是最为根本的影响因素。但是科技资源配置绩效又不限于上述几个因素的影响,还要受到科技资源的禀赋、各种资源间的匹配程度、经济发展水平、产业结构、产业政策、经济政策与科技政策之间有机衔接程度、教育水平等诸多因素的影响。

在经济学研究中,人们对效率的认识有着不同的理解,并往往根据需要把效率的内涵做了相应程度的扩展。但效率的核心通常被理解为"资源的节约"或者"资源的有效利用"。如萨缪尔森认为,效率意味着尽可能地有效运用经济资源以满足人们的需要,或者说尽可能减少浪费,即"经济在不减少一种物品生产的情况下,就不能增加另一种物品的生产时,它的运行便是有效率的"。最常见的效率概念是指现有的资源与它们所提供的效用之间的对比关系。当这一概念用于某个企业时,"效率"是指企业在投入一定生产资源的条件下产出是否最大,或者在产出一定的情况下投入成本是否最小。这是通常所指的"微观效率"。所谓的"宏观效率"是对一个经济体而言,各种资源是否在不同生产部门之间得到有效配置,使其能够最大限度地满足人们和社会的各种需求。

在西方经济学理论中,一般认为"帕累托最优"是一种最佳的资源配置状况,"帕累托最优"也成了资源配置效率的代名词。西安交通大学的李垣根据经济学中的"帕累托标准"(Pareto criterion)认为,科技资源配置的最优状态在理论上就是这样一种状态:科技活动人员和科技经费的重新配置已经不能使任何一个科技活动单位的产出增加,除非至少使另一个科技活动单位的产出减少。此时,配置行为使科技资源在各种用途、领域的边际收益相等,而任何改变此配置的行为都是不可取的,都会使科技资源的配置效率受到损害。这避免了有改进余地而不去改进的不利状态。在现实中,科技资源的配置往往不能达到边际收益相等这一理想状态,因此必须实现科技资源重新的配置和流动,其流动的方向是:从边际收益较低的领域流向边际收益较高的领域,以实现科技资源的优化配置。尽管以"帕累托最优"来评价一个地区的科技资源配置是否最优或最有效率,是一个单一的标准,具有一定的理论意义,但是在实践中难以运用。

对科技资源配置效率的解释可以有狭义和广义之分。狭义的科技资源配置效率是指实际的配置状况与理想的最优配置状况的比值,而把资源分配后科技活动主体的利用程度排除在外。广义的科技资源认为科技活动主体对科技资源的利用程度也会体现在资源配置效率之内。不论是狭义还是广义的科技资源配置效率概念,这种理想的最优配置状况都是对效率的可能边界的规定。一般经济分析中所讨论的效率,大多着眼于生产前沿或效率前沿的概念。效率前沿意味着效率发挥的相对最大程度,从这个角度来讲,通过科技资源配置能以较少投入得到相对较高的产出,那么,这样的投入与产出效益关系处于效率前沿面上,这样的科技资源配置是有效率的。科技资源配置的效率就是用来衡量在一定科技活动要素投入的情况下,其科技产出离效率前沿面的距离,距离越大,科技资源配置的效率越低。

如前文所述,在高度重视科技投入总量增长的同时,必须对科技资源的配置效率给予更高程度的重视。这就自然而然地提出了对科技资源配置效率进行评价的问题,即什么样的配置机制是好的,从而对现有与后期投入的科技资源的配置结构中的不合理成分从宏观与微观角度加以调整,并建立起与科技经济发展状况相适应的科技资源配置机制。

5.1.4.2 科技资源配置效率的评价

科技资源配置效率的高低在很大程度上决定着科技能力的强弱。对于配置效率国内学者有不同的评价方法,主要包括:

(1) 比较分析

主要从相对论的角度出发,以科技资源配置规模、强度、结构方式及运行模式作为指标,用横向比较方法(即以国外其他发展中国家或发达国家或以国内其他地区作为参照系)进行比较,或用不同时期的历史数据及对照国内外相似的科技资源配置阶段纵向地进行对照,并从比较中找出差距、分析原因、寻求对策。

(2) 结构优化法

从系统论出发,结构的优化对提高资源配置的效率起着极大的促进作用。一般来讲,首先要从科技资源配置阶段结构理论出发构建了一个最优化数学模型,以总产出效益最大化为目标。投入要素包括科研人员、科研经费等,产出要素包括对经济增长的贡献率、技术水平等,分析内容包括科技资源使用结构比例、不同产业之间科技资源投入比例结构等,从而找到针对科技活动发展目标下各个要素的优化组合和高效产出。

(3) 投入产出分析

投入产出分析是通过指标的选取,构筑模型直接进行评价。科技资源配置效率模型为:

$$E_i = C_i/T_i \text{(投入/产出)}$$

在进行具体的科技资源配置效率分析时,可根据情况选取不同的投入、产出指标,例如可以选取在前文中提到的科技人员、科技经费、科技物力、科技信息等投入指标以及成果与专利、技术转让、附加值、高新技术等产出指标并进行一对一、一对多、多对多的投入产出分析。

(4) 科技资源配置有效性的 DEA 分析

DEA 分析是数据包络分析的简称,是 A. Charnes,W. Cooper 等人以相对效率概念为基础,提出的一种崭新的有效性评价方法。数据包络分析(DEA)方法是一种针对多投入和多产出同类型部门,进行相对有效性综合评价的系统分析方法。它实质是运用数学规划模型,比较同类型决策单元间的相对效率,实现对各个决策单元(DMU)的综合分析,如确定每个决策单元的 DEA 有效性,指出 DMU 非有效原因和程度,判断各 DMU 投入规模是否恰当,及提供如何进行有效调整等许多有价值信息,是目前评价相对效率的一种有效方法。DEA 方法:① 能很好地处理具有多输入、输出特征的复杂系统的相对效率评价问题;② 无须事先人为设定指标权重和预先估计参数,克服了权重确定中人为主观因素影响的"刚性";③ DEA 方法中用到的相对有效性概念与经济学的 Parato 有效性等价,符合科技资源优化配置的评价标准。这些契合点使对 DEA 的选择不仅可行,而且相对较好。

C^2R 模型是 DEA 的最基本模型。形如:

$$(D\varepsilon)\begin{cases} \min\theta = V_{D\varepsilon} \\ s.t. \sum_{j=1}^{n}\lambda_j Y_j \leq \theta Y_j \\ \sum_{j=1}^{n}\lambda_j Y_j \geq Y_j \\ \lambda_j \geq 0, j = 1,2,\cdots,n \\ S^+ \geq 0, S^- \geq 0 \end{cases}$$

模型所涉及变量的经济含义为：θ 为 DMU_j 的相对综合效率（$0 \leq \theta \leq 1$），反映了第 j 个决策单元资源配置的合理程度。θ 越大，说明相对于其他被评价单元，第 j 个决策单元的资源配置效率越高，资源配置状态越趋于合理。反之则反。λ_j 表示若干个决策单元线性组合权重。决策单元通过这种线性组合，能重构出一个相对所有被评价单元效率最高的虚拟决策单元。DEA 正是以所有决策单元优化形成的有效前沿面为评价标准，对各个决策单元资源配置效率进行比较评价。

C^2R 模型是在决策单元的生产可能集满足凸性、锥性、无效性与最小性公理基础上构建的，但事实上，并非任何时候锥性都成立。基于以上考虑，有学者提出了不考虑生产可能集满足锥性的 DEA 模型（BC^2 模型），形如：

$$(D\varepsilon_2) \begin{cases} \min \theta = V_{D\varepsilon 2} \\ s.t. \sum_{j=1}^{n} \lambda_j X_j + s^- \leq \theta X_j \\ \sum_{j=1}^{n} \lambda_j x_j - s^+ \geq Y_{j0} \\ j = 1, 2, \cdots, n \\ S^+ \geq 0, S^- \geq 0 \end{cases}$$

假设 $D_{\varepsilon 2}$ 的最优解是 λ^*，s^{*-}，s^{*+}，θ^*。若该模型的最优解不仅满足 $\theta^* = 1$，而且还满足 $s^{*-} = s^{*+} = 0$，则称 DMU_{j0} 为 DEA 有效。若该模型的最优解仅满足 $\theta^* = 1$，则称 DM 为弱 DEA 有效。若该模型的最优解 < 1，则称 DMU_{j0} 为非 DEA 有效。C^2R 与 BC^2 模型变量的经济含义相同。在 BC^2 模型下，DEA 有效仅代表技术有效，不代表规模有效；在 C^2R 模型下，DEA 有效兼有技术有效和规模有效的双重含义。因此，将两模型结合使用，能挖掘出更多有用的数据信息。

（5）模型评估法

建立科技资源配置效率的评估模型。根据各种科技资源的投入和相应的产出，以某种评估方法为基础，建立相应的模型。困难之处在于投入和产出不好明确界定，而且各种投入和相应产出之间的匹配关系难以确立。

对于科技资源配置效率测度指标，许多学者进行了研究和总结，如表 5-1 所示。

表 5-1 关于科技资源配置效率评价的相关研究

相关研究	指标	研究方法	结果
徐建国 (2002)	包括知识形态成果、科技转化效果和经济结构优化效果3方面，具体包括16个具体指标	线性加权方法	科技资源配置效果指数以东、中、西部地区比较，呈东、中、西梯度分布
李石柱等 (2002)	投入选择科技经费、人均经费、科技人员；产出选择专利、论文和技术市场	主成分分析因子的贡献率和累积贡献率，分别计算各区得分，再加权综合	科技投入大的省区，如北京、上海、江苏等居前，反之则居后，如海南、贵州、青海等西部地区
李冬梅等 (2003)	科技投入选取科技人员和科技经费筹集2指标；科技产出选择5个指标	主成分分析、回归、聚类等方法，核心是计算产出与投入的比率	全国分五组，并给全国省区排名，科技投入少的地区一般效率比较高，如海南和大多数西部省区
牛树海等 (2004)	选择论文、专利、高校和科研机构4个指标，没有详细解释	用主成分分析进行多指标综合评价	结果与李石柱等类似，科技投入高的省区，则效果好，如东部科技大省、中西部的四川、湖北和陕西等省区效果好，反之则差
王荣斌等 (2004)	科技投入为人力、财力5个指标，产出为专利、论文和技术交易额3个指标	类似于李冬梅等的研究方法	对河南省1991—2002年科技资源配置效率做时间序列分析，结论是效率总体呈现下降的趋势
魏守华等 (2005)	科技投入指标：科技活动人员、科技经费筹集额；科技产出指标：专利申请受理量、技术市场成交额、国外主要检索工具收录论文数、新产品产值、高新技术产业增加值	主成分分析、回归、聚类等方法	区域科技资源配置效率大体呈东、中、西地带性分布，东部沿海的经济强省科技资源配置效率高
张晓瑞等 (2007)	输入指标主要包括：科技活动人员；科技活动中科学家、工程师数比重；R&D经费占国内生产总值比重；科技拨款占财政总支出比重。产出指标：技术合同成交数（项）；科技论文三系统发表数比重、国内专利申请受理数、获国家级奖励；高技术产品进口贸易总额比重；高技术产额品出口贸易总额比重	DEA	对我国各个区域科技资源配置效率的测算与比较
叶金国 (2007)	输入指标：科技活动人员；科技经费占GDP比重；科技固定资产新增占社会固定资产比例。产出指标：技术成果交易额；新产品销售收入、劳动生产率、工业增加值率、科技新增固定资产对GDP的贡献	DEA	东部经济发达省市经济增长速度较快，科技投入规模较高，科技资源配置效率优先

续表

相关研究	指标	研究方法	结果
刘玲利（2008）	技术效率、技术进步和总效率	Malmquist 指数方法	揭示中国科技资源配置中区域发展的差异性和规律
雷睿勇（2004）	总结了配置效率的评价方法		
王忠业（2006）	输入指标：科技人员数、科研经费额、承担项目数。输出指标包括：技术转让合同数、当年收入、培养研究生数、发表论文数、授权专利数、鉴定成果数、国际交流人次	DEA方法	对辽宁省科技资源配置的相对有效性进行评价
唐五湘（2007）	输入指标：科技活动经费支出额、科技活动人员数。输出指标包括：专利申请授予量、技术市场成交额、国外主要检索工具收录论文数、新产品产值	面板数据方法	我国区域科技资源配置效率测算及其与其他研究的比较
江永真（2007）	专利申请量效率、技术市场成交额效率、外国检索工具收录论文效率、产品销售额收入效率等	多元回归分析	科技资源配置结构和社会环境对福建省科技产出单指标效率产生明显影响
尤建新	投入：人力资本投入和经费投入。产出：专利数量、高技术销售额、劳动生产率	DEA方法	总体趋势良好，科技资源投入效率偏低
孙宝凤（2004）	科技资源基础能力、科技产出能力、科技市场化能力等	DEA方法	我国东部、中部和西部在总量上具有数量级差异性，它们的相对有效性差异亦较大，表现为非均衡
鲁勇兵（2006）	科技活动人员、科技活动经费、专利申请授予量、技术合同成交额、科技论文数、高技术产业增加值	因子分析法和聚类分析法	揭示了河北省11区域科技资源配置效率的差异及存在问题
刘润生学位论文	科技投入指标为：科技活动人员、R&D经费支出、科学家和工程师类、科技财政支出、科技经费内部支出。科技产出指标：新产品、国内科技论文、技术市场成交额、专利申请授权、专利申请受理、国际科技论文和高新技术产品出口	DEA方法 模糊分析法 主成分分析法	科技源配置效率在地区之间有较大的差异，由东向西呈阶梯状，东部地区的科技资源配置效率高，东部与中部和西部的差异要大，而中部与西部的差异要相对小一些

续表

相关研究	指标	研究方法	结果
宋涛等（2004）	输入指标：科技活动人员数、科学家工程师所占比重、R&D 经费、企业科技经费支出、科研综合技术服务业新增固定资产。输出指标：科技人员论文数、发明专利批准数、技术成果成交额、高技术产品出口、新产品销售收入、GDP 综合能耗	DEA 方法	河北省 DEA 综合有效性系数为 0.8532，居全国第 22 位
傅毓维等（2007）	投入变量：科技活动人员数、R&D 人员、科技经费支出、R&D 经费支出。产出变量：技术性收入、发表科技论文数、专利申请受理数	数据包络分析	揭示了黑龙江省区域科技资源配置效率的差异及存在问题

根据以上分析，我们认为科技资源配置效率评价的主要输入指标包括：科技活动人员、R&D、科研综合服务新增固定资产，分别表示科技人力、物力、财力资源的投入。科技资源配置效率评价的主要输出指标包括：科技人员论文数、发明专利批准数、技术成果成交额、高技术产品出口、科技新增固定资产对 GDP 的贡献等。

5.1.5 科技资源配置与国家创新系统

国家创新体系首先由英国著名技术创新研究专家弗里曼于 1987 年提出，它的基本含义是指由公共和私有部门和机构组成的网络系统，强调系统中各行为主体的制度安排及相互作用。该网络系统中各个行为主体的活动及其间相互作用旨在创造、引入、改进和扩散新的知识和技术，使一国的技术创新取得更好的绩效。它是政府、企业、大学、研究院所、中介机构之间寻求一系列共同的社会和经济目标而建设性地相互作用，并将创新作为变革和发展的关键动力的系统。国家创新体系的主要功能是优化创新资源配置，协调国家的创新活动。具体而言，国家创新体系具有科技资源的配置功能、国家创新制度与政策体系建设功能、国家创新基础设施建设功能和部分创新活动的执行功能。

"国家创新体系"与"科技资源配置"二者之间的关系类似于骨骼系统与血肉之间的关系，双方互为对方的"规定"，互为对方的评估指标；"国家创新体系"是对创新要素"联动"的一种系统规定，这种规定既应满足创新的一般要求，也应符合特定国家的国情，而这种系统规定能否做到这点，关键之一又是看科技资源在企业、研究机构、大学之间的配置能否产生正向联动。国家创新体系内的科技资源配置示意图见图 5-2。国家创新体系是由科技资源、创新机构、创新机制和创新环境 4 个相互关联、相互协调的主要部分构成。在国家创新体系中，国家创新体系的行为主体本质上就是科技资源配置主体，国家创新体系的重要功能之一是科技资源配置，衡量国家创新体系绩效的重要指标之一是科技资源配置效率。推进国家科技创新，要充分发挥国家创新体系在合理配置科技资源、促进各类创新机构密切合作和良性互动、完善创新活动的运行机制、保持创新活动与社会经济环境相协调等方面的重要作用。在国家创新体系中，科技资源是创新活动的基础要素，要把科技人才作为促进创新的核心资源，高度重视知识信息、知识及知识产权等战略型资源在创新活动中所起的关键性作用。要充分激发各创新主体的积极性，促进各创新主体间相互协调与联合。创新机制是保证创新体系有效运转的关键因素，要逐步建立和完善在市场经济基础上的分配激励机制和有利于科技资源和要素流动与互动的公平竞争机制，保证创新活动客观、公正和科学。创新环境是维系和促进创新的保障因素，要努力创造有利于创新的法律法规、政府激励政策、信息网络、大型科研设施与创新基地等国内软硬环境，逐步形成能有效参与国际竞争与合作的国际互动外部环境。

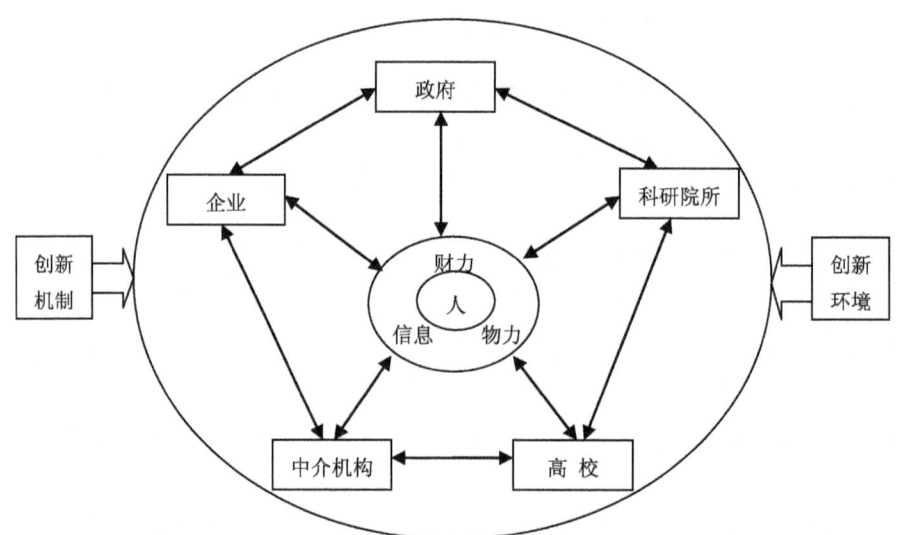

图 5-2 国家创新体系内的科技资源配置

5.2 科技资源配置能力

当前,我们正在大力推进创新型国家建设,政府越来越关注和重视科技资源配置能力的建设。学术界也开始对科技资源配置能力进行研究。但总体而言,现有关于科技资源配置能力的研究并不充分,对于科技资源配置能力的内涵缺乏一致的认识,对于科技资源配置能力的驱动因素也缺乏深入分析。在综合现有文献研究的基础上界定科技资源配置能力的定义,厘清科技资源配置能力的基本特征,分析科技资源配置能力的构成要素,并对科技资源配置能力的驱动因素进行探讨,将为进一步培育和提升科技资源配置能力提供有益借鉴。

5.2.1 科技资源配置能力概念界定

在探讨科技资源配置能力之前,有必要首先厘清能力与资源配置能力的含义。

(1) 能力与资源配置能力

《辞海》把能力定义为完成一定活动的本领,包括完成一定活动的具体方式以及顺利完成一定活动所必需的心理特征。George B. Richardson 认为能力是组织拥有的为实现组织目标所需的技能和知识。Prahalad and Hamel 认为组织能力是组织多方面资源、技术、不同技能的有机组合。综合以上分析,我们可把能力定义为组织为实现目标所需要的一种知识和技能。

在资源配置能力方面,尽管资源配置是经济学研究的核心问题。然而资源配置能力却一直未成为主流经济学的一部分。一般均衡理论不否认经济失去均衡的可能性,但它总是假定由于市场供求力量的存在。经济会在瞬间、自然地完成从非均衡状态到新均衡的过程。因此在静态的经济环境中,资源配置能力一直无法体现价值。现实经济却告诉我们,复衡过程是需要时间的,其时间的长短、效果的优劣取决于人们有效地感知、把握失衡状态的能力和有效地对失衡做出反应并重新达到均衡的能力。因此,广义的资源配置能力是感知、正确地把握和采取行动重新配置资源、应付非均衡配置的能力。

(2) 科技资源配置能力定义

对于科技资源配置能力的定义,许多学者提出了自己的见解。徐建国认为区域科技资源配置能力是指区域内高效地分配和运用科技资源的能力,它的强弱直接或间接地影响到科技系统的功能和效率。华瑶等认为科技资源配置能力是一个国家、地区或者一个部门高效运用和整合科技资源的能力。周勇、李廉水认为区域科技资源配置能力是在一定区域内，结合区域实际，运用和整合科技资源，创造科技、经济、社会多重效益的能力，是区域科技资源配置强度、配置结构、配置绩效和配置环境的综合体现。李应博认为科技资源配置能力是科技资源配置主体对科技资源的获取、使用和收益的能力。以上观点都是从不同角度对科技资源配置能力进行了定义，都强调了科技资源的高效运用和整合，但这些定义对配置的解释并不清晰，对科技资源配置能力与科技能力等的关系界定并未进行深入阐述。科技能力不仅取决于拥有科技资源的数量和质量，还取决于科技资源能否得到有效的配置与利用。因此，科技资源配置能力是科技能力的重要组成部分。另外，由于科技资源配置过程既是一个明确科技资源投入方向的过程，又是一个对配置主体内外部科技资源进行有效整合和利用的过程。因此，综合以上学者的研究，把科技资源配置能力定义为科技资源配置主体在科技资源配置实践过程中形成的对科技资源的投入与使用进行科学定位、对内外部科技资源进行有效整合和利用的知识与技能。

（3）科技资源配置能力的基本特征

作为科技能力重要的组成部分，科技资源配置能力具有以下特征：

1）独特性：科技资源配置能力的独特性主要表现在以下几方面：一方面，科技资源配置能力的积累具有独特性。科技资源配置能力是配置主体自身所拥有的能力，是配置主体在长期的科技资源配置过程通过知识和技术不断积累与整合而形成的。另一方面，科技资源配置能力来源具有独特性。科技资源配置能力不只是与配置技术手段有关，更是一种制度化的相互依存、相互联系、能够将科技资源优势并将其转化为科技能力优势的知识体系。每一个配置主体由于制度文化的差异，其配置能力都有各自的特点，其他配置主体难以学习和模仿。

2）系统性：科技资源配置能力的形成是多因素长期作用和协调发展的结果，是内外部相关同质或异质系统不断进行信息、资源交换的产物。科技资源配置能力是一个系统，由科技资源配置能力的构成要素以及要素之间的关系构成。科技资源配置能力中的任何一个要素发生变化，都会引起与其相联系的其他要素发生变化，进而导致整个能力系统的变化，并影响科技资源的配置渠道、配置结构、配置规模、配置方式乃至最终的配置效率。

3）动态性：科技资源配置能力从形成到发展是一个循环累积的动态过程，

科技资源的流动性决定了科技资源配置能力也必须适应科技资源动态发展。当外界环境发生变化时，科技资源配置能力系统内部结构将发生变迁，其演进的每一阶段都蕴含着能力结构的调整和优化，促使新的、具有更高运行效率和环境适应性的能力出现。

4）路径依赖性：路径依赖是指一个具有正反馈机制的体系，一旦在外部性偶然事件的影响下被系统采纳，便会沿着一定的路径发展演进，很难为其他潜在的甚至更优的体系所取代，而被锁定在无效的路径上。能力的积累和改变都是一个渐进的过程，科技资源配置能力形成依赖于配置主体的积累性学习。科技资源配置主体以往积累的知识、经验会对其以后的科技资源配置行为产生影响，从而使科技资源的配置表现为具有路径依赖性的演化过程。

（4）科技资源配置能力的构成

根据科技资源配置能力的定义，科技资源配置能力主要包括3个方面内容：一是科技资源定位能力，要解决科技资源使用方向的确定，即明确科技资源的定位，它要解决的问题是将科技资源用到做"正确的事"上；二是内部科技资源整合能力，主要指对现有科技资源的充分利用能力；三是外部科技资源获取能力，即当现有科技资源与发展目标存在差距时，弥补科技资源缺口的能力。

1）科技资源定位能力：即配置主体如何解决在市场失灵情况下科技资源投入和使用方向的能力。在经济学理论中，资源的配置方向是由市场经济这只"看不见的手"决定的，即资源投向哪里、作何用途，应以市场需求为导向，以价格机制为杠杆，流向收益率高的地方。但是由于这个"看不见的手"并没有将科技资源的特性考虑在内，科技资源具有公共物品属性、多样性和差异性等特征，如果只是按市场机制配置，那么就不可能将科技资源配置与国家、区域、行业和组织的战略需求有效地结合起来，也就难以发挥科技资源的最大价值，进而影响配置主体的创新绩效。

2）内部科技资源整合能力：指配置主体对可控或可利用的科技资源构成要素和结构关系进行重新调整和配置的能力。如果科技资源的存在或被利用已经难以产生有效的科技创新成果时，就必须对科技资源进行有效整合。内部科技资源整合主要包括协调好现有科技人力资源、科技财力资源、科技物力资源和科技信息资源之间的关系，以及各类资源内部之间的动态平衡，目的是解决配置主体内部科技资源闲置和浪费等问题，以实现科技资源的优化配置。

3）外部科技资源获取能力：指配置主体在面临着科技资源的制约时，通过新科技资源的引入，以突破制约发展的"瓶颈"，实现科技资源的动态更新的能力。尽管我国在科技资源总量上增长迅速，但不同科技资源配置主体所拥有的科技资源是有限的，尤其是战略性的科技资源更为缺乏，因此必然存在科技资源存量不足以支撑科技创新活动的情况。为此，各配置主体应在外部搜寻适合的科技资源并通过购买、兼并、交换、合作等方式引入配置主体内部，以满足持续性科技创新活动的需要。

5.2.2 科技资源配置能力的驱动因素

科技资源定位能力、内部科技资源整合能力和外部科技资源获取能力共同构成了科技资源配置能力的内涵，它们的作用形式表现为市场、制度、社会、技术4种驱动力量，这4种驱动力量的协同作用有利于科技资源配置效率的提高。

（1）市场因素

市场是科技资源配置的基本手段，市场功能的实现与完善是通过市场的各种运行机制的相互影响、相互作用来完成的。市场因素对科技资源配置能力的影响主要表现在产权市场化、市场中介体系和市场信用体系3个方面。① 产权市场化是科技资源配置的基础。科技成果的产权能否得以保全，社会各个方面对技术成果发明人或持有人的合法权益是否给予足够的尊重，不仅对科技成果的转让效率和秩序有重要影响，而且直接关系科技活动的激励机制。明晰的产权制度的建立和完善，无论是对于吸引人才资源还是吸引风险资金或其他科技资源，都奠定了一个市场化的创新主体行为基础。② 市场中介体系是科技资源配置的重要渠道。中介体系实现了政府与其他创新主体间的上下沟通，促进了科技成果从高校、科研机构到企业商业化的转化，创造了公平、公正、规范的市场环境，对政府、各类创新主体与市场之间的知识流动和技术转移发挥着关键性的促进作用。③ 市场信用体系是科技资源配置的重要保障。信用是一种资源，没有信用，就没有市场经济存在和实施的基础。通过建设市场的信用规范，强化各创新主体的信用意识，不断地弘扬和建设信用文化，为提高科技资源的配置能力提供信用支撑。

（2）制度因素

由于科技活动自身具有正的外部性、非排他性、信息不对称等特征，导致市场在进行科技资源配置过程中存在失灵现象。制度因素对科技资源配置能力的影响表现在：① 激励功能。通过有效的制度安排，制订金融、财税优惠政策。激励配置主体更加高效地配置科技资源。② 分配功能。通过建立相应的制度体系，政府可以依据相关规律和信息对人、财、物等科技资源要素进行分配，实现科技资源的均衡配置。③ 协调功能。随着人类科学技术水平的不断提高，知识生产活动的顺利进行更多地依赖于不同领域、不同学科间的分工与协作。通过采取政策措施搭建科技合作平台，营造有利于互动的合作环境，促进产学研的有效结合。④ 规范引导功能。科技资源配置的制度供给方向决定科技活动的发展方向，并在制度运行的过程中对科技人力资源要素的行为方式、价值观念等加以规范和引导、对科技活动的环境加以塑造。从而有利于科技活动的顺利进行和科技资源的高效配置。

（3）社会因素

社会因素主要是指各种非制度性的配置力量，包括社会各种正式和非正式的联系渠道以及习俗、伦理道德和思想观念等社会文化方面的配置力量。各种正式和非正式的联系渠道往往是传递信息、交流思想、协调行为、最终导致科技资源流动和配置的重要因素。社会文化一方面可以从主导价值观上规范科技人员的行为，减少腐败和寻租行为，进而直接影响科技资源的配置方向、科技成果的产出质量；另一方面，可以弥补由于契约的不完备性所造成的各种不利于配置过程中的腐败等行为，有利于节约科技资源配置过程中的交易成本。

（4）技术因素

技术是资源配置的工具与手段，科技资源是在一定技术条件下完成配置过程，而且技术的变化直接影响与制约着科技资源配置的方式、规模与效率。当前，随着信息技术和网络技术的迅速发展和广泛应用，科技资源的流动性增强，使得国家或地区之间可以跨界配置资源，实现科技人力资源、科技物力资源、科技信息资源、科技财力资源在更大范围内的开放共享，从而提高了科技资源配置主体的资源利用水平；通过采用更先进的管理和规划技术，可为科技资源宏观和微观配置提供更科学的决策依据。

5.3 科技资源优化配置

5.3.1 科技资源优化配置的内涵及原则

科技资源优化配置，就是要综合运用政策、产权、市场等力量或手段激励和推动各科技创新主体内部科技资源的有效利用以及科技资源在科技创新主体间的流动,保证科技创新主体对科技资源的利用需求。

科技资源优化配置主要表现为:科技资源在不同科技活动层次的数量、种类、结构(基础研究、应用研究、开发研究)合理、科技资源在不同活动主体的数量、种类、结构(企业、高校、研究机构)合理、科技资源在不同的行业部门的数量、种类、结构合理,科技资源在不同的地区部门的数量、种类、结构合理,科技资源在不同的学科领域间的数量、种类、结构合理等。科技资源配置的结构合理与否在很大程度上决定着整个科技资源系统的功能和效率。

具体而言,科技资源科技配置在宏观、中观和微观层次表现各不相同。在宏观层次,主要是指国家对科技资源投入总量合理与否。主要包括两层含义:第一,科技资源投入总量情况。例如科技资源投入占 GDP 比重、科技资源投入占研发投入比重、科技资源投入与科研产出比、政府科技资源投入比例、中央和地方科技资源投入比例等,要求科技资源投入总量达到一定规模,并引导社会其他力量投资条件资源建设。第二,科技资源在各个地区、学科、部门、产业、行业等分布的合理性,例如东西部科技资源投入的平衡、新兴产业与传统产业条件资源投入的平衡。中观层次主要是指部门、区域和行业层次。主要要求是部门内部、区域内部和行业内部各个科技活动参与者之间的科技资源在数量、结构、种类等方面的合理性,例如稳定支持与竞争性支持比例等。微观层次是指具体的某一科技创新主体如何在其内部匹配、组合各种条件资源,以便高效率地产出科技成果。例如创新主体科学仪器/设备、科技文献、科学数据等投入占总投入的百分比。

科技资源的优化配置要按照科学发展观和建设创新型国家的新要求,认真贯彻落实《科学技术进步法》,从国家科技发展总体布局出发,密切结合经济发展和国家安全的需求,以提高国家科技创新能力和增强国际竞争力为目标,以改革创新为动力,以资源优化和共享为主线。遵循科技发展规律,适应市场经济规律,充分运用现代信息技术和利用国际资源,积极培育科技资源的自主研发能力,大力加强科技基础设施建设,有效改善我国科技持续发展能力,为科技长远发展与重点突破提供强有力的支撑,为全社会科技进步、人才培养与创新活动提供及时有效的支持。

科技资源优化配置的基本原则如下:

第一,需求引导原则:科技资源合理配置判断的标准,应该主要看是否有利于推动国家的经济发展,是否有利于增强国家的综合科技实力,是否有利于提高人民的科学素养。科技资源的配置应该与经济发展的需求相适应,与国家安全战略相统一,与科研主体自身的需求相匹配。

第二,分类管理原则:根据不同资源的特点,建立分级分类的管理模式。如对于大型科学仪器资源,重在实物资源服务,应建立稳定的技术人员队伍和运行经费保障,提高科学仪器使用效率,拓展服务领域。对于信息资源,则尤其要重视知识产权问题。

第三,统筹协调原则:科技资源的布局要统筹中央与地方的关系,统筹区域之间的关系,统筹部门之间的关系,统筹各产业之间的关系,统筹学科之间的关系,从而实现科技资源的合理配置。

第四,持续优化原则:要不断培育和强化科技资源的自主创新能力、整合能力和更新能力,确保科技资源能满足并适当超前我国科研发展的现实要求,不断缩小与发达国家科技资源上的差距,为实现创新型国家的战略目标服务。

5.3.2 配置失衡的主要表现

新中国成立以来,尤其是改革开放30年以来,我国科技资源建设成效显著,已经形成一定规模,为我国科技事业提供了重要支撑。目前,我国科技资源已经形成了包括大型科学仪器设备、研究实验基地、自然科技资源、科学数据库以及科技文献各类资源的庞大保藏体系。特别是科技部组织科技基础条件平台建设以来,科技资源利用效率明显提高,初步形成了以科技资源为共享核心,以重点实验室、工程技术研究中心等为主体的研究开发平台体系;以大型科学仪器设备、自然科技资源为共享核心的资源共享平台体系;以科技成果转化、生产力促进中心等为依托的成果转化平台体系。虽然取得了一定的成绩,但是我国科技资源配置目前还存在以下问题。

(1) 配置规模依然不足

我国科技人力资源的配置规模在绝对量上和一些发展中国家相比虽然具有一定的优势,但应当看到,我们同发达国家相比还有差距;而且从相对量来讲,与一些发展中国家(如韩国和新加坡)差距也很明显。另外,在科技经费投入方面,R&D经费是国际上衡量一个国家科技资金投入的主要指标,2011年,我国R&D经费的投入总额8687亿元,投入强度(占国内生产总值之比)为1.84%,与发达国家相比还有不小的差距。而且人口平均值、科学家与工程师人均经费等各项相对指标均低于主要发达国家以及一些发展中国家。

(2) 配置结构存在失衡

科技资源优化配置的主要诱因是科技资源配置的失衡,当前科技资源配置失衡主要表现在:第一,企业未能成为科技资源配置的主体。在市场经济条件下,企业应当是科技活动的主体,也是科技资源的主体。在我国,市场机制的引入使国有企业得以改革与调整,但由于改革不够彻底,使国有企业未能将竞争压力转变为主动寻求技术创新的动力。目前我国的科技创新相对集中于科研机构、高等院校,并且部分科技资源游离于企业与市场之外。第二,基础研究支出所占比重较低。2011年基础研究、应用研究和试验研究占研发经费(R&D)总投入的比例分别为4.7%、11.8%、83.5%。基础研究经费远低于发达国家,也与我国政府要求的10%的目标还较远,导致新产品、新工艺的创新水准不高,发明专利在三类专利中所占比重较小,最终使得高技术产品进出口逆差问题长期得不到解决。第三,科技资源的产业分布极不均衡。2011年,研究与试验发展经费投入超过200亿元的行业有8个,这8个行业的研发占全部规模以上工业企业的比重达72%,研发经费投入强度(与主营业务收入之比)超过规模以上工业平均水平(0.71)的行业有11个。第四,区域科技资源分布不均衡。2011年,研究与试验发展经费投入超过300亿元的省市有江苏、广东、北京、山东、浙江、上海、辽宁、湖北8个,占全国总经费投入的66.5%,研发经费投入强度(与地区生产总值之比)超过全国平均水平的有北京、上海、天津、江苏、陕西、广东、山东和浙江。总体来看,科技资源集中在经济发展较快的省份。

(3) 配置体制仍不完善

目前我们的科技资源配置还没有与经济发展紧密联系起来,没有与国家创新体系建设紧密联系起来,而且科研机构条块分割。具体而言,我国的科研开发体系由中国科学院、高等院校、国防科技机构、部属科技机构、地方属科技机构、企业科研机构、民营科技机构等组成。由政府部门和各行政单位兴建的这些科研机构形成了军民分割、部门分割、地区分割、学科分割的局面,"大而全"和"小而全"的割裂封闭体系。这种组织结构体系必然导致管理分散、宏观调控乏力的后果。此外,这种配置体制还产生了机构和专业重复设置,科技力量分散,浪费科技资源的弊端。

(4) 配置机制还不健全

科技资源配置机制是影响配置效率的关键因素,主要表现在政府启动机制、风险投资机制、法律机制、人才使用机制、激励监管机制、市场机制、中介服务机制等方面。其中，监管机制缺位尤为重要。主要表现在：监管主体缺位，由于科技资源配置涉及方方面面，因此在具体的配置中，缺乏一个绝对的单一主体进行全方位的监管，或者说缺乏一个行政权力凌驾于这些配置主体之上的行政机构或者中介结构来进行监管，具体的监管主要是审计资金的使用情况，而对于科研活动过程的其他行为例如课题进度、课题结果等则相对宽松，因此造成严格的财务制度与灵活的科研创新方式之间的矛盾。另外，缺乏对科技资源配置监管的法规和制度，没有考虑与激励相配合，在监管过程中还出现部分信息失真、数据收集整理以及统计分析工作不细致、监管成本过高等问题。

5.3.3 影响优化配置的内外部因素

影响科技资源优化配置的因素可以分为内部因素和外部因素，内部因素主要包括科技资源构成、数量以及资源的流动等，外部因素则主要是科技资源存在的环境因素。

5.3.3.1 主要影响因素分析

（1）宏观经济环境

宏观经济环境主要是指一定时期国家经济状况的好坏以及所实施的宏观经济政策、投资趋向、发展重点，并为适应经济增长的需要、经济结构的变化而制定的各项经济政策。经济是科技资源投入的基础和条件，而科技资源优化配置的最终目的则是实现经济的增长，二者互为因果。经济发展是科技资源配置优化的内在动因，它为科技资源投入提供物质保证，科技资源配置优化反过来又能增强经济实力。

（2）政策法规环境

政策法规环境主要是指一定时期为实现科技资源配置优化、实现科技进步而制定的各项政策（宏观、微观政策，长期、短期政策）与法规制度的总和。政策方面除经济政策外，主要还有科技政策、人才政策、科技发展战略等，法规环境则包括了有助于市场动作规范性的法规条例与制度，例如知识产权制度、技术合同法、公司法等。作为科技资源配置的激励手段，各项相关政策的制定必须以符合科技本身发展的规律为基本前提，其目的在于优化资源配置，促进产学研结合，践行创新驱动发展战略。

（3）市场环境

市场环境是指有利于科技创新和经济增长所依赖的市场体系的总和。主要包括产品市场、技术市场、资金市场、人才市场等。市场的发展程度和完善程度，决定了对科技资源需求的压力大小，而市场的开放程度则影响科技资源配置的深度与扩散的广度。

（4）人文环境

人文环境主要是指国家、地区或科技创新主体内部对科技资源配置的认知程度，以及由此决定的科研人员社会地位、科学研究的重视程度等一系列社会意识的总称。显然，科技资源配置的人文环境直接影响着科技投入的力度与广度。

5.3.3.2 具体影响因素的确定

从内部因素和外部因素的关系来看，外部因素通过内部因素起作用，内部因素受外部因素的影响。考察科技资源配置是否有效，单一指标不能反映总体和全面的情况，需要从不同角度综合考察。通过对内部要素和外部要素的分析，确定影响科技资源配置的系统内部因素和环境要素主要包括（图5-3）：科技资源投入规模、科技资源投入结构、科技资源的流动、科技体制、科技活动运行机制、技术市场、人才市场、科技资金市场、科技政策、法规、科技规划；财政收入、财政科技支出等。

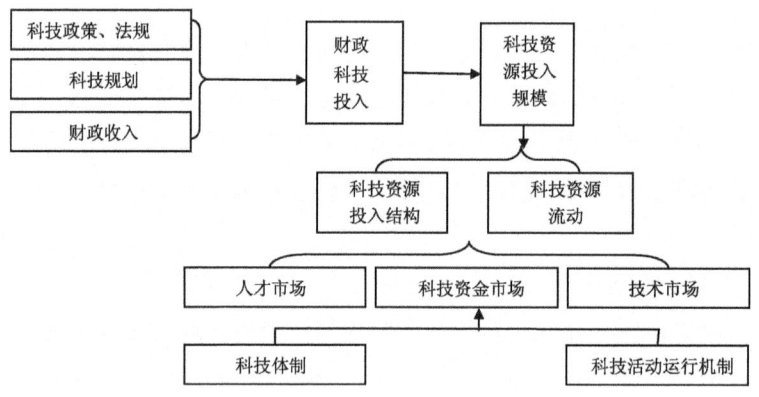

图5-3 科技资源配置的影响因素

这些影响科技资源配置的因素可以分为几个层次，每个层次的影响、作用方式都不同。基本层因素主要包括：科技资源投入规模/数量、科技资源投入结构/方向，它们直接决定了科技资源配置的状况，是最直接的因素。调节层因素有5个因素：科技体制、科技活动运行机制、人才市场、科技资金市场、技术市场，它们是影响科技资源配置的深层次原因。决策层因素主要包括：财政收入状况、科技政策和法规、科技规划，主要是政策方面的作用，是有关科技发展战略的高层次的政策性和计划性的调整和制导因素，他们直接决定了科技投入的大小，即科技资源配置的规模。

5.3.3.3 影响因素的作用机制

通过对以上影响因素的解释定义、相互作用关系、影响层次划分等进行总结归纳可知，其对科技资源配置的作用机制可分为：行政政策干预机制、计划调节机制、市场调节机制、监督约束机制、激励机制。

（1）行政政策干预机制

指政府把自己的决策、意见定量化、成文化，以规章制度、行政命令和成文制度的形式从科技资源配置体系外部传输出去（具体由各级行政和科技管理部门传输监控）来指导科技资源的流向和规模。科技资源配置体系中，财政科技支出管理制度、银行科技贷款方向、额度甚至利率都是行政干预的结果（利率并非完全取决于科技资金市场，而往往由一国的中央银行所确定）。而人才市场、科技创新主体中的人事制度也取决于行政裁决。国家区域经济政策也起着制导科技资源流向的作用，如我国的特区、开发区政策使大批的高层人才汇聚深圳、珠海等特区和各地的高新技术开发区。技术政策则规定了各领域技术的发展目标、发展范围、发展规模，直接影响了技术市场的供求。

（2）计划调节机制

计划调节是各级政府根据国内外科技发展趋势和国家经济、国防等的需求，所做的不同时段的科技规划和科技发展计划。计划调节由于调节作用的集中性，直接改变、影响技术市场的结构和供求情况，对财政科技支出及分配方向、银行科技贷款制度及方向也有直接的影响，其特点是时段性强、主观决策性强，因而其调节的范围应该主要限于近中期国民经济急需的和国防建设科技项目，否则会误导资源配置而达不到最佳利用效率。计划调节需要高效的科技管理手段和畅通的信息传输，需要多方的配合，实施的难度大。

（3）市场调节机制

科技创新主体根据科技资源的供求情况形成的"价格"自行配置其科技资源。科技资源市场目前主要包括科技人才市场、科技资金市场和技术市场。人才市场是科技人才（包括应届毕业生）根据各类创新主体的物质收益（工资、奖金、住房）和职称地位工作环境等激励措施所形成的综合市场价格信号来选择就业方向。但目前毕业分配制度、科技人事制度等阻碍了市场作用，制约了科技人员的积极性。科技资金市场，其调节信号是银行利率、股票价格和收益等资金价格。技术市场的调节信号则是科技成果的供求关系和科技成果的价格。

(4) 监督和约束机制

监督和约束机制分为体系外部监督约束和体系内部监督约束。体系内部约束主要包括科技创新主体和科技资源供给方的财务制度、民主制度、廉政纪律等，具体由职代会、审计、监察等职能部门实施。体系外部监督约束机制包括科技政策、科技法规等，具体由各级人代会、法律部门、科技管理部门、社会言论实施。监督约束的主要作用是保障各项科技规划、科技计划顺利执行，科技资源市场包括人才、奖金、技术市场等正常运转，从而保证稀缺的科技资源得到充分合理的利用。

(5) 激励机制

激励机制主要从物质和精神两个方面引导科技创新主体的创新行为，从而引导科技资源的流向和规模。对科技创新主体创新行为的激励主要根据科技政策通过自然科学奖、发明奖、科技进步奖等物质和精神奖励来实施，其中对科技创新主体经营行为的激励则是通过收益的分配、科研设施的改进来实施。以上激励措施是科技创新主体积极筹措并充分合理利用科技经费、吸引人才的动因。

5.3.4 科技资源配置优化的主要途径

(1) 营造科技资源配置的软环境

针对各类具体的资源，构建提高科技资源配置效率的外部软环境。例如：针对科技人才，建立了"开放、流动、竞争、协作"为基础的用人机制；建立健全激励机制，充分发挥人才积极性等；针对科技物力和信息资源，建立国家层面、区域层面大型精密分析仪器、科学数据、科技文献等协作共享网络的政策导向，实现仪器设备和信息资源共建共享，提高利用效率；针对科技资源配置的组织管理，明确优势学科，在兼顾效率与公平的基础上引导资源分配。即根据国家支柱产业、主导产业、新兴产业等发展需要，充分利用现有科技资源，培育具有特色的高新科技型企业和新型科研机构（研究中心、工程中心、重点实验室等），同时考虑到区域经济发展的不平衡，采取"兼顾两极，均衡发展"的原则，突出重点，适当配置。

(2) 强化科技资源配置的软实力

第一，加强科学思维、创新精神和能力的培养与教育。借鉴发达国家已有教材和经验，广泛开展科学思维的基础教育与科普工作，培育创新意识和创新精神，加强科学思维、学术和技能素养的培育，培养崇尚科学思维、科学方法、科学工具的高素质的人才队伍，为创新方法奠定基础。第二，加强科学方法的研究和企业技术创新方法的培训工作。动员科技人员的广泛参与，对各学科方法，包括管理方法进行系统的归纳、总结、集成与创新研究，促进学科研究与方法研究的交叉融合。第三，加大对创新方法的投入力度，引导与鼓励科研人员积极参与创新方法行动。在国家重大科技计划以及科研项目的设置上，注重对科学思维、科学方法和科学工具研究与创新的支持，形成国家对创新方法投入的长期的、稳定的增长渠道；在相关科技计划与优先领域中，超前部署对未来科技发展有引领作用的科学思维与方法的研究和创新项目。

(3) 建立和完善多元科技投入机制

一方面，通过科技投入的增加，以增量促进存量的有效配置，达到科技资源配置规模的整体扩大，最终提高配置效果。第一，建立稳定增长的财政性科技资源投入机制。要进一步调整和优化我国科技投入的结构，明确政府对科技资源的责任，逐步加大中央和地方各级财政科技经费支出中用于公益性科技基础条件建设的比重。第二，建立科技资源的多元投入机制。以政府投入主导，鼓励和动员全社会力量，推动全社会进一步加大科技投入。特别是企业通过创业投资基金、中小企业创新基金及证券市场等多种形式参与科技资源的建设，促进科技与金融的结合，建立和完善风险投资机制，创造有利于风险投资发展的政策法规环境，形成政府、企业和其他社会力量以及外资多元投入的格局，推动科技资源开发与服务市场的健康发展。

另一方面，通过某些学科、领域、行业、区域科技资源投入的增加，达到优化结构的目的。第一，加大农业科技投入，加强农业科技创新。以有关农业现代化发展的重大科技项目为重点，加大资金投入，制定优惠政策，鼓励全社会增加对农业的科技投入，推动农业科技企业加强对农业的科技投入，整合农业科研机构和高校的科技资源，打破条块分割和所有制界限，围绕农业科技创新，以重大科技项目为龙头，以国内外农业科技成果的引进、推广、转化为纽带，进行优化配置。第二，促进科技资源向经济发展的优势产业集中；坚持存量调整与增量投入相结合，以激活或盘活资源存量为基础，使有限的增量投入带动科技资源的优化配置，鼓励和推动增量、存量资源向有市场、有效益的优势学科和专业集中，并使优势不断得到扩张，形成科技创新的资源优势。第三，促进科技资源在流动调整的过程中，不断地向经济建设和社会发展的重点领域流动与重组，形成合理配置。多层次重新组合存量资源，充分发挥科技资源的规模效应（服务技术创新）。创造良好的科技资源流动与重组的市场环境，培养造就一批资深科技资源管理人才。

（4）完善产学研一体化的制度体系

建立产学研一体化的价值链，应形成以企业为核心，科研机构、高校、中介服务机构和政府机构之间联动的创新网络，政府要以科技项目为纽带，推动产学研合作，科技项目要引导知识流动，优先支持企业与高等院校、科研机构联合承担项目，对于产业化、工程化程度高的项目，应由企业牵头，推动大型企业和企业集团成为我国参与国际竞争的主要力量，要采用多种形式的共建共管，促进企业、大学和科研机构合作形成一批联合研究机构，充分发掘高校和科研院所的科技资源，加强同企业的合作研发，组建一批行业性或区域性的科技创新中心，建设一批开放式的行业共性技术的开发基地和重大成套技术装备制造基地。要特别重视鼓励企业与企业之间的合作研究开发活动，探索企业共同出资建立行业技术开发组织；要研究制定有关政策，鼓励企业与大学、科研院所共建实验室，开展合作研究和专业人才培养。

（5）挖掘科技中介组织的服务功能

政府部门、研究机构和企业界之间的有效沟通与创新体系的功能实现及整体绩效具有正相关作用。而这种有效沟通的实现是各方主体彼此之间进行直接联系和借助于科技中介力量进行间接联系两种途径共同作用的结果。

科技中介组织包括：① 提供技术支援的中介机构如承担大型科技成果转化和产业开发的工程中心，为中小企业提供多种技术服务的生产力促进中心，以培育高新技术企业为重心的创业中心（企业孵化器）等；② 提供技术信息咨询服务中介机构如技术市场、信息情报机构、科技咨询机构、科技类认定与评估机构及专利事务所等；③ 提供资金的中介机构如用于基础、跨学科、公益事业方面研究、交流与合作的基金、以科技服务为目的的基金、为科技项目提供融资服务的中介等；④ 其他类型的中介机构包括合伙制的科技经纪人组织、科技服务志愿者组织、以科技为手段的救助或慈善组织等。

科技中介组织也是国家创新体系中的重要组成部分。首先，科技中介组织在市场经济活动中处于"第三方"的地位，这种独立地位使其能更好地运用"市场信号"开展活动。根据这些"信号"，政府可以调节科技资源在市场主体间的流动，帮助企业和研究机构之间开展技术合作，把企业的资金优势和研究机构的知识优势结合起来，达到提高企业经济效益和实现研究机构社会价值的双重目标。其次，科技创新中大量的资源投入很难由单一主体来完成，更多地是由多方主体协作实现的。科技中介组织充当着多方协作主体间的"聚合剂"，把各方所拥有的科技资源整合到创新活动中去，促进科技资源流动的有序性、合理性，实现科技要素的优化配置。图 5-4 所示为科技中介组织在科技资源配置中所处的角色与作用。

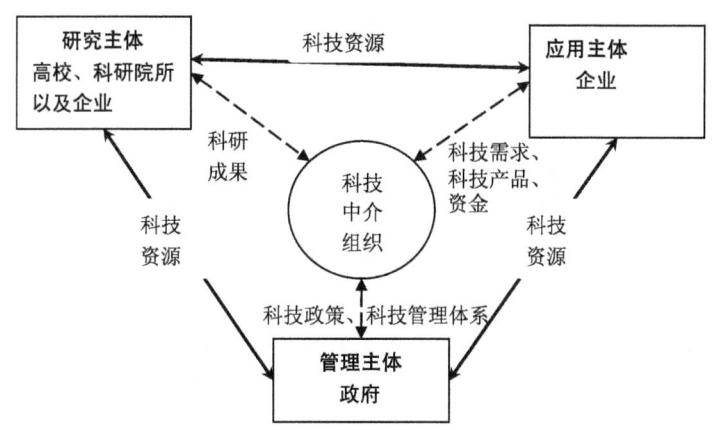

图 5-4　科技中介组织在科技资源配置中的作用

科技中介组织通过各个主体之间的信息交互和融合，来指导科技资源在各个主体之间的流动。而目前，我国大部分科技中介组织缺乏清晰的业务定位和核心竞争力，专业化水平不高，服务内容多局限在信息收集与提供、科技成果的展示或交易洽谈方面，没有与法律咨询、风险投资、企业管理等服务很好地结合起来，而那些与企业技术创新中急需解决的人才培训、市场拓展相关的深层次服务更是匮乏。而且从业人员工作经验匮乏，运行制度和约束规范缺失等都影响了科技中介组织作用的发挥。

科技中介组织通过各个主体之间的信息交互和融合，来指导科技资源在各个主体之间的流动。而目前，我国大部分科技中介组织缺乏清晰的业务定位和核心竞争力，专业化水平不高，服务内容多局限在信息收集与提供、科技成果的展示或交易洽谈方面，没有与法律咨询、风险投资、企业管理等服务很好地结合起来，而那些与企业技术创新中急需解决的人才培训、市场拓展相关的深层次服务更是匮乏。而且从业人员工作经验匮乏，运行制度和约束规范缺失等都影响了科技中介组织作用的发挥。

第 6 章　科技资源共享

科技资源共享是科技资源配置的一种重要方式，它涉及不同类型的科技资源、不同的科技资源机构，以及各种资源主体复杂关系的处理，深入研究分析这个过程，对于促进科技资源共享、推动科技资源的高效配置和综合利用，进而提升我国自主创新能力、服务经济社会发展具有积极作用。

6.1　科技资源共享概述

6.1.1　科技资源共享的内涵

《中国百科大词典》中对"共享"的解释是传播双方通过传播活动所获得的对信息的共同享有，即在某一情况下某种确定性认识的一致增加。这是传播活动的根本环节，也是传播活动能够发生多方面作用的关键。汉英词典、英汉词典中对"共享"做出的定义主要包括：《高级英汉词典》中"共享"（share）的定义：共享、分享、均分、共有。

对于"资源共享"，《图书情报词典》将"资源共享"界定为：某一图书情报机构的资源为其他图书情报机构共同享用的活动。共享的资源为文献、书目数据、人员、设备等，而尤指文献资源。资源共享可通过正式或非正式的协议来确立，目的在于提高服务工作的社会效益与经济效益。其机构包括联机书目数据库、书目服务中心、图书馆网、情报网等；其规模可分地区性的、全国性的或国际性的。《统计大词典》从计算机资源共享的视角对"资源共享"进行了界定，认为资源共享是多个用户共用计算机系统中的硬件和软件资源。在网络系统中终端用户可以共享的主要资源包括处理机时间、共享空间、各种软设备和数据资源

第6章 科技资源共享

等。资源共享是计算机网络实现的主要目标之一。《中国百科大辞典》认为从两个层面解释"资源共享"：第一，图书馆之间的联合与协作，使得每个图书馆的藏书、书目、设备、数据系统等资源都能被其他图书馆所利用。主要内容包括采购协作、集中编目与书目控制、馆际互借及建立共同储藏系统等。第二，Universal Availability of Publications，简称 UAP；可看作出版物在世界范围内的获取和利用、出版物之普遍可用等，是一项无论何时何地都能在最大程度上向读者（用户）提供他所需要的出版物的目标或计划。

科技资源共享是指在一定制度约束条件下，为适应科技创新活动需要，对科技资源的产权关系进行调整，不同创新主体间共同享有科技资源的使用权，分担创新成本、风险、分享创新收益的一种科技资源配置方式。科技资源共享是科技资源共享的各要素以及它们之间的相互关系、行为组成的系统。科技资源共享体系是科技资源拥有者、需求者通过相应的形式、手段、程序进行资源交流所形成的体系。

科技资源共享可以看作是科技资源配置的一种形式，实施科技资源共享对促进科技资源的高效配置和综合利用，具有积极作用，是我国科技创新和科技进步的重要基础性工作。科技资源共享的本源是科技资源相对稀缺性。科技资源稀缺性决定了需要将其在不同科技活动主体、领域、过程、空间、时间上进行科学的分配和使用，才能实现其价值的最大化。科技资源共享是配置科技资源的一种特殊形式，通过共享解决科技活动主体对有限的科技资源的需求。从这个角度讲，科技资源共享的过程其实就是通过对共享过程的管理来理顺科技资源的产权关系，使科技资源拥有者、管理者和使用者各得其利，充分发挥科技资源内在潜能及其增值效应，提高科技资源开发和利用的效率。

科技资源共享行为存在的范围极其广泛，从人类社会形成之初，就存在个体间的资源共享。随着社会组织形式的演变，逐步出现机构组织间的科技资源共享行为。科技资源共享通过共有和（或）共用的方式使资源稀缺方获得了所需资源，它以满足资源需求为根本动力，以资源能够被利用为基础，以实现资源的优化配置和价值创造为目标，以资源的所有权是否发生全部转移为临界点，以合理的协调机制为支撑，以提高资源利用效率为理想。可以说，资源共享首先源于需求方的出现，逐步发展成为多方之间的合作活动，需求的存在是资源共享发生的根本动力，没有需求就不会发生资源从资源富集处向资源稀缺处流动的动力。需求是资源共享的起点和归宿点，能否最大程度满足资源需求方的需求是判断资源共享是否成功的唯一标准。

科技资源的共享主要包括两个方面的内容：一是物理资源的共享，包括大型精密仪器、设备和实验条件等的共享；二是信息资源的共享，包括文献、图书、资料、科学数据等的共享。需要指出的是，科技资源信息（各种描述信息）的共享是促进科技资源共享的重要手段，一般来讲，大部分的科技资源（实物）需要将资源实体传递给需求方才能被使用，但是随着现代信息手段的发展以及科技活动分工的细化和专业化，大多数的科技活动对科技资源的使用不一定要以占有科技资源的实体为前提，往往可以根据对科技资源的特定需要，通过信息化的手段、计算机手段、网络手段等，如通过虚拟现实、远程操作、属性信息化等方法获得所需要的数据、信息等，从而实现对科技资源的利用。因此，科技资源的共享并不是简单的资源的分发与传递，而更重要的是一种分层次的服务。

科技资源共享过程中各个行为主体和客体以及其他要素共同构成科技资源共享体系。科技资源共享体系是科技资源拥有者、需求者通过相应的形式、手段、程序进行资源交流所形成的体系（如图6-1所示）。共享体系的基本要素包括科技资源、科技资源用户和科技资源拥有者（可能是个人，也有可能是组织），其中科技资源用户和科技资源拥有者是共享活动中的主体，科技资源是共享活动的客体和对象，共同构成共享活动的基础。基于三者之间的关系，可以产生出两种不同的共享方式，第一种发生在科技资源拥有者之间，他们共同拥有科技资源的使用权，各自拥有自身科技资源的所有权，即共建共享；第二种发生在科技资源拥有者和科技资源用户之间，科技资源用户行使对科技资源的使用权，科技资源拥有者则行使其所有权，表现为共用共享。共享的契约是科技资源共享工作能否具有成功并保持发展的核心，决定了共享双方在资源共享过程中的利益关系调整；相应的科技进步法、科技成果转化法以及规章制度是共享活动的重要依据；技术条件和标准是共享活动实施的前提；共享运行机制是共享成功的重要保障；社会文化环境为科技资源共享成功营造了良好的氛围。这些内容共同维系科技资源共享体系的正常运转。

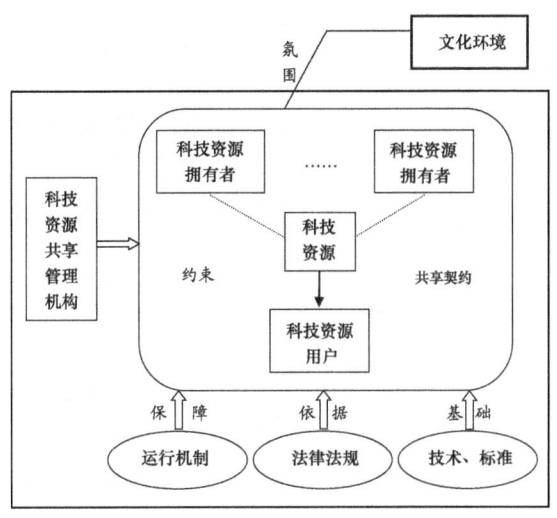

图 6-1 科技资源共享体系结构

科技资源管理的执行基础主要来自于相关的法律、法规和相应的科技资源管理制度。从法律的层面来讲，我国没有专门对科技资源共享加以规范的法律，只有《科技进步法》和《促进科技成果转化法》的一些基本原则对科技资源共享活动具有指导意义。具体的规章制度主要有《地震科学数据共享实施方案》、《全国文化信息资源共享工程管理暂行办法》、《大型精密科学仪器管理暂行办法》、《人类遗传资源管理暂行办法》、《古生物化石管理办法》等。还有《2004—2010年国家科技基础条件平台建设纲要》等一些政策性的文件也对科技资源共享做出了规定。具体内容在第4章中已有阐述，本章不再赘述。

6.1.2 科技资源共享的作用

我国许多法律规章中明确提到要实施科技资源开放共享。例如《科学技术进步法》第46条规定：国家财政投入的机构"应当建立有利于科学技术资源共享的机制，促进科学技术资源的有效利用"。第65条规定："科学技术资源的管理单位应当向社会公布所管理的科学技术资源的共享使用制度和使用情况，并根据使用制度安排使用"。这明确了利用财政性资金或国有资本购置科技资源，科技资源的管理单位应当承担科技资源向社会开放和提供共享服务的义务。"十二五"国家科技计划管理改革中提到要进一步聚焦国家战略目标，加强系统布局，优化资源配置、鼓励开放共享。2012年7月举行的科技创新大会上，胡锦涛强调

"进一步深化科技体制改革，着力强化企业技术创新主体地位，提高科研院所和高等学校服务经济社会发展能力，推动创新体系协调发展，强化科技资源开放共享，深化科技管理体制改革。"温家宝强调对增强企业创新能力提出了具体要求：要建立科技资源开放共享机制。国家投资建设的科研设施要向企业开放，作为技术研发的公共平台。国家支持的科研活动所获得的信息资料，要最大限度地向社会公开。

科技资源共享在我国科技创新和科技进步的重要作用表现在：

(1) 有助于提升科技资源使用效率

科技资源共享促进了科技资源的流动和传播，使得能够接触到这些科技资源并从中受益的人数明显增多，客观上使得更多的科技资源得到了释放，能在一定程度上缓解科技资源的短缺，提高科技资源的使用效率。由于受益人数的增加以及通过开发可以创造更大的价值等，客观上使得单位科技资源的产出效益大大增加，间接提高了国家或者相关机构对科技资源生产投资的效益。另外，由于通过共享使科技资源需求者得到了所需要的科技资源，用户不必再为购买、生产此类资源而重复投资，因此也节约了大量的资金。

科技资源共享有利于提高科技资源的开发深度，形成规模效应，提高整体竞争力。不但能为资源的最终用户提供获得资源的机会，也能为依赖资源的产业提供低成本的原始资源。

(2) 有助于优化科技资源配置

在许多发达国家，科技资源共享是科技资源的优化配置的重要手段之一。我国近些年来科技投入大幅增加，但是一些科技资源管理方面的问题依然没有得到很好的解决。一方面，各部门之间盲目大量重复购置仪器设备等科技资源，造成国家的科技投入分散和严重浪费，一味追求科技资源指标的先进性，忽略了实用性和资源的配套。另一方面，"重建设，轻运行"现象十分严重并长期存在，科技资源建成以后，往往缺乏运行、维护费用，造成科技资源，尤其是许多仪器设备运行和自然科技资源保藏呈低效状态。这些问题的出现都与缺乏完善的共享机制密切相关，这些问题如果不及早解决，会随着国家科技投入的持续增长而更加严重。

科技资源共享能够促进财政主管部门对科技投入的统筹规划，通过优化、调整资金投入引导科技基础设施的合理建设；科技主管部门能够通过加强对资源建设和配置的调节促进投入的整合；通过制定共享机制、模式、政策法规等促进设施的流动和合理配置；通过共享手段促进科技资源的揭示程度等。由此可见，通过科技资源共享提高其利用率，有利于弥补科技投入的不足，从而实现资源配置的优化。另外，科技资源共享还能帮助利用国际科技创新资源，在更大范围、更深层次上分享世界上先进的科技成就，提升包括人、财、物在内的国际科技创新资源的能力。合理地利用这些国际科技资源对于提高我国的科技水平，降低科研成本具有非常重要的意义。资源共享能够通过建立相关的合作渠道、建立资源揭示系统、促进相关法规建设等方式促进和提升利用国际科技创新资源的能力。

（3）有助于提高创新能力

现代科学研究面临着巨大挑战，科学研究问题空前复杂化，科学研究对象不是简单孤立的系统，而是涵盖更大的范围，跨学科科研信息、数据的实时获取与处理、仿真与大规模计算、大型科学仪器的使用已成为分析、发现和预测的主要手段之一。科学家之间密切的合作与交流迫切需要科技资源的跨学科、跨专业、跨区域的共享。科技资源共享对一个国家的创新具有巨大的推动作用，因此引起了世界各国的普遍重视。美国通过完善各种法律制度促进科技资源的共享，如第4章所提到的，制定了《信息自由法》、《版权法》、《生命基因组研发法》、《标准文献数据法》等一大批法律文件，为科技资源共享奠定了长期稳定的基础。英国推出了 E-Science 计划，实现跨越地理界限的全球科技资源共享，极大地推动了科学技术进步。欧盟通过建设欧洲技术平台将管理者、产业联盟、政府部门、公司、消费者组织、培训者等利益相关者聚集到一起，参与科技资源共享，推进了整个欧洲的自主创新过程。通过科技资源的开放和共享，可以有效降低全社会的创新创业成本和风险，提升研究开发和产业化的能级与水平，加速自主创新的进程。

（4）有助于深化科技体制改革

科技资源共享能促使政府进一步转变职能，增加专业化公共科技资源服务的有效供给，推动政府管理模式的根本转变。在科技资源共享过程中，政府的主要职责应定位于创造良好的政策、法律环境，强化顶层设计，加强规划引导，提供必要的信息服务，加强重大的科技基础设施建设等方面。同时，构建社会化科技创新服务体系，借助专业技术服务机构和科技中介的力量，共同实现全社会的科技资源共享，从而大大提高政府的公共管理效率，最终向社会提供公共产品和优质服务。

（5）有助于实现可持续发展

科技资源共享有助于科技成果转化，许多科技资源本身，例如大型科学仪器就是重要的科技成果。科技资源的共享能够为加快成果转化提供相关的信息以外，还可以为科技成果转化和产业化提供有力的资源支撑，这将使得科技成果转化能力具有良好的可持续性。另外，强化科技资源共享工作必将促进科技知识更好地传播及应用，充分发挥科技资源在社会经济发展中的主导作用，在推动产业结构从劳动和资本密集型向知识和技术密集型转化方面发挥积极作用，从而促进科技乃至整个社会经济的可持续发展。

6.1.3 科技资源共享的原则

（1）可持续发展原则

"可持续发展"有着极为深刻的哲理和丰富的内涵。其内涵包括：突出强调发展的主题，提出"发展是可持续发展的基点"；体现包括时间上的代际公平和空间上的代内公平等公平性原则，代内公平是当代人之间表现在空间上的横向公平，代际公平则是当代人与后代人之间表现在时间上的纵向公平；强调发展需在可承载的范围之内的持续性原则。因此共享必须以科技长期发展为原则，以提升科技资源使用效率为出发点，体现区域、行业、领域内的公平，更应注意避免以资源共享为由的各种平台、体系建设带来的新的浪费。

（2）分类原则

科技资源涉及范围非常广泛，不可能采用统一的模式和机制实现共享，因此，需要根据科技资源的产权关系、性质、用途等进行分类，为制定不同的共享机制、模式和技术手段提供基础。例如，根据资金投入或资源拥有者的不同，可以把科技资源划分为国有科技资源和私有科技资源。国有科技资源和私有科技资源共享机制、服务方式等差别较大。使用国家财政资金形成和购置的科技资源都是一种公产或公物，属于国有科技资源的范畴。国有科技资源除国家法律、行政法规和其他规定的除外，全部应当共享，且不得以营利为主要目的。私有的科技资源主要包括那些非财政性资金形成和购置的科技资源，如公司企业自行研发或者长期以来积累的科技资源，则实行自愿、有偿的共享。从科技资源的存在形态上来讲，既包括诸如大型科学仪器设备在内的实物科技资源，又包括诸如科技文献和科学数据在内的科技信息资源，它们的共享方式也存在着不同的方式方法。

（3）保护知识产权原则

科技资源的产权主要包括科技资源的所有权和使用权。资源共享涉及多方权益的划分,其中最基本的是产权归属问题。要明确科技资源共享过程中科技资源产权的主体,即科技资源归谁所有、归谁占有和支配,以及科技资源的客体,即归某个所有者占用、共享的是科技资源哪个方面的权利。一般而言,被共享的主要是科技资源的使用权,共享必须在尊重知识产权的前提下进行,在共享行为开始前的知识产权归产权拥有方所有,资源使用方可以通过合理的支付方式从产权所有方取得知识产权,在资源共享过程中创造出成果的知识产权按共享协议中约定的知识产权分配条款执行。

(4)利益均衡原则

对于科技资源拥有机构来讲,科技资源共享必然会影响各自对科技资源的权利义务关系,进而涉及多个资源拥有机构及其利益分配,应当从各个方面着手建立科技资源共享当中的效益均衡机制。具体而言,首先,要保证科技资源共享双方能够从共享活动中获得收益,至少获得比不共享更多的收益(至少在声望等社会效益方面得到提升)。也就是说,科技资源共享方式的建立与选择必须建立在各方利益相互包涵的基础上,尊重资源拥有方与资源使用方各自的权益,加强知识产权的保护,力争共享参与各方利益"多赢"。共享双方经协商确定共享协议具体内容,共同履行共享协议。其次,共享各方在实现公益使用的基础上,需要遵循一定的市场规律,根据原有资金的投入渠道,以及共享的目的,由共享各方协商确定共享的相关费用,必要时可聘请专业评估机构来确定资源共享费用。为保障共享各方的利益不受损害,在确定资源共享费用时应不低于共享成本。第三,还需要注意在共享的过程当中,明晰共享的各行为主体在共享过程中应负担民事和刑事责任,最大限度保护各个利益相关者的权益。

6.1.4 科技资源共享的理论基础

一个机构的核心资源和能力是有限的,为了保持长期的竞争优势,就要突出重点,发展有竞争力的部分;这样做的结果必将导致资源分配的非均衡性,客观要求机构从外部获取资源;在这种情况下,机构不得不通过与其他机构建立合作的关系,以形成一种稳定的资源流动方式。科技资源共享实质上是资源机构、需求者、中介机构等之间的一种合作关系,其本质上是一种经济行为,这种合作关系和经济行为的内在驱动因素可以用资源基础理论、交易成本理论和博弈论等经济学理论来解释。

6.1.4.1 资源基础理论

企业资源基础理论的正式提出是以 1984 年沃纳菲尔德（Wernerfelt，B）的"A resource-based view of the firm"公开发表为标志。沃纳菲尔德指出，资源和产品就像一个铜板的正反两面，大部分产品的完成需要借助资源的投入及服务，企业的主要任务就是要创造和把握资源优势。Barney 认为由于各企业掌握的战略性资源不同而导致企业之间存在差异，企业要拥有有价值、稀少的、不可模仿的资源才能形成该企业的核心能力。

企业的资源观又分为静态观和动态观，静态观认为企业拥有的有价值的、稀有的、难以模仿和难以替代的资源是保证企业的超额租金，企业利用这些资源获取持久的竞争优势。资源的动态观认为，企业资源的静态观在不稳定、不可预知的环境中是不能成立的，其竞争优势在动态的市场环境中是靠不住的。TEECE 等提出动态能力的框架是"为了解释能力和资源的结合不是一成不变的，而是可以发展、配置和保护的"，把动态能力定义为"企业整合、构建以及重新配置其内外能力来适应快速变化的环境的能力"。

总而言之，资源基础理论认为：

——竞争优势来源于特殊的异质资源；

——保持持续的竞争优势在于资源的不可模仿性；

——可以通过组织学习、知识管理、建立外部网络等这些特殊资源。

在科技资源共享的过程当中，共享的对象是科技资源，它们有着重要的科学价值，能够直接或者间接对科技活动做出贡献，而且在科技资源形成的过程中需要付出各种劳动，例如对大型科学仪器的购置、研制、共享、租赁等，对科技信息资源的收集、处理、整合等，对自然科技资源的收集、整理和深度加工等。建设和拥有这些资源的机构具有了先天的、特殊的异质资源，但是光有资源是远远不够了。拥有资源并不等于能让资源发挥最大的效用，资源需要开发和利用，而加工处理这些资源的人力资源、设备资源是分散在很多机构当中，为了能充分发挥这些资源的作用，在各个机构都要保有已有优势资源、获取他人优势资源的心理作用下，选择联合的方式获得资源的使用权就成为一种理性的选择。从资源基础来看，获取异质资源比较重要的方法包括建立外部网络，即对于弱势的机构来说，仅仅依靠自己的力量来发展他们需要的科技资源是一件花费大、效果差的事情，通过建立诸如企业战略联盟、知识联盟的方式来获得科技资源、学习优势科技机构的知识和技能则非常便捷。这和资源共享的理念不谋而合。

6.1.4.2 交易成本分析

交易成本经济学是由科斯（Coase R. H.）首先提出的，而由威廉姆森（Williamson O. E.）等人加以发展。交易成本经济学主要研究经济活动的执行效率。威廉姆森认为，影响交易成本的因素有两类：一类是交易主体地人性假设，另一类是交易因素，包括交易频率、不确定性、资产专用性、市场环境等。

第一类交易主体的人性假设主要指有限理性假设和机会主义假设。① 有限理性假设出于两种原因，一是由于人们接收和评价信息的能力有限，不可能洞悉所有信息，也不可能对所得信息进行完全周密的分析理解；二是由于环境的不确定性导致决策人无法具有完全理性的特性。因此交易主体可能违反规则、契约甚至法律，给其他人造成损害。② 机会主义指向交易对方提供歪曲的信息，使签约的难度加大，或者说市场费用增加，由此产生了用组织管理制度或相应的契约来约束这种投机倾向的必要性。

第二类交易因素分别指：① 交易频率。如果交易量很大并经常进行，那么就值得交易双方花费资源去做一个特殊的契约安排，此时会降低交易成本。反之则会增加交易成本。② 不确定性。当不确定性高时，交易双方难以准确预测未来，则难以签订交易契约。③ 资产专用性。指为了某种特定的交易而做出的持久投资，一旦形成便很难转移到其他用途上去。资产专用性强，市场交易费用就高。④ 市场环境。市场结构从完全竞争趋向完全垄断会使市场交易成本由低转高。

按照上述观点，科技资源共享可以从以下几方面降低交易成本。① 打破交易主体人性假定的约束。建立了科技资源共享的各类组织（包括实体组织和虚拟组织），从组织管理层面约束了交易主体的有限理性和机会主义倾向，迫使其从科技资源的保护转向科技资源的开放共享。② 减少科技资源共享交易的不确定性。当科技资源不能有效共享时，资源服务者和用户都不能确定未来是否能够交易，交易后会产生什么后果，因此难以签订交易协议。而建立了明确的联盟组织之后，明确了交易的规则和范围，用户也能快速地找到需要的科技资源，比较容易达成交易，从而促进签订交易契约。③ 降低各类科技资源加工、存储或服务的场地、专用设备、专用人员等资产的专用性，从而降低交易成本。④ 建立更多元、透明的交易环境。为用户提供多种选择，从而降低交易成本，有利于共享交易的达成。从交易成本的理论分析来看，科技资源共享特别是有组织的共享对提高利用效率、节约成本都有积极作用。

6.1.4.3 博弈论分析

博弈论（Game theory）是一门专门研究博弈过程中人们所选择策略的科学。一个完整的博弈一般包括5个方面：博弈的参与者、博弈信息、博弈各方面选择的策略或行为、博弈的次序、博弈各方面的收益。按照得益类型可分为零和博弈和非零和博弈；按照局中人是否协作可分为协作博弈和非协作博弈。

博弈论分为合作博弈和非合作博弈。合作博弈追求的是整体效应，强调的是整体效率、公正和公平。合作理论就是通过利他而达到利己的目的，合作者将自身利益整合到共同实现的整体目标中，通过实现整体目标从而达到各自的目标。对于参加科技文献共享的各个利益相关方来讲，其都有自身的各种利益，在合作中存在利己主义的本性，合作各方的利益冲突是在所难免的。一般认为，合作博弈指在博弈中，如果协议、承诺或威胁具有完全的约束力且可以强制执行，合作利益大于内部成员各自单独经营时的收益之和，同时对于联合体内部应存在具有帕累托改进性质的分配规则。合作博弈是一种解决多利益主体协调行动产生效益分配问题的有效数学模型方法。当问题结果由多个利益主体行为确定时，若多利益主体协调行为产生的结果能带来更大的效益，这种协调行为就是合作。合作博弈研究的基本问题就是要找到一种有效的利益分配方式，能促使各方利益主体长期稳定的合作。合作利益分配是博弈中的一个核心内容，它强调要在联盟内部按协议规则把所得到的支付分配给所有参与者。然而，如何分配才是"理性"的最终分配，这个问题非常重要，它对联盟的持久稳定起决定作用。这样的分配被称为合作博弈的解。

各科技资源机构追求自身效益最大化是产生共享合作的动机，同时也可能是共享活动失败的根源（提供给其他机构的共享性科技资源质量不高，时效性差等）。对于共享联盟内的科技资源机构而言，联合共享所产生的收益应该不少于单独科技资源机构提供服务的收益，否则他们不会加入共享联盟从事共享活动，即科技资源共享利益满足超加和性，当然这种收益不能简单地以经济上的利润提高来衡量，更重要的是包括取得的良好社会效益以及这些资源参与科技创新活动带来的后果，至少各个科技资源使用者主观上能够感受到共享的好处，每个科技资源机构成员都能获得比不合作时要多一些的收益（至少是扩大影响方面会获得收益）。另一个明显的益处便是协作机构除了获得更多的经济利益和社会效益之外，还能在合作过程中获得其他科技资源机构对各种特色科技资源进行整理、加工、存储、服务的经验和技能，这是书本上得不到的隐性知识。科技资源共享中各个科技资源机构之间的收益息息相关,但同时双方又是竞争者。共享合作还是竞争,合作时如何公平分配收益,对博弈双方都是关系到双方生存发展的重大策略问题。

科学资源共享的困境在于资源拥有者都希望保持自己的资源优势,从而使自己获得利益。如果是一次博弈即一次合作,资源拥有者就可以选择不提供共享资源的策略而破坏合作基础,使自己保有竞争优势。加入共享联盟的成员需要签订共享的合作协议,这一协议可以从制度上保证资源拥有者与资源共享组织的利益均衡,不遵守协议的成员要承担法律风险。资源共享联盟为成员提供的资金或其他优惠条件(如获得互补资源,降低风险和分担成本等)可以改变虚拟组织参与者的支付向量,使共享后的负向量变成正向量,即将共享的收益超过不共享的收益,从而促成合作的达成,最终促进参与共享联盟的各方采取共享资源的行动。

6.1.5 科技资源共享的环境

科技资源共享的环境主要包括技术和标准、共享契约、社会环境、政策法规等要素,其中政策法规部分已在第4章中阐述,这里将对其他重点要素进行分析。

6.1.5.1 技术和标准

(1) 共享技术及服务平台

从技术层面上讲,科技资源共享是利用各种信息技术实现多种类型科技资源的数字化、信息化、存储、检索、传递的过程。一方面,这个过程的每一步需要相关的具体技术;另一方面,这个过程功能的实现需要利用这些技术构建起综合的服务平台。因此,技术和服务平台是共享过程实现的重要基础。

共享具体技术包括信息化技术、SOA技术、中间件技术、数据交换技术、协同技术等,以及正在快速发展的物联网、云计算等技术。

目前,科技资源共享越来越依赖于共享平台,资源需求者借助共享平台提供的一站式服务实现资源信息的查询、定制和获取。科技资源共享平台是计算机、功能软件和电子通信体系等结构的总和。

(2) 共享的标准规范

科技资源信息的揭示、检索和导航是实现科技资源的共享的第一步,科技资源信息化过程中的标准化问题尤为重要。因此,首先应该建立科技资源信息化标准规范。为了保证信息化标准规范的兼容性,应尽量在国家、地方、部门和企业现有标准规范的基础上,充分参照和利用国际上现有的相关标准,整理和确立科技资源存储、交换、发布与应用服务的相关标准。在此基础上逐步建立包括共享基础性标准、通用性技术标准和重点领域关键应用标准在内的标准体系。

6.1.5.2 共享协议

由于科技资源共享体系一般是跨系统、跨部门、跨行业、跨地区的协作组织,因此在科技资源共享过程中,需要科技资源提供方、科技资源使用方、科技资源共享管理者与组织者等以文字、口头或其他方式形成科技资源共享合作的协议,对共享的过程、利益分配、权利义务等进行规范约束。为了保证运行契约的实施,必要的情况下可建立专门的管理协调机构,其职能是组织、领导和协调各个单位或机构开展工作。

科技资源共享协议必须在保证国家利益不受侵害的前提下,本着自觉、自愿的原则,以共建、共享、共赢为目标,经协商达成。协议的主要内容包括科技资源共享的基本原则、目标、主要任务、运行机制、服务模式、利益分配权利义务等方面。

案例:上海研发公共服务平台加盟条件

1. 凡注册地与经营地均在上海市,自身拥有科技资源并愿意对外提供共享服务的独立法人单位或法人单位下属的服务机构。

2. 加盟平台的单位须具备一定的科技资源,并愿意向社会各界提供开放共享服务。

(1) 提供科学仪器设备设施、试验基地协作服务、专业技术服务或行业检测服务的单位或机构。所加盟的仪器设备设施的单台或成套原值在 30 万元人民币以上,且具备:通用性强,技术性能先进,运行正常(故障率不高于 10%),分析测试(实验、精密加工)的数据准确、可靠;另单台件或成套的原值虽在规定限额标准以下,但分析测试或加工精度高,国内稀少,运行正常并具有较强的专业性和共享性的科学仪器设备也可申请加盟。需具有相关的资质证书,具备一定的对外服务规模(包括一定数量的相关服务设备、专门的服务场地),在国内同类型服务机构中处于领先地位,并具有一定的客户规模。需有固定操作使用人员,其中至少有 1 名具有 3 年以上实践经验的中级或以上技术职称的分析检测专业人员。

(2) 提供科学文献、科学数据等科技信息服务的单位或机构。需在遵守知识产权相关的法律法规的前提下，按照研发平台的管理要求，组织本单位科技信息资源的目录信息，以各种不同的方式加盟；需拥有固定的服务人员，且对各项服务做出及时、准确、规范的响应。

(3) 提供实物资源服务的单位或机构。需具有相关的资质证书/生产许可证，具备一定的对外服务规模（包括一定数量的相关服务设备、专门的服务场地），在相关的专业领域内已从事服务两年以上，在国内同类型服务机构中处于领先地位，并具有一定的客户规模。签发的技术报告要能通过国家有关部门的技术审查；需具备高级职称的专业技术带头人，配备有专职技术服务人员。

6.1.5.3 共享文化

科技资源共享的文化是科技资源共享活动的思想源泉，是共享得以实现的重要保障。科技资源共享的文化观念是指拥有或需求科技资源的主体应该具有与他人共享科技资源的意识。科技资源共享制度的文化环境是指影响科技资源共享的各种文化条件的总和，是存在于主体周围对主体有着深刻影响的文化系统。人们通常进行的研究与开发活动都是在这样的文化环境下进行的，不仅通过文化环境来调动并组合研究与开发的资源，而且我们的研究成果也只能由特定的文化环境给予评价。无论是拥有科技资源的个人或科研院所，还是急需科技资源的部门以及对科技资源共享起指导作用的政府，他们是否选择科技资源共享、共享的方式和规则是什么、共享的实现及程度，都受到文化环境的影响甚至制约。因此，我们必须营造良好的共享文化环境，使之符合科技资源共享的内在要求，充分重视并发挥人在科技资源共享中的最主要的能动作用，从而促进科技资源的共享。

当代科学内在发展趋势是学科间不断交叉、综合和相互渗透。这种趋势不断产生一些新的学科、新的领域。这些新的学科领域正是创新的前沿阵地，也是竞争最激烈、最能带动经济和社会发展的领域。在这种情形下，建立一个更加开放的文化环境对科技资源共享乃至科技发展极为重要。当然，应建立公平竞争的环境，从制度上使得提供科技资源共享的机构能够在流动的前提下加强资源配置，在公平的环境下鼓励参与，在竞争的基础上择优选拔和支持。不断开放的环境，不断更新的知识，要求必须积极营造每个资源拥有和提供共享单位平等的社会文化氛围。

6.2 科技资源共享的几个重要问题

由于科技资源共享是一个复杂的体系，会受到各种因素的影响，本节主要就科技资源产权、科技资源共享中的冲突和信任等问题进行深入分析。

6.2.1 科技资源产权

科技资源的产权是影响资源共享的重要因素之一。科技资源的产权明晰，能够充分发挥科技资源内在潜能，提高科技资源的使用效率，减少科技资源利用过程中的不确定性和外部性问题，使科技资源在不同主体之间的流动变得更加顺畅，达到科技资源共享、配置的最大效用，提高我国科技创新能力。科技资源的产权关系包括产权主体、客体等部分。科技资源产权的客体是指各类形式的科技资源以及由此产生的科技成果；科技资源产权的主体是科技资源之各种权利的归属者。科技资源产权的界定是对科技资源所有权和所有权相关的物权之归属和即存现实关系予以承认、巩固和保护，实质上是把各种不同的产权主体、客体范围及其相应的权利边界严格地划分开来。

科技资源产权主体可分为3个层次，微观层次包括科研人员及其他参与科学研究和开发的相关工作人员；中观层次指占有国家科技资源的法人，如科研院所、企业及其他机构和组织等；宏观层次指国家，包括中央政府和各级地方政府及其下属的科研管理部门和机构。科技资源产权的客体分为两大类，即有形资产和无形资产。其中有形资产包括：科研仪器、设备、有形的自然科技资源、科技人才、有形科研产出等。无形资产主要包括：专利、商标以及无形的科研成果等。

自然科技资源的产权主要包括公共产权和排他性产权。自然科技资源开发过程中有两个主体出现，一是开发与利用自然科技资源的大专院校、科研部门等，他们是自然科技资源的原始主体，同时也是自然科技资源的主要使用者；二是国家。对于国家为产权主体的自然科技资源，在不影响国家安全和发展战略的前提下，在所有权不变情况下，可以对占有权、支配权和使用权进行转让，其所得收益用于国家科技基础建设，让自然科技资源为国家的经济发展提供重要物质基础。同时，自然科技资源的产权不管是公有产权还是私有产权，都可以在一定程度上进行分割，在市场中进行交易、流动。大型仪器设备是以国家投资建设为主的，国家拥有其所有权。但由于这些仪器设备分属于不同的部门、管理人或使用人，出现产权上的分离，其产权是以一种委托代理的形式存在。我国大部分科学数据资源的采集、管理和维护，是通过政府投资完成的，其产权主体是国家，除涉及国家特殊服务和战备考虑的科学数据以外，其他科学数据的支配权、占有权和使用权国家将以委托的形式给予特定单位或个人。科技文献属知识产权范畴，其产权也属知识产权范畴。科技文献信息资料的产权问题，应该在保护文献作者和出版部门权益的基础上，在资源共享的原则下，合理界定科技文献资料的产权。

科技资源数字化后通过平台的服务展示给各类用户，以信息服务带动实物以及文献、数据服务是当前科技资源共享的较为通用的形式，因此科技资源的产权问题也体现在资源数字化过程中和信息服务提供中。

① 在科技资源数字化的过程中，科技资源拥有单位、科技资源信息化建设单位、数字科技资源服务单位由于权利义务范围不同，科技资源数字化实施者对科技资源编撰、修改等权利范畴的不明确导致可能会出现科技资源拥有单位和数字化实施单位的权利和利益冲突。② 数据包装引起的产权问题。在数字化资源建设中，原始数据必须进行整序、重新包装后才能在平台上以特定形式传输，包装的结果就产生了各种形式的数据库。包装的过程是一种编辑过程，编辑作品由编辑人享有著作权，但行使著作权时，不得侵犯原作品的著作权，这个过程不可避免的引起产权冲突。③ 数据整合引起的产权问题。科技资源数字化后必须根据相应的元数据标准，进行数据的排序、整理、合并和序化，使其达到用户利用最方便的状态，而这个过程可能对科技资源原有的状态、性质发生改变，从而使得数据整合后科技资源的产权模糊。

目前我国对科技资源管理相关的产权及其关系的重视程度却远远不够，这在一定程度上影响着我国科技资源共享工作的深入开展。目前在科技资源产权管理中存在的主要问题主要包括两个方面：一是科技资源的所有权不明。大多数的科研工作者和管理者对科技资源的产权认识局限在"国家投资的科技资源产权属于国家"这个层次上，但是，仅仅有这样的原则在科技资源管理实际工作中是远远不够的。表面上，科技资源的所有权属于国家，但是经过多重委托之后，造成实际上并没有确定的所有者，或者所有权被小集体占有，造成了产权的流失。二是科技资源的产权残缺。这主要表现在对科技资源的收益权及承担损失的责任同对科技资源的控制权或处置权相分离,或剩余控制权和剩余收益权本身残缺不全。产权残缺是科技资源使用效率低下的重要原因。在产权残缺的情况下,有收益权而无控制权的主体因为可以不对科技资源及其产权负责,因此不会考虑资源损耗等各类代价而去一味追求利益;有控制权而无收益权的主体因为不能直接享受到提高产权效益所带来的利益,因此也不会认真去改进控制方法以促进科技资源的长期发展。产权制度所具有的引导人们经济行为、保证资源最优配置的性质与功能因此受到扼杀。在实际的科技管理工作中,由于产权问题的复杂性,管理者也往往回避产权问题,例如制订科技计划时,只重视资源的建设而不提产权问题。在科研工作中,人们产权观念意识淡薄,条块分割,造成产权关系更加复杂。科技资源共享是一个将资源进行整合并促使其由少数所有者占有向社会开放使用以实现资源价值最大化的过程,这与我国目前的科技资源所有权不明和科技资源产权残缺的现状是格格不入的。因此,必须认真研究我国科技资源的产权管理问题并找到合理的解决办法。但是科技资源的多样性以及它具有的巨大价值,使得不管是在理论研究还是实际工作中,处理科技资源的产权关系都变得非常复杂。对科技资源产权的研究应首先从理顺各类科技资源的产权特点及其关系,以及目前我国在产权管理方面存在的问题入手,进而研究产权管理如何同我国的科技管理和科技计划的全过程相融合,并重点对知识产权进行研究,处理好产权保护与资源共享的关系。

6.2.2 科技资源共享中的冲突

科技资源共享当中存在着各种各样的冲突,他们从不同程度上影响着科技资源共享的效果:

(1) 长期羁留的观念冲突与障碍

许多科技资源未能得到高效共享和利用,很大程度上是受各个科技资源拥有主体的共享观念影响。例如许多单位或者个人将自己拥有的科技资源看作独占财产,把科技资源共享看成是一种占便宜、搭便车行为;只愿从别的组织或者个体共享,不愿承担共同建设的责任;许多机构和个人过分强调科技资源利用当中的市场行为,认为资源共享是一种纯粹的免费、无偿的高尚行为,与自身无关;或者认为科技资源共享是国家行为,与自身无关等。

(2) 多元化体制带来的行政冲突

这是由我国的科技体制和制度造成的，我国科技与经济脱节的问题还没有从根本上得到解决，科研机构管理体制仍然存在着条块分割、分散重复、效率不高、脱离市场等问题，而且当前正处在技术开发类科研机构实行企业化转制、社会公益类科研机构深化改革的历史时期，缺乏统一的科技资源协作协调方案、缺乏权威的组织机构进行统筹规划。这些都是体制和制度性障碍。

(3) 多共享主体带来的利益冲突

科技资源共享的主体为科技资源拥有者和科技资源需求者。具体来说有政府、企业、个人与公众，科技资源共享可能同时涉及多个主体。共享主体的利益冲突表现在：科技资源拥有者之间的利益冲突（科技资源拥有数量多少的不均衡），科技资源拥有者与利用者之间的利益冲突（独占与共享、垄断与共享的冲突），科技资源使用者之间的利益冲突（优先享有的冲突），国家利益与企业、个人与公众利益之间的冲突，机构和部门之间的利益冲突，企业之间和个人之间的利益冲突等。这些利益冲突都会引发各个主体之间就科技资源共享与使用的博弈，进而影响科技资源共享和利用的效果。

(4) 围绕客体产生的产权冲突

科技资源产权问题引起的冲突是科技资源共享当中遇到的重要问题，主要包括：科技资源共享主体与科技资源所有权的冲突，科技资源共享主体与科技资源使用权的冲突，产权保护和科技资源共享的冲突（科技资源专有与共享的冲突），科技资源垄断与科技资源共享的冲突，个人隐私/商业秘密甚至国家秘密与科技资源共享的冲突。在各种情况下努力解决科技资源共享受到的产权问题限制，也是科技资源共享的难题。

冲突在科技资源共享活动过程中时时处处都存在，但他们并不直接导致纠纷产生，仅是纠纷产生的一个潜在要素，只有冲突无法化解的情况下才会导致纠纷的实际发生。从这个角度来讲，科技资源共享效率提升的过程就是不断地解决由多种原因引起的各种冲突和矛盾的过程。

(5) 共享不能妨碍国家安全

提倡科技资源共享并不是意味着所有的科技资源都应该实现共享，共享必须首先保障国家安全。科技资源的安全主要包括实物资源安全、数据信息与网络安全和交易安全3个方面。

在实物资源安全方面，主要是指资源的保密问题，如涉及转基因资源以及核科学与放射性物质资源,还有涉及人类遗传资源以及个人 DNA 信息资源、大型仪器设备关键技术等都属于保密资源。目前,我国对于应当进行保密的科技条件资源的保护不尽如人意,制度规范不够,保密意识不强,从而导致我国科技条件资源通过项目合作等方式严重流失。

在数据信息与网络安全方面,由于共享平台对安全的重视程度、技术水平等因素,造成一些重要信息资源在存储、服务等环节被盗取。为了提高共享效率,共享平台往往集中存储大量科技信息资源,因此,信息一旦受到安全威胁,造成的损失是巨大的。

在资源交易过程中,可能面临着实物与信息的不一致、知识产权易受侵犯、实物交易双方缺乏信任及对资源价值缺乏统一认识而导致的交易成本过高、交易后的信息反馈机制不健全、履行合约不忠实等问题,严重影响了资源交易的安全。

因此,应对进入共享平台的科技资源设置共享程度限制(或称共享限制),通过有效的共享准入评价制度和分级分类共享管理制度,解决保密要求和共享要求之间的矛盾。同时,建立科技资源重点跟踪安全预警制度,由准入评审机构作为权力主体,防止具有重要战略和安全价值的、需要通过行政许可方能进行共享的科技资源在共享后出现危及资源和国家的安全问题,如信息非法泄漏、资源流失等。平台准入评审机构有权对进入共享平台的此类科技资源进行重点跟踪和监控。同时,该类资源实物持有单位也有责任保证实物资源的安全。

6.2.3 科技资源共享中的信任

贾姆比(Gambea)认为,信任是一个个体估计另一个个体采取某种特定行为的可能性的主观概率。要保证科技资源共享的各个利益主体能够理解、实施和宣传科技资源共享,各个利益主体间建立信任关系非常重要。良好的信任关系能保证科技资源共享的各方相互依赖并发展交换关系。而且信任也意味着必须承受易受对方行为伤害的风险,确信被信任者不会伤害自己且会保护自己的利益,因而愿意信任对方,从而做出有利于资源共享的理性决策。另外,从经济学的角度来看,信任的意义在于它能够降低交易成本。合作的双方必须相互信任,否则达成合作协议及监督合作协议实施的交易成本太高,合作行动就难以发生。合作者之间是否相互信任以及相互信任程度的高低,直接关系到合作效率的高低。

在科技资源共享当中,会出现以下几种信任问题:

(1) 各主体间直接竞争关系导致的不信任

科技资源共享的各个利益主体在业务上一般都存在竞争关系，将自己所掌握的资源拿出来共享，就意味着自己丧失了本机构或组织的核心竞争力，会影响自己在整个领域的地位，这导致各个主体可能在提供共享性科技资源时有所保留。例如，因为高校之间的竞争关系比高校和科研院所之间的竞争关系稍强一些，拥有不同型号科学仪器的高校和研究所可能在共享科学仪器时要比两个高校之间共享的效果好。

(2) 共享制度和契约的不完善导致的不信任

科技资源共享涉及不同的利益主体，且它们大多属于不同系统，分管的部门和领导各不相同，有效的制度约束和清晰的利益共享机制是其参与共享的主要动力。但在实践中，经常出现共享制度不清晰，特别是对共享性资源的类型、质量、特性等阐述模糊，导致共享终止或效果不好。另外由于这种共享的契约和制度大多由处于优势地位的机构制定，他们可能过多的以自己的利益为中心，会打击其他机构的共享积极性。

(3) 各主体的素质高低不同导致的不信任

在当前科技资源共享当中，有些共享主体素质不高直接影响了共享的效果，主要表现为本位主义严重，为自己所在的单位打算而不顾整体利益的思想作风或行为比较突出。他们往往缺乏大局观和全局意识，考虑问题时往往以小团体为中心，无论利弊得失都站在局部的立场上，为了维护自己机构的利益而忽视整体利益。而共享中的信任关系是经过长期的、良好的合作才形成的，这种本位主义和小集体主义思想必然会转化为行动，直接影响其他主体对自身的看法，从而失去与其共享资源的诉求，导致整体共享效果不佳。

解决科技资源共享当中的信任问题，可以从以下几个方面着手：第一，明确政府在科技资源管理中的角色，发挥好引导作用，包括对科技资源共享进行统筹规划和顶层设计，进行人、财、物等方面的投入，更重要的是建立良好的信用评价和监督体系，引导各个利益相关方建立信任关系，避免共享中的各种冲突，协调关系，培育互信的因素和氛围，积极构筑共享中的信任体系。第二，根据共享的效果构建各利益相关方之间的信任互动关系，强调它们之间合作、互动的良性循环，从而使其能相互信任、共同发展。第三，建立共享信息的公开制度，从制度的角度要求各个主体定期不定期公开有关信息，尽可能实现各个主体间的信息对等，从而互相了解各自的运行状况，有利于增加信任。第四，建立共享信任的评审体系,在选择合作伙伴、缔结联盟以及在联盟以后的运作过程中,必须通过一套经常性的、持续的内部评估审核分析体系对每一合作伙伴做出科学的评价。必须明确知道自己需要什么样的合作伙伴,与其结成的联盟才有可能达到预期的成功。

6.3 科技资源共享模式

模式(Pattern)的概念最早由建筑大师克里斯托菲·阿莱克斯德(Christopher Alexander)于20世纪70年代提出的。他提出模式是表示周境、动机、解决方案3个方面关系的一个规则,每个模式描述了一个在某种环境下不断重复发生的问题,以及该问题解决方案的核心所在,即是一个事物(thing)又是一个过程(process),不仅描述该事物本身,而且提出了通过怎样的过程来产生该事物。科技资源的共享模式涉及资源建设和资源服务以及保障措施等各个部分。而目前共享活动已经从以资源建设为中心逐渐转移到以服务用户为中心,导致共享模式根据资源类型、用户需求、技术手段以及保障措施所能达到的水平等多个因素的不同组合而有所不同。从不同视角可以将共享模式划分为不同的类型。

6.3.1 从资源地理分布的角度划分

从科技资源地理分布的角度可以分为:资源集中共享模式、资源分布共享模式两种。资源集中共享模式是指把同类或不同类资源集中放在一个地点,对外提供共享或者开放服务,例如分析测试中心是把若干种分析测试仪器集中在一个地点,让用户到分析测试中心进行分析测试。资源分布共享模式是指服务机构把资源分配在不同的地理区域内,方便用户使用。例如文献服务机构提供的镜像服务的方式,种质资源库的备份库、专用圃等。

(1)资源分布共享模式

资源分散在各个机构,而通过相应的揭示信息来进行服务导航。这类共享模式的特点是各个提供资源共享的机构规模比较小,资源分布保藏和管理,该类机构在资金、保藏条件等条件上都会受到限制,资源管理质量上也会由于人员的限制而不能使所有的资源都达到良好的运转水平,用户的服务范围有限。这种模式下,各类机构各自负责其拥有科技资源的保藏、维护、开发等政策、标准的制定,负责为用户提供资源服务,为资源管理和服务运行提供资金保证以及资源管理和服务人员的招聘和管理。

这种模式下，各个机构所拥有的资源可能会是以下几种情况：第一，科技资源不便于进行集中管理或者集中管理的成本较高，例如许多大型科学仪器一般对运行环境的要求较高，如恒温、恒湿、防尘、防电磁干扰等，其使用的主体本身较少，已经有固定管理方式、存放地点的仪器集中起来又需要进行重新规划、选址，不如利用现有的管理方式，将其信息统一揭示，通过为这些利用需求较小的主体的导航而进行共享服务。第二，科技资源不适合进行集中管理，例如一些种质资源和动植物标本、科技文献中的古籍拓本等，离开了特定的环境，其特性、存在状态等会发生改变，只适合在特定的温度、湿度等环境中存在，因此适合于分布管理，而且这样也有利于发展和建设特色资源，为专门的用户提供专业化的服务，即占领资源服务的细分市场，在细分市场上建立自己的权威性。这种共享模式在管理上比较灵活，而且能够明确资源采集、发现等所有权或知识产权。另外在技术和资金允许下，由不同的保藏单位提供信息型资源，也可形成集中式的服务。第三，通过实物资源信息化实现集中与分布的统一，其中集中管理的资源一般是描述和揭示科技资源的信息资源，集中保藏的资源通过技术手段使其电子化转化或者标记相关资料，数字化的科技资源信息就可以利用网络虚拟环境，可以提供广泛的、分布式的服务，使得共享服务可以在很大程度上不受时间、空间限制，为人们提供开放式的资源空间。这种情况下，由于信息技术的发展使得科技资源拥有单位没有必要将科技资源集中起来提供服务。

案例：北京12单位共建首都科技条件平台基地

——264个国家和市重点实验室向社会开放

2009年6月4日，北京市科委与中科院、清华、北大、中国移动北京公司等12家高校院所和大型企业签署联合共建"首都科技条件平台研发实验服务基地"协议书，并向社会首发《首都科技条件平台科技资源开放服务目录》。市科委同时宣布建立生物医药、新材料、电子信息和能源环保四大"领域平台"。以此为开端，北京的264个国家和北京市重点实验室、1.3万台（套）仪器设备正式向社会开放。北京是全国科技资源最丰富的地方，但企业需求与科技资源没形成有效对接，强大的科技资源优势未能转化为企业自主创新的重要支撑力。近年来，以"撬动科技资源，促进开放共享；服务企业需求，促进社会发展"为宗旨，首都科技条件平台通过激活存量、控制增量、促进北京地区的科技资源对外开放，并实现深度研发实验服务，提高了科技的投入产出比，为科技重大专项和企业技术创新提供了重要支撑。北京市科委通过建立科学合理的平台管理和运行机制，用有限的财政资金，撬动首都丰富的科技资源对外开放共享。现已初步形成涵盖国家和北京市重点实验室、国家工程中心、中关村开放实验室、企业技术研发中心等的首都科技条件平台体系，为区域创新体系提供重要支撑。经过多年的探索和实践，目前，首都科技条件平台已经形成系统化、网络化、规模化、专业化的科技资源开放服务体系，2009年1~4月，已有2700多家科技企业享受到了"平台"开放科技资源的研发实验服务，服务额达1.3亿元。据市科委负责人介绍，首都科技条件平台研发实验服务基地建设将采用高校院所资源整体开放模式。在其内部，采用"伤筋不动骨"的做法，即在不改变现有体制的框架结构下，对内部科技资源的管理和运营机制进行改革，采用资产所有权和经营权分离的手段，实现工作机制和利益分配机制两个突破，迈出科技资源向社会开放的重要一步。为促进科技资源对外开放共享，基地采用"小马拉大车"的做法，引入专业的服务机构作为基地运行的核心载体，由相应的团队负责开放科技资源的经营；与此同时，市科委建立了一套科学合理的考核体系，对基地的运营效果进行考核。

(2) 资源聚集型共享模式

这种共享模式的特点是资源是集中管理的，这种模式与第一种模式最大的不同在于其资源规模比较大。这种模式的资源管理和资源服务仍是由某家科技资源和资金实力比较强的机构负责制定管理政策，提供资金以及信息基础设施等方面的支持。

这种管理模式正常运转的基本保证之一是负责管理的机构在保证资源管理和服务持续开展、不断发展方面的责任和义务，这是避免资源所有单位的独占资源，为更多的用户进行服务的前提条件。

同时，管理实物资源要充分利用现代信息与网络技术，使计划申报、采购信息发布、设备验收管理、资产动态管理、设备维修管理、考核体系等实现信息网络化传递，建立起水平高、布局与结构合理、管理科学、高效的资源共享平台，减少重复投资与重复购置，促进联合、共建、共享、共用，面向社会开放，努力提高其投资效益，更好地为人才培养、科学研究以及社会经济发展服务。

这类共享模式下，主要是针对科技信息资源和信息化的科技物力资源，集中式的共享有利于对海量的、有共同特性的科技资源进行深度开发，特别是在信息资源整合技术不断发展的情况下，有利于发现新的科学实验方法、新的科学观点、新的实验数据等。

科技资源本身的存放地理位置和其提供服务方式是密不可分的。根据服务获得的地点与服务机构的距离可以分为：远程服务和本地服务。远程服务指用户不必到服务机构所在地，就能享受到该机构提供的条件资源服务/产品。例如：通过互联网在用户所在地下载文献的原文、文献的原文传递、数据的远程下载、光盘服务、仪器的远程操作、通过邮寄等方式实现标本交换和供给等。本地服务指用户必须到服务机构所在地才能获得条件资源的服务/产品。例如，绝大多数的仪器共享都需要用户到仪器设备所在地进行操作，用户需要到图书馆才能借阅图书文献等。

6.3.2 从共享的驱动力角度划分

从共享的驱动力角度划分，科技资源共享的模式大致可以归纳为以下几种：

(1) 政策驱动式

采取这一模式的典范当推美国。1990 年，美国开始着手建设分布式、高效率的科学数据中心群，通过社会共享的方式对公益性数据进行传播。不到十年时间，美国就建立了以"完全与开放"共享这一国策为核心的法律和制度保障体系——先后颁布《信息自由法》、《版权法》、《科技资源管理通告》等法规。与此同时，美国政府还专门成立了技术中心，以此推进科技信息的共享，促使科技成果更有效地转化为科技生产力。

(2) 项目驱动式

在科技资源共享方面，欧盟采取的做法是建立多国共建共享的研究区域和科研基础设施。自 2000 年以来，为了弥补公共研究的不足，改善研发投资环境较差的状况，欧盟提出了创建欧洲研究区的理念。该理念主要内容包括：建立以优秀研究所为中心的研究网络，利用信息技术设立若干虚拟研究中心，促进欧洲各国共建共享大型研究基础设施，鼓励各国开展合作研究项目，强化欧洲各科技机构之间的合作，鼓励欧洲研究人员在不同机构之间相互流动、传播知识等。

(3) 资源驱动式

采取这种模式进行科技资源共享的国家有日本和印度。日本政府十分重视提高科技仪器的使用效率,它不但制定了相关条例,以保证政府投入的科学仪器"物尽其用",而且还出台了设备共用、接受委托等一系列相应政策,有效地促进了"产、学、研"各环节之间的互动。印度则从其经济实力有限的国情出发,于1976年就正式启动"地区尖端仪器中心"计划:通过在全国不同地区设立高级仪器设施中心,国家为各企业分享数量有限的高级仪器提供了保障。

(4) 信息引导式

这种模式比较常用的一种,它通过建立各种科技资源的信息平台,向各类科技资源用户公布科技资源的各类信息,包括科技资源的种类、数量、内容、保藏单位、性质、特点等。用户可以通过这样的平台,查找与自己利用需求相关的各类科技资源,进而通过导航直接利用或者间接利用科技资源。国家科技基础条件平台就是典型的信息驱动方式。

针对我国科技资源建设中存在的多头投入、低水平重复等问题,科技部、财政部联合有关部门在2002年启动实施了国家科技基础条件平台建设;2004年,国务院办公厅转发了科技部、财政部、发展改革委、教育部编制的《2004—2010年国家科技基础条件平台建设纲要》;2005年,四部委又联合发布了《"十一五"国家科技基础条件平台建设实施意见》,并启动了38个平台建设项目;2006年,国务院办公厅转发了财政部、科技部共同研究制定的《关于改进和加强中央财政科技经费管理的若干意见》。在该意见中,明确把科技基础条件平台建设作为科技条件建设和财政科技投入的重要内容。

"中国科技资源共享网"(www.escience.gov.cn)于2009年9月25日在北京正式开通运营,"中国科技资源共享网"整合了行业、部门和地方的科技基础条件资源信息,既是中国科技条件资源信息汇集交流中心和信息发布与成果展示窗口,也是科技资源管理决策的支持系统和中外科技资源信息交流的枢纽。"中国科技资源共享网"由科技部、财政部共同推动建设,旨在充分运用信息、网络等现代技术,推动科技资源开放共享、高效配置和综合利用。"中国科技资源共享网"链接了行业、部门、地方和国外上百个专业化的科技资源站点,形成了覆盖面广、内容丰富的科技网站集群。共享网面向社会开放,为广大科技人员和社会公众提供科技资源信息导航和特色服务推介。用户通过在中国科技资源共享网上注册,可以实现与其他科技资源网站的单点登录,"一站式"获得由资源拥有单位提供的诸如大型仪器设备使用预定、标准文献和种质资源预订等服务。

经过几年建设，该门户网站集聚大型科学仪器与设备、自然科技资源、科学数据、科技文献等领域的优质科技资源信息，汇集各地方平台特色资源，已形成覆盖面广、内容丰富的科技网站集群。中国科技资源共享网（www.escience.gov.cn）自开通以来，已经整合了各类科技资源信息500多万条。通过共享网，用户可以访问1.4万台原值在20万元以上的大型科学仪器、867万份自然科技资源、11.1万个科学数据库（集）、21.5万种科技图书、1.7万种西文科技期刊、12.5万条科普数据等科技资源信息。

6.3.3 从共享投资方式划分

目前科技资源共享的投资方式主要分为两种形式，一是由政府、科研院所等国有单位推动的共享，主要针对国有的科技资源的共享；二是民间资本投资或者个人投资，主要针对非国有的科技资源的共享。近些年来，科技部、财政部推动了国家科技基础条件平台建设，极大地推动了国有科技资源共享的发展，在人、财、物、政策、标准等方面得到了很大的发展。相对来说，民间的共享更加活跃，但是人、财、物缺乏，规模小。由此，针对不同资源，科技资源共享可以分为：政府主导模式、市场主导模式、政府与市场共同主导模式。政府主导的共享模式是政府全面负责科技基础条件资源的采集、开发、对外提供服务，政府对用户的收费标准是以资源/服务传递的成本费为用户服务；市场主导模式指由企业全面负责条件资源的采集、开发、对外提供服务等一系列活动，企业按照资源服务全过程成本对用户收费；然后是政府与企业合作，开发高水平、高质量的深度产品/服务，用这些开发获得产品/服务为用户服务，在这种模式下，由相关法律法规约束政府与企业合作中的各种行为和利益。

6.3.4 从共享的组织形式角度划分

科技资源共享的组织形态主要分为实体组织和虚拟组织。在当今网络和信息技术高速发展的情况下，虚拟组织是其主要组织形态，这种组织形式可有效、快速地将不同研究机构的科技资源加以揭示、存储和展示，并以各种灵活的方式为用户提供服务。

科技资源共享中的虚拟组织形态指两个以上的独立的科技资源建设机构，为更好地服务科研活动、提供科技资源产品和服务而在一定时间内结成的动态联盟。它不具有法人资格，也没有固定的组织层次和内部命令系统，而是一种开放式的组织结构。因此，可以在拥有充分信息的条件下，从众多的组织中精选出合作伙伴，迅速形成各专业领域中的独特优势或者整个区域的集群优势，实现各科技资源机构对外部资源的整合利用，从而以较低成本和灵活的方式，完成单个机构难以承担的各种功能。科技资源共享当中的虚拟组织模式有以下几种：第一，基于单个代理的联盟，该组织模式一般是由一个科技资源建设机构作为盟主、与其他若干个机构相结合形成的功能领域，但是该领域中的机构不存在另外的子功能领域合作者。第二，基于多代理的联盟，联盟中的每一个科技资源建设机构可以将自己又看作为一个子盟主进一步往下扩展组成又一个虚拟功能领域，一直扩展到每一最终合作者均为实际存在的单元。这种体系结构是由盟主代理和若干个功能领域代理构成多层代理体系。第三，一个代理加入多个联盟，某一科技资源建设机构同时加入不同的联盟，这种模式要求保证各不同联盟的相互独立性，即某一研究组织单元加入、退出时不会受其他联盟的影响和干预，各联盟间相互独立，每个科技资源建设机构应根据各联盟的不同要求对其内部的信息、资源等进行分类管理和调度。

案例：大型仪器协作共用网

1997年，科技部、教育部、中科院、国家自然科学基金委和北京市科委在总结"中关村地区联合分析测试中心"近10年工作经验的基础上，成立了"北京科学仪器协作共用网"，五单位设立2000万元资金用于补贴和奖励开展国家基础研究、科技攻关和生产开发测试服务的单位和机组，北京的经验得到了我国其他多个地区的借鉴，在全国得到了广泛的宣传和推广。现在的大型仪器协作共用网通过网站、印刷宣传手册等多种方式宣传入网仪器，使更多的用户能够获知可开放使用的仪器设备，进行机时预定。协作网用户通过宣传手册或者协作网网站查询可使用的仪器介绍和机时信息，有的协作网还提供网上预约机时的服务。某些协作网根据用户的需要，定期更新入网仪器的目录，江苏省的协作网还提供分析测试方法研究资金、仪器升级改造资金供入网机组开展研究。

协作网的资源服务尽管与常规服务相差无几。但是在与用户的互动关系上，一些协作网做了很多工作。例如，组织专门的维修队伍、举办分析测试方法讲座等，这些举措能更好地提高仪器设备的使用效率。协作网的人员管理可以分为3个部分：功能开发人员、维护人员、维修人员。开发人员、维护人员由仪器所在单位负责招聘、管理，维修人员可由第三方负责招聘管理。协作网同样存在仪器功能开发人员欠缺，不能进行高水平服务的问题。协作网的决策管理由管理委员会负责，管委会的管理能力直接决定协作网运行的好坏。其资金的分配方式也需要进一步改进。

6.4 科技资源共享机制

科技资源共享机制是指共享系统各相关组织或部分，例如管理机构、资源结构和使用者，通过信息、物质、利益流动而相互作用的过程和方式。共享系统的总体目标往往是很明确的，但是如何实现这个目标，是必须通过灵活创新的机制才能实现的。如前所述，我国目前大部分科技资源以政府投入为主，具有准公共物品属性。无论从国家层面，还是地区层面，已经针对科技文献、科学数据、科学仪器设备等不同类型的资源建立了一批科技资源共享平台。这里，主要从政府角度，探讨科技资源共享过程中涉及的重要机制。

6.4.1 投入机制

对于科技资源共享来讲，投入方式可以分为两种，一是投入资金直接用于科技资源建设，二是投入资金用于科技资源共享平台建设。但当前，我国的科技资源共享的这两部分投入是以政府公共投资为主体。随着社会需求的深入发展，这种单一的投入方式表现出越来越大的局限性。例如，政府投入资金的绝对数量不足，往往仅能提供资源整合的引导资金，而不能满足全面的资源建设和资源服务等方面的需要。需要建立政府主导的多元投入，扩大资金的来源，鼓励以各种方式投入人、财、物促进科技资源共享的建设。

对于政府而言，投入方式应更加灵活多样，例如大力提倡资源服务后补贴机制。服务后补贴机制是指科技资源共享体系中资源的提供者对公众提供有效服务后，国家按照对资源的使用数量、效果等对其进行补贴的一套程序。后补贴机制更具有针对性，保证资源建设更贴近用户需求，资源服务效果等方面都可以获得明确的定量评估，根据评估结果进行补贴，明显提高了投入的使用效率。

6.4.2 管理和运行机制

科技资源共享的过程其实就是通过对共享过程的管理来理顺科技资源的产权

关系，使科技资源拥有者、管理者和使用者各负其责、各得其利，同时能够充分发挥科技资源内在潜能及其增值效应，提高科技资源开发和利用的效率。它包括了行政管理、共享方式管理、共享范围管理、费用管理、质量标准管理和流程规范管理等，这些日常运行制度对科技资源共享当中涉及的人员、财务、工作范围、职责等做出明确的规定，对日常的科技资源共享工作的实施执行制订详细的计划。

具体而言，日常运行机制就是要确立科技资源共享体系建设、管理和维护的日常运行制度。特别是在当今网络共享环境下，要对科技资源共享体系建设进行统一规划；建立和完善网络管理制度、信息安全管理制度，防范不良和非法信息传播，保障网络有序运行；发布公共科技资源服务信息，负责网络应用系统数据的备份与恢复；及时响应各类科技用户请求，对科技资源共享提供技术支持和咨询服务，并协助解决用户接入网络、网络连接以及其他使用中的疑难问题。开展科技资源信息化方面的服务和培训工作。做好科技资源共享体系全面的运行、维护、管理，做好安全防范工作，监督网络平台日常运行规程的执行，定期检查各项记录。对各种密码管理和重要资料的保密、整理和归档和统一管理。发挥科技资源共享体现的宣传作用，利用共享平台对科研用户进行对外宣传，拓展可共享科技资源覆盖范围，不断提高科技资源共享的影响和提高知名度。解决科技资源共享中的各种技术、资源、网络连接等疑难问题。

6.4.3 沟通与协调机制

为了避免共享体系中各主体之间、共享体系内外因为缺乏沟通造成科技资源重复购置和分散浪费，进一步协调共享行为，应建立沟通机制。沟通机制主要涉及两个方面，一是共享体系内各主体之间的沟通。这是一种工作层面的活动，侧重于技术和标准体系、利益分配的协调。二是共享体系与体系外社会环境的沟通，这是一种战略层面的工作，主要侧重共享理念、共享宣传方面。沟通的渠道可充分利用当前的各种信息化手段和媒体渠道。

在科技资源共享的过程中，协调主要是通过各种经济、文化手段等方式协调各成员组织之间共享合作关系，支持科技资源及科技创新共享合作活动的开展，促使科技资源共享体系中的每个成员能够采用最有效的目标优化方法，与其他成员组织一起为达成共同目标而努力。

多部门联动机制是"跨部门、跨行业、跨领域"共享系统最常见的管理机制。多部门联动的作用是在重大问题上实现部门间的协调，为各自所属的相关单位建立合作渠道，开拓新的合作领域。

为了保证机制的落实，还需要设置一定的机构，例如工作办公室，负责需要时召集全部或者部分单位，不定期召开工作会议、媒体发布会议等，对进展进行总结，发挥舆论监督作用。

6.4.4 激励机制

一个好的机制要能对体系中的各个基本单元包括各级各类组织和个人实施有效的激励，使它们能够最大限度地发挥积极性。在各种激励手段中，经济利益是一种重要的激励因素，因此首先要确立以经济利益为核心的激励机制，形成一种"共享使自己受益"的氛围。通过分配制度、奖励制度等的改革，吸引并稳定一支科技基础条件平台管理与技术支撑的人员队伍，同时，激励他们提高业务素质，为提高科技资源的利用率做出贡献。要加强对科技资源使用的组织和引导，加强对科技资源使用的监督和绩效的评价，引导、激励和促进科技资源的共享，并通过公共服务平台建设探索体制、机制改革的新路子。

建立科技资源开放共享绩效评估机制，提高全社会对科技资源共享必要性和重要性的认识，加深资源保藏机构对开展资源共享所具有的重大社会、科学推动意义的理解，扩大科技资源共享的理念在国家、部门、单位、科学家个人和社会公众等多个层次上充分的理解和传播。通过科技资源共享绩效的评估，促进科技资源建设与服务机构以合作、开放的理念进行科技资源建设，引导其将本部门科技资源向全社会开放共享，同时将评估结果与国家科技项目的立项等工作挂钩，共同构筑以科技资源保藏机构为基本元素的科技资源共享制度的基本框架，推动实现国家创新建设目标，提高科技投入的效益，为我国科技创新工作提供保障支持。

6.4.5 安全机制

科技资源是一种国家的战略性竞争资源，在很大程度上影响着一个国家的科技竞争力。因此，科技资源的共享不是无条件的，无边界的，尤其是稀缺的、特有的科技资源，必须在首先满足国家安全、资源安全的前提下有限度开展共享。首先，是信息资源的安全问题。在信息汇集与管理这个层面上，存在着数据信息分类管理、存储备份的安全问题、数据信息时效性，数据安全性系统标准和数据保管的安全措施缺乏而造成数据管理和存储、提供共享服务过程中的丢失和失真问题等。一个典型的解决方案是对网络安全问题和病毒肆虐的状况制定相应的"共享中网络安全保障管理办法"、"计算机操作使用管理办法"、"网页信息发布管理办法"等，特别针对计算机设备硬件管理、系统软件管理、网络安全防护、信息安全保密等几个方面工作做出具体、严格的规定，重点明确了相应的责任追究制度。通过这些制度规范的确立，增强科技资源共享过程中的计算机安全操作意识、信息安全保密意识和网络安全使用意识。然后是实物资源安全问题。这方面主要是涉及自然科技资源的采集、保藏和传递过程，尤其是特有自然科技资源对国外机构实施的资源交换、买卖，以及以项目合作方式对外提供资源和数据，必须建立相关安全机制进行控制。

6.5 典型科技资源共享案例

6.5.1 国家科技图书文献中心

科技文献信息资源是国家重要的战略资源，是国家创新体系建设的重要保障条件。经过多年的建设和发展，我国的科技文献保藏数量已有了较大的发展。我国科技资源总量丰富，各类文献资源建设以系统单位为主，主要分为公共图书馆系统、教育部高校图书馆系统、科技信息系统、中科院系统、专利系统、计量系统、标准系统，并形成特色资源馆藏中心。高校图书馆的主要服务对象是在校师生，公共图书馆面向全社会服务，科技信息系统和中科院系统基本上由各专业系统人员使用。公共图书馆和高校图书馆的馆藏资源以综合性文献为主，专利系统、计量系统、标准系统是专业性的文献中心，科技信息系统和中科院系统是为各专业领域人员提供专业文献的集中地。

改革开放以后，我国的科技人员获取国外科技发展信息的渠道越来越多，特别是互联网的发展，为了解国外的科技信息提供了更加便捷的方式和手段，但是国内科技人员对国外科技期刊的需求一直得不到很好的满足，一方面由于国外期刊的订阅价格高，各图书馆、情报中心、信息中心的文献采购经费有限，限制了购买，另一方面由于缺乏统筹，也使得外文期刊重复采购过多，采购的种类过少，难以满足需求。在这种情况下，根据国务院领导的批示，于2000年6月12日组建一个虚拟的科技文献信息服务机构——国家科技图书文献中心（National Science and Technology，简称 NSTL），成员单位包括中国科学院文献情报中心、国家工程技术图书馆（中国科学技术信息研究所、机械工业信息研究院、冶金工业信息标准研究院、中国化工信息中心）、中国农业科学院图书馆、中国医学科学院图书馆。网上共建单位包括中国标准化研究院和中国计量科学研究院。

从 NSTL 成立之日起，财政部、科技部设立了"国家科技文献信息专项经费"，支持 NSTL 的建设与持续运行。NSTL 按照"统一采购、规范加工、联合上网、资源共享"的原则，以虚拟中心为共建共享组织的核心，以 4 馆 7 家科技信息机构为主体，统筹采集、收藏和开发科技文献信息资源，建设开通 NSTL 网络服务系统，为广大科技界提供便捷、丰富的外文科技期刊全文传递、参考咨询等服务。其发展目标是建设成为国内权威的科技文献信息资源收藏和服务中心、现代信息技术应用的示范区、同世界各国著名科技图书馆交流的窗口。主要任务是统筹协调，较完整地收藏国内外科技文献信息资源，制订数据加工标准、规范，建立科技文献数据库；利用现代网络技术，提供多层次服务；推进科技文献信息资源的共建共享；组织科技文献信息资源的深度开发和数字化应用；开展国内外合作与交流。

截至 2009 年，外文印本文献订购品种 2.6 万种，是中心成立前各成员单位订购品种的 7 倍，居全国首位。以 IP 地址认证方式，为全国非营利机构免费提供服务的网络版外文全文期刊 556 种，2009 年全文使用量达到 550 万篇；外文电子图书 836 种，外文事实型数据库 6 种，中文电子图书总量达到 22 万种。针对我国历史文献严重缺失和全国用户的需求，以"国家授权"方式。通过一次性付费获得永久使用和长期保存权，先后购买了 Springer、OUP、IOP、Turpion、Nature 回溯数据库，回溯年代跨越 100 多年，共 1154 种期刊，340 多万篇论文，居国内第一。2009 年全文使用量达到 260 万篇。以中心经费支持、单位匹配的采购模式，自 2002 年以来，联合采购国外多家出版社和重点专业数据库的全文电子期刊近 8000 种，为 200 多所大学、科研机构的核心用户群体提供服务。2009 年全文使用量达到 1900 万篇。以网络化的文献信息免费检索为基础，率先实现网上全文传递，为全国用户提供公益性的科技文献信息服务，服务量逐年增加。截至 2009 年，系统检索访问累计 2.9 亿人次，2009 年有 900 万篇文摘被检索利用，提供全文 113 万篇。其中，网上全文传递平均提供时效 10.5 小时，双休日不间断服务。公益性的网上文献年传递量和时效居国内首位。这样的服务时效，居国际领先水平。

6.5.1.1 组织结构与职责划分

NSTL自成立伊始,就确定了"理事会领导下的中心主任负责制"的管理形式。理事会是中心的领导决策机构,由著名科学家、情报信息专家和有关部门代表组成。主任负责中心各项工作的组织实施。科技部代表6部委对中心进行政策指导和监督管理。中心设信息资源专家委员会和计算机网络服务专家委员会,对中心的有关业务工作提供咨询指导。中心理事会理事长由中国科学院院士、中国工程院院士师昌绪担任,副理事长由中国工程院院士胡启恒担任,中心主任由袁海波担任。其组织结构图如图6-2所示。

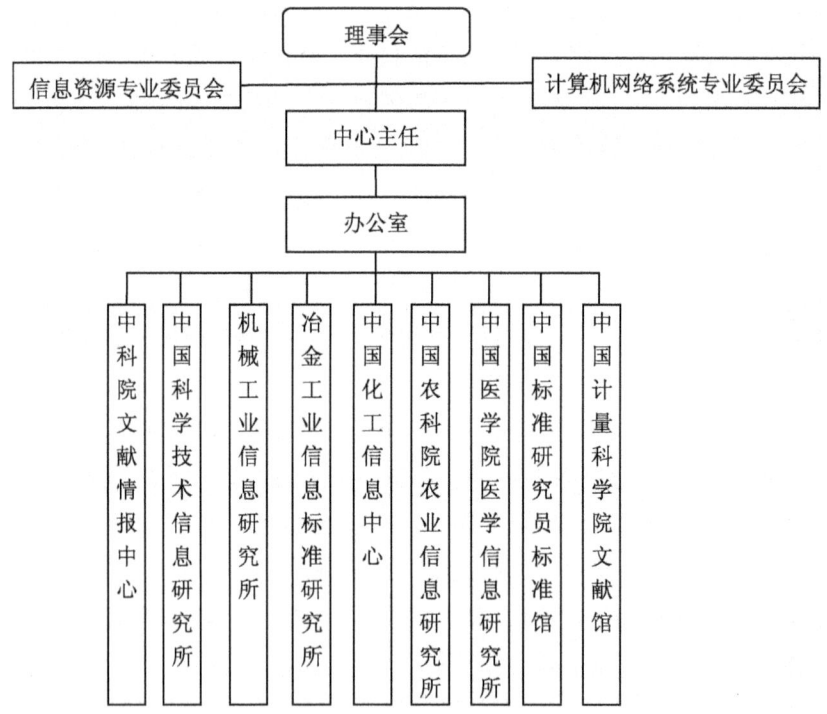

图6-2 NSTL组织结构示意图

理事会会议每年召开一至两次,理事会职责:确定发展方向、战略和规划;审议年度工作总结和计划;审议年度预算需求方案和决算;审议重大管理制度;审议文献采购方针和原则;聘任(或解聘)、考核中心正、副主任(从非成员单位中选聘);决定中心的其他重大事项。在理事会闭会期间,由理事长办公会代为行使理事会的职能,研究决定中心重要事项。例如审核年度预算执行计划及调整方案；审议新增文献采集计划；审议重要专项工作方案；审议理事会委托理事长办公会决定的事项等。

中心设有办公室，在主任领导下负责落实理事会和理事长办公会决定以及中心日常工作管理和协调，中心工作人员由主任从各成员单位聘任。目前办公室人员有7名，人事关系和待遇由原单位负责。NSTL设有文献资源建设专家委员会和计算机网络建设专家委员会；设立资源建设、数据加工、网络建设与运行和文献信息服务4个工作组。工作组成员由各单位相应工作负责人组成，讨论研究落实相关工作，协调分布式协同工作机制，协同研究业务发展工作，组织本单位落实各项工作任务。NSTL各项工作任务的实施方案需经各工作组充分讨论，上报NSTL审批后执行。采取各种措施，理顺工作流程，加强工作协调，统一工作要求，确保工作质量。定期开展对各项工作完成情况的检查，及时发现问题，解决问题。

6.5.1.2 运行机制

NSTL的建设宗旨是充分利用国家经费投入的有利条件，坚持建设与服务的公益性，通过提供各类公共文献信息服务来体现NSTL的工作效益，确保国家投入的有限经费都能够有效地运用于公共信息服务。其运行机制主要从NSTL虚拟机构与各成员单位的关系、资源建设、业务运行系统方面体现其"虚拟化管理、实体化运行"的实质。

（1）NSTL与各成员单位的关系及决策机制

各成员单位由一位领导负责本单位承担的中心工作，各单位将NSTL的工作作为本单位重点工作之一。具体来说，包括中科院文献情报中心：资源建设部、信息系统部、文献服务部，人员60名；中国科技信息研究所：信息资源中心、技术支持中心，人员43名；机械工业信息研究院：信息所，人员47名；冶金工业信息研究院：信息所、信息网络部，人员25名；中国化工信息中心：文献部、咨询部、网络部，人员23名；中国农科院信息所：资源发展部、数字化图书馆部、文献服务部、网管中心，人员约5名；中国医科院信息所：期刊部、文献部、数字资源发展部、文献服务流通部，人员50名；中国标准研究院国家标准馆：人员14名；中国计量科学院文献馆：人员12名。据不完全统计，9个成员单位总计有295名专业人员直接参与NSTL建设与服务工作（表6-1）。此外，还有许多人间接参与。这样的要求保证了NSTL组织管理上是虚拟的，但是业务运行实体化。

表6-1 NSTL成员单位参与共享工作人数

成员单位	业务部门	人数（约）
中科院国家科学图书馆	资源建设部、信息系统部、文献服务部	60名
中国科学技术信息研究所	信息资源中心、技术支持中心	43名
机械工业信息研究院	信息所	47名
冶金工业信息标准研究院	信息所、信息网络部	25名
中国化工信息中心	文献部、咨询部、网络部	23名
中国农业科学院农业信息研究所	资源发展部、数字化图书馆部、文献服务部、网管中心	35名
中国医学科学院医学信息研究所	期刊部、文献部、数字资源发展部、文献服务流通部	50名
中国标准研究院标准馆		14名
中国计量科学院文献馆		12名

按照科技部条财司要求，NSTL建立了预决算制度，加强经费管理，按照订购清单审核采集经费年度支出情况。每项建设性工作任务均需提出经论证的实施方案，据此编制经费预算，预算下达后NSTL与任务牵头单位签订任务书，定期检查进展，组织验收和经费使用检查。经费使用统一管理，设立经费标准、预算申报、决算审查、单设账户、领导负责等制度。每年核定各单位加工服务实际完成量，审核各单位是否按补贴标准和规定列支和使用相关经费。

NSTL在各地区建立镜像站、服务站情况如表6-2所示。

(2) 资源建设

NSTL在资源建设上采取"统一采购，规范加工，联合上网，资源共享"的方针。为实现文献资源统一采购，NSTL大力加强文献资源年度订单管理，资源建设组审核各单位的文献订购计划，提出协调减重意见，报NSTL审批后组织各单位执行。每年底收集汇总各单位当年文献订购落实清单，作为NSTL编制年度资源采集预算和审核预算执行情况的依据。NSTL办公室在资源建设上做到四个基本清楚：一是相关学科国外文献出版情况基本清楚；二是相关学科国外文献国内需求与采购情况基本清楚；三是出版商、出版学协会的情况基本清楚；四是出版物自身的情况基本清楚。

表6-2 截至2010年5月镜像站、服务站建设开通情况

类型	名称	建站时间	依托单位
镜像站	兰州镜像站	2003.10	中科院资源环境科学信息中心
	成都镜像站	2003.11	中科院成都文献情报中心
	昆明镜像站	2004.5	云南省科技情报研究院
	西安镜像站	2004.5	陕西省科学技术信息研究所
	哈尔滨镜像站	2004.12	黑龙江省科技情报所
	南京镜像站	2005.5	江苏省科技情报研究所
	郑州镜像站	2006.3	河南省科技信息研究院
	杭州镜像站	2006.4	浙江省科技信息研究院
服务站	武汉服务站	2006.11	湖北省科技信息研究院
	天津服务站	2007.5	天津市科技信息研究所
	重庆服务站	2007.6	重庆市科技信息中心
	南宁服务站	2007.7	广西科技情报研究所
	广州服务站	2007.7	广东省科技情报研究所
	宁波服务站	2007.7	宁波大学园区图书馆
	青岛服务站	2007.7	青岛市科技信息研究所
	乌鲁木齐服务站	2007.8	新疆科技情报研究所
	西宁服务站	2007.12	青海省科技信息研究所
	苏州服务站	2007.12	苏州工业园区独墅湖图书馆
	合肥服务站	2008.3	安徽省科学技术情报研究所
	深圳服务站	2008.5	深圳大学图书馆
	长春服务站	2008.11	吉林省科技信息研究所
	泰达服务站	2008.12	天津泰达图书馆
	交通运输服务站	2009.3	交通运输部科学研究院
	长沙服务站	2009.8	湖南省科学技术信息研究所
	南昌服务站	2009.12	江西省科技情报研究所
	石家庄服务站	2009.12	河北省科技情报研究院
	银川服务站	2009.12	宁夏回族自治区科学技术信息研究所
	航天五院服务站	2009.12	中国空间技术研究院512研究所
	成都高新区服务站	2009.12	四川省科学技术信息研究所
	武汉东湖高新区服务站	2009.12	中国科学院武汉文献情报中心
	海口服务站	2009.12	海南省科学技术信息研究所

说明：建站时间以系统安装时间为准。

NSTL通过统一订购、集团联合采购、协调减重、开展书评、集成公开获取免费资源等多种方式增加外文科技文献信息资源。通过增强数据加工能力,拓展数据加工范围和深度,不断丰富供用户检索浏览的文献信息数据量,到2009年数据类型从目次文摘拓展到引文,总量达7000多万条,成为国内文献信息数据类型和数据量最丰富的公益性科技文献信息服务系统(表6-3)。

表6-3 NSTL提供服务的文献类型

序号	文献类型	起始年	序号	文献类型	起始年
1	外文期刊	1995	7	中文期刊	1989
2	外文会议	1985	8	中文会议	1980
3	外文学位论文	2001	9	中文学位论文	1984
4	国外科技报告	1978	10	中国国家标准	现行
5	国外标准	现行	11	计量检定规程	1972
6	日俄文期刊	2000	12	专利(七国两组织)	

自2002年以来,联合采购国外多家出版社和重点专业数据库的全文电子期刊近8000种,为200多所大学、科研机构的核心用户群体提供服务。2009年全文使用量达到1900万篇。

(2)业务运行

建立了数据加工和全文服务月统计通报、网络服务系统运行季度统计通报、数据加工质量半年检查分析通报等制度。根据各项工作的进展情况,不定期开展工作质量检查等,积极开展用户信息分析。2007年对15000余位个人用户、800个机构用户进行了调查,组织数十次用户座谈和登门拜访等活动,深入了解用户的需求,为NSTL资源建设、系统改造和服务拓展提供了重要依据。研制建立用户管理分析平台,构建多维度用户信息分析和决策支持系统。根据管理和业务工作的需要,NSTL先后制定了数十项规章制度,经多次修订和完善,目前正在执行的管理办法和工作条例有30余项,使得NSTL推进的各项工作都能够做到有法可依,有章可循。采用"数字图书馆标准规范"项目的相关成果,建立了文献遴选、订单审核、发订、文献登到、编目、数据加工、网上揭示、文献服务、质量检验等全流程的业务工作管理和标准规范体系,并落实到文献采集综合管理系统、联机联合编目系统和联合数据加工系统的开发研制之中。

NSTL启动了集学科分析评价、重点学科确定、文献评价、资源遴选等功能

第6章 科技资源共享

于一体的"NSTL文献采集综合管理系统"建设,建立覆盖"文献资源学科结构分析评估、文献评价遴选、订单审核、发订、登到、编目"等各项工作全流程的文献资源建设管理系统。

根据业务需要,NSTL还陆续启动了一系列业务系统的设计开发工作,形成了综合数字业务平台。NSTL的综合数字业务平台结构示意图如图6-3所示。NSTL共开发了联合编目系统、联合加工系统来支持网络服务系统的运行,开发了引文服务系统、回溯数据服务系统为用户提供更全面的文献信息服务,通过文献综合管理系统辅助完成外文期刊订购的协调工作。利用网络的便利性,NSTL提供实时网上虚拟参考咨询服务,并且在联合数据加工系统中提供了检索、统计、数据收割、引文归一等功能。

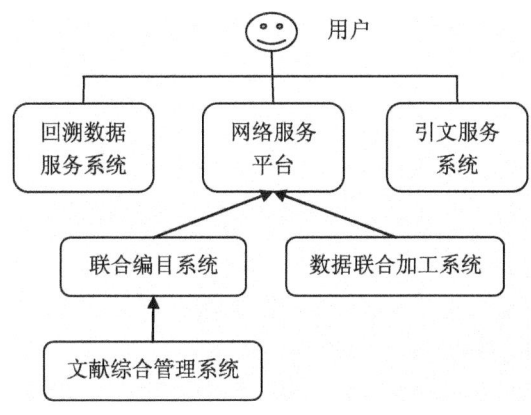

图6-3 NSTL数字业务平台结构示意图

(3) 人才培养

为了提高NSTL的信息服务能力,NSTL先后多次组织多种形式的业务研究、专业培训和学术交流,不断提高各单位、各领域专业人员的学术水平和业务能力。如"数字资源合作管理国际研讨会"、"图书馆可持续发展与创新国际研讨会"、"科学信息开放获取政策与战略国际研讨会"、"网络环境下信息资源共建共享学术研讨会"等。并邀请国内外著名专家前来讲学授课,如"网络环境下信息服务面临的知识产权问题"、"美国数字图书馆发展现状与趋势"等。NSTL先后4次与美国Syracuse大学联合主办"中美数字图书馆高级研讨班",对国内数字图书馆建设起到了有力的推动作用。同时,编印了多种学习材料,如:参考咨询典型案例分析、咨询工作手册等。NSTL还组织有关人员去英、法、澳、美等国参加学术研讨会,实地学习考察当地数字图书馆建设和网络化信息服务情况，与国外同行进行广泛交流，拓展 NSTL 工作人员的视野，学习国外的先进理念与经验。

6.5.1.3 建设成效

（1）订购的科技文献资源不断增长

截至 2009 年，外文印本文献订购品种 2.6 万种，是中心成立前各成员单位订购品种的 7 倍，居全国首位。2009 年外文印本文献学科分布情况为：理 23%，工 48%，农 6%，医 16%，经济学、图书馆学、情报学 7%。2009 年外文印本文献类型分布情况：期刊 69%、会议录 21%、科技报告 5%、科技丛书 3%、工具书 2%。从 NSTL 成立到 2008 年，其文献资源的规模逐年增加，其中主要以外文印本期刊的增长幅度比较大，从 2000 年的 7673 种增加到 2008 年的 17531 种，增长幅度为 1.28 倍。相比较而言，外文会议录等其他类型的外文印本文献的增长则比较缓慢，基本维持在 2500 种左右。截至 2007 年年底，订购外文印本期刊 15937 种，会议录等文献 6806 种，订购数据库光盘 121 种。订购全国开通网络版外文全文期刊 320 种，比上一年增长 49%，继续支持集团联合订购 ACS 和 AIP/APS 的网络版全文期刊 55 种。新增订购中文科技电子图书 17116 种，总量达到 21 万多种。通过开展对国外图书的书评、书展，获得外文科技图书 893 种。订购网络版期刊回溯数据库，增强国家对早期重要文献资源的保障能力。

（2）信息数字化能力和网络系统数据量大幅增加

2007 年，网络服务系统数据量达 6385 万条，是系统开通时的 37 倍，其中 2007 年新增数据 2320 万条，同比增长 56%。全年加工文摘数据 285 万条，光盘数据 19 万条，目次页扫描数据 13 万篇。加工引文数据 1640 万条，并完成了"国际科学引文数据库试用系统"建设，试用系统于 2007 年 12 月正式开通，成为国内第一家面向全国用户提供外文期刊引文检索服务的信息系统。

2007 年网络服务系统的检索访问量达到 6046 万人次，同比增长 45%，文献检索调看文摘 232 万篇次。全国开通的网络版期刊数据库的全文使用量为 336 万篇次，联合购买的网络版期刊的全文下载量达 1000 多万篇次。全年全文传递服务 84 万篇，其中 NSTL 网络服务系统提供近 26 万篇，是 2007 年的 1.7 倍、2001 年的 10 倍。NSTL 全文服务平均响应时间为 10.8 小时，相当多的用户当天即可获得原文。

（3）为重大科技专项和企业创新服务取得初步成效

开展基于 NSTL 服务内容的"信息本地化解决方案"，将 NSTL 的服务以个性化方式集成到最终用户的桌面。例如针对承担国家"探月"和"大飞机"重大专项军工单位人员无法直接在Internet网上利用NSTL资源和服务的情况,有关单位整合了航空航天领域的专业文献数据库,在用户内网建立航空航天文献服务平台,使科技人员可以在内网直接检索NSTL文献资源和全文服务。针对企业用户的特殊需求,化工信息中心建设了农药、涂料、塑料等专业信息服务试验平台,为3个行业提供专业化的深层次服务。机械工业信息研究院探索了将机械工程领域文献信息融入用户信息环境的服务模式,为汽车生产企业提供个性化的信息服务。与国家图书馆、CALIS、上海图书馆等单位开展联合目录建设,推动跨系统资源建设方向的协作分工。与国家图书馆等单位合作开发了国内第一个基于Web Services协议的信息资源与服务集成揭示试验平台。另外,推进数字图书馆标准规范建设和推广应用,促进资源和服务共建共享的基础建设。

(4) 人才队伍建设已见成效

经过多种人员培训活动的举办,NSTL的数据加工和数据库建设队伍已处于国内领先水平,其资源建设队伍了解国外科技文献出版情况有时甚至超过了相关代理公司,初步扭转了资源建设完全依赖代理公司的状况。其参考咨询队伍具有较高的实时解答文献获取问题的能力,NSTL是国内少数开展实时网上参考咨询服务的机构之一。

6.5.2 欧洲核粒子中心

欧洲核粒子中心(European Organization for Nuclear Research,CERN)是在全世界运作非常成功的、由多个国家联合建设和管理的大型科学实验基地。它建立了完善的共享运行机制,对多渠道投入的资金、设备和人才资源进行了高效的整合和利用,为人类认知领域前沿的科学研究提供了前所未有的科学基础设施支撑,为科学的发展做出了巨大的贡献。

(1) CERN概况

第二次世界大战以后,科学研究呈现出多学科交叉并越来越依赖于科学仪器的趋势。尤其是在突破人类认知极限的科研领域,例如纯物理研究、宇宙空间研究等方面,对大型和超大型科学仪器与装置的需求非常迫切,促使人们开始研制、应用大型和超大型科学仪器。但在某些领域,科学仪器过于复杂、投资过于庞大、研究存在不确定性、专业科技人力资源的匮乏等问题,都不是单独一个国家所能解决的。欧洲的物理学家感到有必要联合起来,建立一个基本粒子物理实验室，研究在宇宙线中发现的新介子。这就需要建造大型的高能加速器，这是超出当时西欧任何一个国家的能力的。1949 年，著名物理学家路易斯·德布罗意 (Louisde Broglie) 在瑞士洛桑召开的欧洲国家文化会议上，提出建造一个区域性的具有大型高能加速器的原子核研究实验室。1950 年 6 月 7 日，在意大利的佛罗伦萨召开的联合国教科文组织 UNESCO (United Nation Educational, Scientific and Cultural Organization) 会议上，美国的拉比 (I. I. Rabi) 建议，建立区域性的合作研究实验室。在联合国教科文组织俄歇 (P. Auger) 教授的促成下，1950 年年底，在日内瓦召开的另一次会议上，意大利、法国、比利时出资 1 万美元，加上联合国的资助，成立了一个计划办公室，负责从 8 个国家挑选顾问小组。1951 年欧洲成立了一个负责欧洲核粒子方面的纯物理研究的临时性委员会，召开了第一次顾问小组会议，建议利用现有的技术建造一个大型高能加速器，利用这个高能加速器，使欧洲国家的科学家可以进行高能物理实验研究；还建议成立一个过渡组织，负责在一年到一年半的时间内完成加速器的设计。为此，1951 年底在日内瓦、1952 年初在巴黎召开了两次会议，邀请了所有欧洲国家 (包括东欧国家) 的科学家参加。1952 年 2 月 15 日，12 个西欧国家〔比利时、丹麦、法国、西德、希腊、意大利、荷兰、挪威、瑞典、瑞士、南斯拉夫以及英国 (英国是观察员，直到 1953 年 12 月 30 日才成为正式成员国)〕签署了成立过渡组织的协议。过渡组织的名称是欧洲核子研究理事会 (法文是：Conseil Europeen pour la Recherche Nucleaire)，取法文的第一个字母，简称 CERN，中文把它译成欧洲核子研究中心。

  1952 年 5 月，理事会在巴黎召开了第一次会议。罗马大学的阿迈迪 (E·Amaldi) 被任命为秘书长，负责指导设计质子同步加速器、同步回旋加速器、物理实验室的建设规划和理论组的建立等工作。1952 年 10 月，理事会在日内瓦开会，决定把欧洲核子研究实验室建在日内瓦。原因是日内瓦是国际性城市，地理位置合适，且瑞士愿意提供日内瓦与法国边界处的密兰 (Meyrin) 小镇的 40 公顷的土地作为实验室的用地。

  1953 年该委员会决定通过资源共享的方式，联合多个欧洲国家在日内瓦附近建立一个专门进行纯核物理研究的中央实验基地。该基地的主要任务是为高能物理和核物理研究提供大型的科研设施和环境，如大型粒子加速器等。它的建立是当时欧洲 12 个国家共同努力的结果。

  1954 年 9 月 29 日，理事会决定把欧洲核子研究理事会的名称改成欧洲核子研究组织 (European Organization for Nuclear Research)，但仍然使用最初的法文的简称CERN。CERN的组织机构有理事会（设主席1人，副主席2人）、科学政策委员会和财政委员会。1954年10月1日，理事会任命美国的诺贝尔奖获奖者费力克斯·伯乐克(Felix Block)为第一任所长。从此，CERN慢慢地发展成为世界最重要的高能物理实验研究中心。目前，CERN已经有20个成员国，包括：奥地利、比利时、保加利亚、捷克共和国、丹麦、芬兰、法国、德国、希腊、匈牙利、意大利、荷兰、挪威、波兰、葡萄牙、斯洛伐克、西班牙、瑞典、瑞士、英国，印度、以色列、日本、俄罗斯联邦、美国、土耳其、欧洲委员会和联合国教科文组织(UNESCO)具有观察员身份。与美国、俄罗斯、日本、中国、印度等国建立了长期的交流与合作的关系。

目前，CERN已发展成世界上最大的核粒子物理研究中心。CERN同时也是万维网WWW (World Wide Web)的发源地。1990年，CERN的计算机科学家伯纳斯·李（Tim Berners - Lee），为了方便分布于世界各地的高能物理学家之间的协作，设想和开发了WWW客户端和服务器端，还定义了URL、HTTP、HTML等。正是由于Tim等人的贡献，Internet才变成了大家今天所习惯的模样。最近CERN成为了网格计算的中心。每年大约来自80个国家500所大学的6500名科学家到CERN利用其设施进行科学研究。另外，CERN每年雇用大约3000多人为其工作，包括物理学家、工程师、技术人员、管理人员、工人等，他们各有分工，科技人员负责设计和建设实验设施，并保证其正常运转，为科学家准备、执行和分析复杂的科学实验和科学数据提供帮助。科学仪器的建设方面，CERN通过组织、分享各方面科学家的知识确定基地的发展方向，由于其设施和仪器的设计、建设规模庞大而复杂，因此将建设任务分解，通过合作的形式，组织世界各地的相关机构参与开发和建设工作，最后完成仪器的总体安装。在配合科学家进行科学研究方面，CERN拥有很好的技术人才队伍管理、维持仪器和基地的运行，在建设新设施的同时，维护已有设施的运行以及与新设施的兼容。此外，CERN的技术队伍具有很高的研发和创新能力，为了更好地服务于科学家的研究活动开展了相关技术的研发，在所取得的成果中有很多都获得了诺贝尔奖。CERN除了出版各种刊物以传播其科技成果外，还非常重视自身文化建设和承担社会责任，通过文化建设促进自身发展。如组织专门的展览在世界各地巡回宣传，并设有专门机构负责接待外部普通民众的参观。CERN建立了非常完善的网络系统，为科研人员和世界各地的普通民众提供服务，不但可以通过网络实现管理功能、协同研究功能等，还能使人们详细了解CERN的仪器设备、研究项目以及历史与成就等信息。可见,CERN 是一个开放的、人性化的、资源共享的、具有国际领先科学仪器和设备的大型科学仪器中心。

粒子物理方面许多重要的实验都是在 CERN 完成的,例如:卡罗·鲁比亚(Carlo Rubbia)因发现了弱电统一相互作用的传播子 W+、W- 和 Z_0,以及西蒙·范德密尔(Simon Van der Meer)因发明随机冷却方法且建成 270GeV×270GeV 的质子反质子对撞机而共同获得了 1984 年的诺贝尔物理学奖。恰巴克(Georges Charpak)因 20 世纪 60 年代发明新型粒子物理探测器多丝正比室,而获得了 1992 年的诺贝尔物理学奖。CERN 在粒子物理研究中具有里程碑意义的其他成就有:① 1973 年,利用中微子束流,利用重液泡室 Gargamelle 作探测器,发现弱电统一相互作用理论预言的中性流事例,证实了弱电统一相互作用理论的正确性,从而导致美国的格拉肖(L. Glashow)、温伯格(Steven Weinberg)和巴基斯坦的萨拉姆(Abdus Salam)共同获得了 1979 年的诺贝尔物理学奖。② 1989 年,CERN 建成能量为 50GeV×50GeV 大型正负电子对撞机 LEP(large electron positron collider)并投入运行,4 个实验组:ALEPH、DELPHI、L3 和 OPAL,从 Z0 衰变的宽度中,同时测得质量少于 45GeV 的中微子只有 3 代。这是粒子物理的标准模型理论的重要基础,对天体演化的研究有着重要影响。4 个实验组:ALEPH、DELPHI、L3 和 OPAL,精确测量到了弱相互作用耦合常数、电磁相互作用耦合常数和强相互作用耦合常数。③ 2002 年,LEP 把对撞束流能量提高,证实弱电统一相互作用理论预言的 Higgs 粒子如果存在,其质量应大于 114GeV。

CERN 在 20 世纪 50 年代就与位于莫斯科附近的 Dubna 社会主义国家联合原子核研究所进行了交流与合作。70 年代,又与苏联 Surpokhof 高能加速器中心开展交流与合作,先后又与日本、印度的科学家开展了交流与合作。现在,CERN 把科技交流与合作的目标推向中东。在 CERN 的帮助下,在约旦建造了一台同步辐射光源加速器中心,联合国教科文组织给予支持,约旦投资 1200 万美元作为建造经费,欧洲国家把柏林的 BESSY1 同步辐射光源加速器的某些部件送给约旦,以便将 SESAME 建成第三代同步辐射光源,覆盖从红外到 X 射线波段,共有 13 个工作站,美国以及位于维也纳的国际原子能委员会将支持建设束流线。为适应 CERN 目前正在建造的大型强子对撞机 LHC 上的 4 个实验:ArITIAS、CMS、LHC—B 和 ALICE 将来获取数据后的数据处理分析工作,CERN 正在与全世界不同地区的高能物理实验室的计算机专家、数据处理分析专家、计算机生产厂家共同发展新的更高级的世界性超大容量、超快速度的数据传输国际互联网系统 GRID。

CERN 与中国科学家的交流与合作开始于 1958 年。1958 年张文裕先生及夫人王承书参加了 CERN 在日内瓦召开的国际高能物理大会。1966 年，CERN 的继任所长格里哥里 (B. P. Gregory) 给中国科学院原子能研究所的钱三强和周光召发了一封信，希望建立 CERN 与中国科学家的交流与合作关系。1972 年，杨振宁给 CERN 所长范霍夫写信，建议 CERN 给北京大学的胡宁先生及中国科学院原子能研究所的张文裕先生定期寄 CERN 快报 (CERN Courier)。现在有 120 多位中国的科学家定期收到 CERN 快报。1972 年，杨振宁先生在 CERN 作了一个报告，介绍他在中国参观的所见所闻。杨振宁先生的报告在 CERN 产生巨大的反响，此后又有多名研究人员赴 CERN 参观学习。CERN 与高能物理研究所的互联网开通之后，北京高能物理研究所直接通过互联网从 CERN 软件库中下载新的软件。中国科学家还分别参加了 LHC 的 4 台大型实验装置：ATLAS、CMS、LHC—B 和 AL-ICE 的国际合作。

CERN 目前拥有世界上设计能量最高的粒子对撞机——大型强子对撞机 (Large Hadron Collider，简称 LHC)，它于 2008 年 9 月 10 日正式启动运行，但于 9 月 19 日发生事故停机。经过一年多的维修，LHC 于 2009 年 11 月 20 日重新启动，并于 11 月 23 日实现第一次对撞，在 12 月初实现 2.36TeV 对撞，2010 年 3 月 30 日实现 3.5Tev 对撞，成为世界粒子物理研究的能量最前沿。除了拥有世界上最大、威力最强的粒子加速器之外，CERN 还管理 LHC 计算网格 (LCG) 项目。该项目是世界上最大的国际科学网格服务体系，它通过互联网和专用 10Gbit/秒链路访问共享的计算机和数据，使不同区域的科学家每年可生成、存储和分析 15 PB (1500 万 GB) 的数据。早在 2004 年，在有条不紊地筹备 LHC 过程中，CERN 的 IT 部门认识到改造其 IT 基础设施架构的必要性。这个架构必须具备管理此计算网格项目的数据处理能力。该网格项目本质上是一个全球性分布式数据处理网络。

因 CERN 的基础科学研究而诞生的新技术对社会生活产生重大影响的最显著的例子就是国际互联网系统 WWW (World Wide Web) 的发明和推广。CERN 的实验设备的建造、运行和维护以及实验数据的获取和分析大部分都是在世界各地的实验室中进行的，研究人员之间的通信就成为极其重要的事情。如果将各个合作组的资料、数据、备忘录和会议记录信息放到服务器上，物理学家就可以很容易地通过网络获取世界范围内有用的信息。正是为了满足信息交换和共享的需要，

1989 年，CERN 的一位计算机科学家伯纳斯·李 (Tim Berners - Lee) 发起了 WWW。WWW 的基本思想是把个人电脑、计算机网路和超文本 (Hypertext) 结合在一起组成有力和容易使用的全球信息系统。1993 年 4 月 30 日，CERN 宣布开放万维网给所有人使用，在 CERN 应运而生的 WWW 很快就引起了一场远距离通信的革命。

（2）CERN 的运行体制

作为国际合作的杰出典范，CERN 的管理体系由各成员国组成。理事会是管理 CERN 日常事务的最高权力机构，它控制了 CERN 的科学、技术和行政活动，决定 CERN 的科学、技术和行政事务的政策，批准各种活动计划和预算以及审议支出。CERN 的每一个成员国在理事会中都有两位官方代表，一位代表该成员国政府，另一位则代表该国家的科学利益。每一个成员国在理事会的表决中只有一票，而理事会的最重要决定只需要简单多数即可通过。理事会通常一年召开两次会议，一次在 6 月，另一次在 12 月。闭会期间，代表们在理事会委员会中非正式会面，监督各项计划的进展情况，并与中心主任讨论将提交到理事会讨论的各种提议。

科学政策委员会和财政委员会是理事会的两大助手。科学政策委员会确保物理学家建议的各种活动的科学价值，并对 CERN 的科学项目提出推荐意见。科学政策委员会由理事会批准的科学家组成，这些成员要求有崇高的科学地位而不问其国籍、民族，他们中的一些成员来自非成员国。财政委员会是由来自各国行政部门的代表组成，他们要处理与各成员国贡献有关的所有问题以及 CERN 的预算和支出，CERN 的资金和运行费根据各成员国的净国民收入按比例分摊。中心主任由理事会指定，任期一般为 5 年。出于传统，中心主任由科学家担任。中心有一个董事会 (Directorate) 辅助其工作，该董事会的成员由中心主任向理事会建议，但需由中心主任直接向理事会报告。中心主任可在必要的时候向理事会建议对董事会进行调整以适应项目研究的需要。2004 年 1 月 1 日，法国科学家罗伯特·艾马尔 (Robert Aymar) 出任 CERN 主任，接任到期的原主任——意大利科学家米亚尼 (Miani)。新一届 CERN 领导班子在机构上作了很大精简，中心主任改称首席执行官 (CEO)，仅设两位副手，即首席科研官 (CSO) 和首席财务官 (CFO)，替代原来的 7 位副主任。并把原来下属的 15 个部合并成 7 个部。大科学的崛起要求改革传统的科研预算体系，其有效途径是推动科研预算走向国际化。为了追求最经济的科研效果，未来本国的科研预算将只占科研总预算的一小部分,绝大多数资金将流入全球性大科学计划中。除 20 个欧洲成员国精诚合作之外,CERN 还在世界范围内寻找广泛的合作伙伴,把贡献较大的一些非成员国如美国、日本、俄罗斯和印度等吸纳为观察员,开创了国际合作的创新模式。这种超国家层面的国际合作在一定意义上淡化了成员国之间的政治冲突及意识形态对抗,使其内部运行更加重视合作。CERN 有着更高的开放性和普遍性,并有效促成了不同研究传统之间的互动和融合。

(3) CERN 的期刊开放存取

除了积极推进大学科学仪器的共建共享以外,2006 年,CERN 提出了一项大规模的 OA 计划——"粒子物理开放存取出版联盟"(Sponsoring Consortium for Open Access Publishing in Particle Physics,SCOAP3)。近年来,CERN 发起了几个旨在促进 HEP 领域 OA 出版的活动:①2005 年 9 月,"转变出版模式开放式会议"在 CERN 召开,首次研讨了 HEP 出版领域的一些议题。②2005 年 12 月,举行"粒子物理开放存取研讨会",建议了 OA 出版的可行方案。③2005 年 12 月,"粒子物理开放存取出版工作小组"成立,代表了作者、出版商和科研资助机构的利益和要求,任务是"针对粒子物理领域现有和新创办的期刊和出版商,研究和建立可持续的开放存取出版经济模式"。该小组建议成立一个资金联盟 SCOAP,作为为出版商提供同行评议费用的中枢,有效地将读者付费模式转变为作者一方资金支持。④2006 年 12 月,成立"SCOAP 工作委员会"来具体负责 SCOAP 的筹建。SCOAP 计划的目标是要在 HEP 领域实现真正意义上的 OA 出版,即对所有 HEP 论文实现 OA。该联盟计划吸纳世界上所有参与 HEP 活动的国家和地区,由加盟的各国政府机构、实验室、大学等向联盟提供资金,再由联盟资助 HEP 领域的同行评议期刊,且出版商必须保证获资助期刊中的论文能够被公众免费获得。届时,图书馆将取消期刊的订阅。SCOAP 将成为 HEP 领域联系科学出版各利益集团之间的唯一纽带:一方是作者和读者群体;另一方是高质量的 HEP 期刊出版机构。确保 SCOAP 计划取得成功的关键因素之一,就是尽可能使世界上所有参与 HEP 研究的国家都加盟进来,所有高质量期刊上的 HEP 论文都能实现 OA。但考虑到一些发展中国家尚没有能力向 SCOAP 提供资金,目前,这些国家作者的稿件将会一视同仁,得到联盟的资助。SCOAP 的资金来源于目前基金组织、实验室和图书馆购买 HEP 期刊的费用。能否获得持续、稳定的资金支持,是 HEP 出版机构最关注的问题,也是 SCOAP 计划得以顺利实施的保障。因此,SCOAP 组委会希望效仿 HEP 领域大型国际科研合作项目(如 LHC)的模式——

通过与上百所大学、研究所签订谅解备忘录，制定长达几十年的财务支持和科学合作计划，来确保 SCOAP 资金来源的稳定性。对于全部内容属 HEP 的期刊，SCOAP 计划将其转变为 OA 期刊，SCOAP 将向出版机构支付同行评议的全部费用；对只有部分 HEP 内容的期刊，SCOAP 采取逐篇文章付费的方式；会议文集和单行本不在 SCOAP 计划之列。在 SCOAP 模式中，出版机构通过独立的编委会和同行评议机制确保高质量的期刊出版，由他们在网站上发布 OA 论文并反馈给 SCOAP 文库。出版商将会从联盟"资助发表"这一更稳定的商业出版模式中获益，SCOAP 支持者认为，该模式好于传统的且变得越来越脆弱的"付费阅读"机制。今后，出版商还将继续承接印刷版、单篇文章再版、彩版、电子版或印刷版文集、引文数据库以及其他增值服务，这些都不在 SCOAP 范围之内。

概括起来，SCOAP 模式在 HEP 出版中将扮演这样一个角色：稳定不断上涨的 HEP 领域文献订阅费用；使期刊出版成本和定价更加透明；培育保证期刊高质量和合理价格的新型市场竞争机制。为了取得成功，SCOAP 从一开始确立的目标就是要尽可能覆盖一个较宽的范围，尽量包括所有参与者的共同利益。HEP 的核心内容包括：基本粒子唯象和实验研究以及粒子之间的相互作用理论——量子场论和格点场论。SCOAP 按照所有参与 HEP 的国家作者规模来收取资助费用。

到目前为止，SCOAP 的加盟成员以欧洲大陆为主，除发起机构 CERN 外，还包括法国科学研究中心粒子物理核物理研究所 (CNRS2/IN2P3)、德国的电子同步加速器研究所 (DESY) 以及马普学会 (MPG) 等几家研究所和实验室和意大利、丹麦、希腊、匈牙利、挪威、罗马尼亚、瑞典、斯洛伐克共和国的高能物理或物理类、教育类研究机构、学会或图书馆。欧洲大陆以外的加盟成员有澳大利亚科学院高能物理所以及包括加利福尼亚数字图书馆和美国能源部国家实验室在内的美国几所大学、科研机构或图书馆。

6.5.3 开放获取期刊门户

开放获取 (open access，OA) 是国际学术界、出版界、图书情报界为了推动科研成果利用互联网自由传播而采取的运动，用以实现向用户免费提供信息。其目的是促进科学及人文信息的广泛交流，促进利用互联网进行科学交流与出版，提升科学研究的公共利用程度、保障科学信息的长期保存，提高科学研究的效率。

2002 年 2 月 14 日，由开放社会协会发起的布达佩斯会议上发布的《布达佩斯开放获取计划》正式提出推动科技文献的开放获取，即用户通过互联网免费阅读、下载、复制和传播作品，并提出开放获取的两种实现形式：开放出版，即期刊以免费获取方式发表论文，供公众开放阅读；开放存储，即作者在论文发表后将论文存储到机构或专业知识库，立即或延迟一段时间（一般为6或12个月）后开放发布。2003年10月22~23日，德国马普学会发起召开了柏林会议，在继承《布达佩斯开放获取计划》的基础上通过了《关于自然科学与人文科学知识的开放获取的柏林宣言》（以下简称《柏林宣言》）。《柏林宣言》提出，开放获取的对象是经科学界认可的人类知识和文化遗产的综合性信息资源，包括原始的科研论文、数据和元数据、参考资料、照片和图表、学术类多媒体资源等。《柏林宣言》得到了全球科技界的积极拥护，截至2008年9月，已经有250多家机构签署了柏林宣言。开放获取的内涵在不断扩展，从2002—2003年主要关注期刊论文，到后来将科学数据纳入开放获取的对象，强调借助互联网对学术信息的免费获取和合理使用。世界各国的科技资助机构、科学家团体和科研教育机构等不断建立支持开放获取的政策机制，积极推出支持开放获取的各种工具，使得开放获取成为科学研究的可行的、高效的和必要的组成部分。

Open J - Gate（开放获取期刊门户，http: //www.openj - ate.com）提供基于开放获取期刊的免费检索和全文链接。它由 Informatics (India) Ltd 公司于2006年创建并开始提供服务，收集了全球约3720种期刊，包含学校、研究机构和行业期刊，其中超过1500种学术期刊经过同行评议（Peer - Reviewed）。Open J - Gate 每日更新。每年有超过30万篇新发表的文章被收录，并提供全文检索，是目前世界最大的开放获取期刊门户。

Open J - Gate 的主要特点有：

1）资源数量大：Open J - Gate 系统地收集了全球约3720种期刊（目前已经达3741种），包含学校、研究机构和行业期刊，其中超过1500种学术期刊经过同行评议（Peer - Reviewed）。

2）更新及时：Open J - Gate 每日更新。每年有超过30万篇新发表的文章被收录，并提供全文检索。

3）检索功能强大，使用便捷：Open J - Gate 提供3种检索方式，分别是快速检索（Quick Search）、高级检索（Advanced Search）和期刊浏览（Browse by Journals）。在不同的检索方式下，用户可通过刊名、作者、摘要、关键字、地址、机构等进行检索。检索结果按相关度排列。

4) 提供期刊"目录"浏览：用户通过该浏览，可以了解相应期刊的内容信息。

6.5.4 结构生物学合作研究协会蛋白质结构数据库

现代科学研究面临的巨大挑战、科学家之间密切合作与交流的需要都带来对资源共享的需求。科学研究问题空前复杂化，科学研究对象不是简单孤立的系统，而是涵盖更大的范围，跨学科科研信息、数据的实时获取与处理，仿真与大规模计算已成为分析、发现和预测的主要手段之一。科学数据共享使得全球性的、跨学科的、大规模科研合作成为可能，使得跨越时间、空间、物理障碍的资源共享与协同工作成为可能。

科学数据共享的益处：增强了科学调查的开放性，鼓励分析方法和观点的多样性，促进新研究，支持新的或可选的假设和分析方法的检验，促进了新研究人员的培养，探索以前研究者不能涉及的领域，允许从综合数据中创建新的数据集。例如 NIH 在保护共享者的隐私以及机密和专利数据的同时，数据应当尽可能广泛和自由地被使用。NIH 要求及时发布和共享最终的研究数据，以便为其他研究人员所使用，要求合同契约人无偿共享数据，并通过必要的最终研究数据来验证研究成果。

蛋白质结构数据库 (Protein Data Bank，简称 PDB) 是美国纽约 Brookhaven 国家实验室于 1971 年创建的。为适应结构基因组和生物信息学研究的需要，1998 年，由美国国家科学基金委员会、能源部和卫生研究院资助，成立了结构生物学合作研究协会 (Research Collaboratory for Structural Bioinformatics，简称 RCSB)。PDB 改由 RCSB 管理（Berman HM，2000），目前主要成员为 Rutger 大学、圣地亚哥超级计算中心 (San Diego Supercomputer Center，简称 SDSC) 和国家标准化研究所 (National Institutes of Standards and Technology，简称 NIST)。和核酸序列数据库一样，可以通过网络直接向 PDB 递交数据。

PDB 是目前最主要的蛋白质分子结构数据库（http://www.rcsb.org/）。随着晶体衍射技术的不断改进，结构测定的速度和精度也逐步提高。20 世纪 90 年代以来，多维核磁共振溶液构象测定方法的成熟，使那些难以结晶的蛋白质分子的结构测定成为可能。蛋白质分子结构数据库的数据量迅速上升，目前每周都进行数据更新。据 2013 年 12 月统计，PDB 中已经存放了 9 万多套原子坐标，其中大部分为蛋白质，包括多肽和病毒，如图 6-4 所示。此外，还有核酸、蛋白和核酸复合物以及少量多糖分子。2012年通过镜像及服务器数据下载次数约为3亿多次，其用户当中，90%为大学用户，主要分布在化学、生命科学和医药领域。

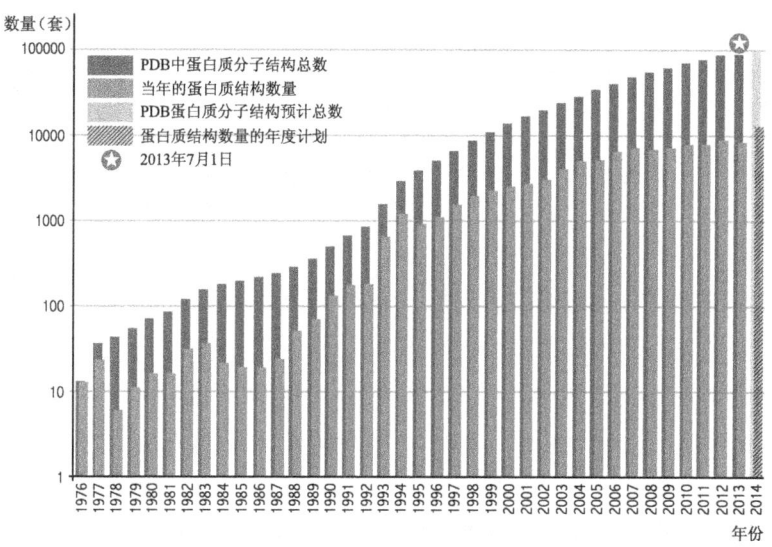

图6-4 RCSB蛋白质数据增长情况

PDB以文本文件的方式存放数据，每个分子各用一个独立的文件。除了原子坐标外，还包括物种来源、化合物名称、结构递交者以及有关文献等基本注释信息。此外，还给出分辨率、结构因子、温度系数、蛋白质主链数目、配体分子式、金属离子、二级结构信息、二硫键位置等和结构有关的数据。以文本文件格式存放的PDB数据可以用文字编辑软件查看。显然，用文字编辑软件查看注释信息不太方便，更无法直观地了解分子的空间结构。RCSB开发的基于Web的数据库PDB概要显示系统，只列出主要信息。用户如需进一步了解详细信息，或查询其他蛋白质结构信息资源，可点击该页面左侧窗口中的按钮。此外，英国伦敦大学开发的数据库PDBsum是基于网络的PDB注释信息综合数据库，用于对PDB的检索，使用十分方便。该数据库将RasMol、CN3D等分子图形软件综合在一起，同时具有分析和图形显示功能。

与EMBL和PIR等序列数据库一样，结构数据库PDB也属于一次数据库，其中包括许多冗余的数据，乃至错误。PDBCheck合作研究组对PDB进行了全面的检验，并把结果存放在数据库PDBReport中，用户在使用PDB中的某个文件时，可先查阅该数据库。

PDB 记录包括两个序列信息备份：隐性序列和显性序列。两者都被用于重构生物高聚体的化学图像。显性序列在 PDB 文件中以关键词 SEQRES 打头逐行存储。不同于其他序列数据库，PDB 记录用三字母氨基酸编码，任意选择 3 个字母作为名称的非标准氨基酸在许多 PDB 记录序列条目中可被找到。在 PDB 中，一些双螺旋核酸序列条目被指定依照在条目中按从 3′到 5′端的顺序排列的一条链在上、从 5′到 3′端排列的互补链在下的方式排列。虽然这些以双螺旋形式表达的序列对人类而言是容易理解的，但直接由计算机阅读此类从 3′到 5′端排列的显性序列是荒唐的。PDB 记录中的隐性序列蕴涵在由 PDB 文件中的 ATOM 记录及相应 (X，Y，Z) 位置坐标构成的化学立体结构中。

PDB 以文本文件的方式存放数据，每个分子各用一个独立的文件。PDB 允许用户用各种方式以及布尔逻辑组合（AND、OR 和 NOT）进行检索，可检索的字段包括功能类别、PDB 代码、名称、作者、空间群、分辨率、来源、入库时间、分子式、参考文献、生物来源等项。用户不仅可以得到生物大分子的各种注释、坐标、三维图形、VAML 等，并能从一系列指针连接到与 PDB 有关的数据库，包括 SCOP、CATH、Medline、ENZYME、SWISS – 3DIMAGE 等。可通过 FTP 下载 PDB 的数据。所有的 PDB 文件均有压缩和非压缩版以适应用户传输需要。PDB 的电子公告板 BBS 和电子邮件兴趣小组（Mailing List）为用户提供了交流经验和发布新闻的空间。PDB 还提供 Facebook 以及 Twitter 等社交媒体以及 Newsletter 等网络媒体与用户沟通。在 PDB 的服务器上还提供与结构生物学相关的多种免费软件如 Rasmol、Mage、PDBBrowser、3DB Brower 等。

为了确保 PDB 资料的完备与权威，各个主要的科学杂志、基金组织会要求科学家将自己的研究成果提交给 PDB。在 PDB 的基础上，还发展出来若干依据不同原则对 PDB 的结构数据进行分类的数据库，例如 GO 将 PDB 中的数据按基因进行了分类。

6.5.5 农作物种质资源平台

我国作物种遗传资源多样性的破坏和丧失一直非常严重。1949 年我国有 1 万个小麦品种（主要是农家种）在种植使用，到 20 世纪 70 年代仅存 1000 个品种在使用；野生水稻和野生大豆的原生境生长地已遭到严重破坏，面积越来越少。从"七五"以来，作物种质资源收集保存一直被列入国家科技攻关项目，在 1984 年建成我国自行设计建设的国家种质库 1 号库（后改为国家种质分发交换库）以后，又相继在1986年和1992年建成了国家长期库和青海复份长期库，完善了我国作物种质资源长期和复份相结合的保存与分发体系。在种质资源繁种入国家库贮存方面，在短短十多年时间内，及时把31.8万份种质（隶属30属科、174属、600个种）抢救收集存入国家种质库，贮存数量居世界各种质库的首位。与此同时，建立起32个种质圃（含2座试管苗库）来保存凡需要以种茎、块根和植株繁殖保持种性的作物种质资源。据初步统计，入圃保存的作物种类50多种（类），种质3.7万份，分属1026个种（含）亚种。此外，还在中国农科院专业所建立了7座特定作物中期库，及在全国各地农科院建立15座地方中期库。国家库（圃）贮存的资源不仅种类丰富，而且这些种质的80%均是从我国国内收集的，不少属于我国特有，其中国内地方种资源占国内收集资源的60%，稀有、珍贵和野生近缘种质占10%。这是作物育种的宝贵材料，为世界各国所关注。随着贮存种质种类、数量增加和贮存时间的增长，国家库贮存资源的宝贵价值和所发挥的作用越显重要。

中国作物种质资源信息系统 (CGRIS) 1988年初步建成并开始对外服务，目前拥有180种作物（包括粮、棉、油、菜、果、糖、烟、茶、桑、牧草、绿肥、热带作物等）、37万份种质信息、2000兆字节，是世界上最大的植物遗传资源信息系统之一，包括国家种质库管理和动态监测、青海国家复份库管理、32个国家多年生和野生近缘植物种质圃管理、中期库管理和种子繁种分发、农作物种质基本情况和特性评价鉴定、优异资源综合评价、国外种质交换、品种区试、指纹图谱管理9个子系统、700多个数据库和120万条记录。建立了作物种质资源数据采集网，由1个信息中心、20个作物分中心、50个一级数据源单位、近400个二级数据源单位组成。CGRIS的建立，为农业科学工作者和生产者全面了解作物种质的特性，拓宽优异资源和遗传的使用范围，培育丰产、优质、抗病虫、抗不良环境新品种提供了新的手段，为作物遗传多样性的保护和持续利用提供了重要依据。已在因特网 (Internet) 上向用户提供无偿共享信息（网址：http://icgr.caas.net.cn/），总共向国内用户提供了2400万个数据项值的种质信息，产生了明显的社会经济效益。

2002年开始启动国家农作物种质资源平台建设。通过几年的努力，国家农作物种质资源平台完成了农作物种质资源的整合与规范建设。国家农作物种质资源平台由1个国家种质库、1个青海国家复份库、10个国家中期库、23个省级中期库和39个国家种质圃等74个库圃组成，已整合200种作物39万份种质资源、种质信息200GB，通过中国作物种质信息网向用户提供农作物种质资源信息和实物共享服务；研制了110种农作物描述规范、数据规范和数据质量控制规范336个，实现了农作物种质资源科学分类、统一编目、统一描述的技术规范建设和全程质量控制；建立了农作物种质资源持续保存的制度，构建了科学合理的农作物种质资源保存体系；拥有完整的种质资源中长期保存设施、良好的网络通信条件和足量的种质实物，具备了开放共享的良好条件。

国家农作物种质资源平台建立了成套的管理系统与共享机制；建立了由管理委员会决策、专家委员会咨询、用户委员会监督以及平台主任负责的国家农作物种质资源平台组织管理机构；制定了较为完善的农作物种质资源管理和共享制度；建立了专门从事平台资源管理和运行服务的人才队伍；建成了国家农作物种质资源数据库群，资源信息已按要求全部汇交到国家科技基础条件平台门户；研制了中国作物种质信息网和网上种质获取"一站式"服务系统，用户可以方便、快捷地获取所需的信息和实物。

国家农作物种质资源平台取得了显著的服务效益。农作物种质资源平台具有长期性、基础性、公益性等特点，对于保障国家食物安全、生态安全和农业可持续发展具有重要意义。平台跨行业、跨地区、跨部门服务，用户群大、用户数量多，为转基因生物新品种培育重大专项和50多个国家科技计划项目提供了信息、资源和技术支撑。2004—2008年，向全国1021个单位提供了15.3万份次的农作物种质资源，在提供的种质中，有450份种质在育种和生产中得到有效利用，直接应用于生产265个，育成新品种231个，累计推广面积9.17亿亩，社会效益985.34亿元。另外，开展了广泛的国际合作，与国际生物多样性中心、CIMMYT、IRRI等10多个国际研究机构及60多个国家建立了科技合作关系。

第7章 科技资源服务

科技资源管理的最终目的是为各类用户提供优质服务。伴随着信息技术和知识经济的发展,由于科技资源类型众多,特征各异,使得科技资源服务更加需要专业的知识和技能,遵循特定的原则、方法和模式,并建立在新的商业模式、服务方式和管理方法的基础上。从这个角度讲,科技资源服务也是现代服务业的一种。

7.1 科技资源服务概述

人类社会正迈向知识经济时代,知识经济是建立在知识的生产、存储、分配和使用上,以知识积累实现经济增长的新型经济发展模式。知识经济时代,创造和利用信息的能力是决定经济发展的核心因素。知识经济时代,科技的发展依赖于创新特别是自主创新,自主创新能力已经成为国家竞争力的决定性因素,客观上要求科技资源服务必须走知识化、专业化、智能化的道路,对科技创新这一基础性条件——科技资源本身的利用、集成、开发必须以用户专业化、员工知识化、手段高科技化、产出高增值性与高渗透性等为特征,从这点上来讲,科技资源服务也是一种知识密集型服务。

从科技资源管理的角度来看,我国科技资源有了一定的积累,但是还存在条块分割、体系涣散等问题,因此以科技资源共享为手段,实现科技资源集成化、体系化服务是我国科技资源管理的重要内容。科技基础条件平台建设就是典型的以共享手段促进科技资源高效服务的案例。近年来国家科技基础条件平台的启动实施,对于充分运用信息、网络等现代技术,为广大科技人员和社会公众提供科技资源信息导航和特色服务,推动科技资源开放共享、高效配置和综合利用意义重大。国家科技基础条件平台集聚了大型科学仪器与设备、自然科技资源、科学数据、科技文献等领域的优质科技资源信息，汇集了各地方平台特色资源，初步形成了跨部门、跨区域、多层次的资源整合共享体系，为科技创新活动以及国家重大工程建设提供了重要保障。

因此，从经济社会发展的外部需求和提升科技资源服务能力两个方面看，都要求对科技资源服务的内涵、原则、模式等进行系统总结和思考。

7.1.1 科技资源服务内涵

服务是一种为满足其他人的需要而付出劳动的活动和过程。菲利普·科特勒（Philip Kotler）认为，"服务是指一方可以提供给他方的任何活动或利益，本质上属于无形也无需将任何东西的所有权加以转让，而且并不一定要附属于某种实质的产品"。克罗鲁斯（Christian Gronroos）强调服务提供者与顾客之间的互动关系，他认为，"服务是由一系列或多或少具有无形性的活动所构成的过程，这种过程是在客户与服务提供者、资源的互动关系中进行的，这些有形的资源（或有形产品、有形系统）是作为顾客问题的解决方案而提供给顾客的。"王培林认为服务是客户和服务提供者在一定的技术、资金、设备等的基础上互动、以合作创造价值并获取价值的情形，它能给企业带来新利润，同时也能够使在服务行业工作的人获得新技能。在现代社会中，服务是指给人带来某种利益或满足感的可供有偿转让的一种或一系列活动，并且是在供方和顾客接触面上至少需要完成一项活动的结果。

科技资源服务是指科技资源保存管理机构利用各种技术手段，采用单独或者联合的形式，满足用户对科技资源获取和利用的需求所开展的全部服务活动。科技资源服务从各类用户所产生的需求出发，提供各项与科技资源本身或者科技知识等相关的服务。科技资源服务无论从动因、过程、内容还是结果、发展方向等都是和知识服务密不可分的，具有现代与传统的交融性、要素的智力密集性、产出的高增值性、供给的多层次性和服务的高专业性等特点，广泛渗透于服务的各个层面，科技资源的专业服务正吸引着越来越多的学者关注。

（1）服务方式公益化

目前我国现有的大量科技资源主要是以国家投资和管理为主，这部分资源的所有权从根本上讲属于国家，每位公民都有利用这些公共财政投资建设形成的资源的权利，可以通过各种方式获取这些资源，享受科技资源服务。正是由于科技资源所体现出的准公共产品这一特性,决定了这些科技资源拥有和建设机构提供相关服务的过程中应当以公益性服务为主,尽量不采用营利性手段。

而公益性服务应面向全社会,最大限度地降低了公众获取科技资源的成本,使得资源效益最大化,也是提升国家科技实力的重要途径。

(2) 服务过程知识化

正是来自产品和组织中的知识的释放,及其在现代信息技术与通信技术的帮助下被快速地激活,使得现代的知识服务过程在服务中更加重要。科技资源本身的专业性和科学性,决定了对于科技资源以及其附带的知识能够被解构、重组以创造价值具有新的有价值的服务,从而带来各类科技资源价值的提升。

蕴含在科技资源生产与组织流程中的信息、知识,是科技资源服务创新的重要基础,对信息、知识的整合利用是科技资源服务创新的实现途径之一。现代服务业的快速发展主要来源于以知识、信息和创新为特征的知识密集型服务业,科技资源的服务通过对科技资源信息的描述、收集、处理、累积与重复利用,实现科技资源管理业务的不断创新,能够实现科技资源价值的创造和增值与升华。

(3) 服务内容专业化

科技资源服务的目标群体分布十分广泛,这些不同的群体对科技资源的需求截然不同,例如科研人员是为了实现科学研究的重要进展,企业中的开发人员则是为了开发出可以投入市场获取经济利益的产品,科普机构的目的是向广大公民普及科技知识等。因此可以针对不同用户提供多种科技资源服务内容,例如针对公众用户所开展的科技资源的展示、借阅、检测等,面向企业的合作研究,出租各种科技资源,同时由于科研人员对科技资源的需求最为迫切,同时也具有其他群体所不具备的专业性需求,需要针对科研人员的特殊需求提供专门的科研服务。从这个角度来讲,科技资源的服务内容、方式等应具有专业性这一特点。

7.1.2 服务的基本原则

(1) 可持续发展原则

科技资源服务应遵守国家的相关法律法规、部门的规章制度等,在法律允许的范围内开展。因为科技资源的特殊性,很多资源属于国家重点保护的战略性资源,或者稀缺性资源。因此这类资源的提供和服务应在国家或者相关主管部门颁布的资源保护管理等条例范围内,对国家具有重大战略意义的资源以及法律中明文规定的禁止共享的资源更需要遵守法律法规的规定。只有依法开展科技资源服务，才能有效地维护国家、社会和资源建设机构等各方的合法权益。

有些科技资源属于不可再生的或者是稀缺的资源，对资源的保护是最基本的要求，例如许多生物种质、胚胎等。因此，这些科技资源在提供服务的过程中还必须要维护科技资源本身的可持续发展，应在资源尽量不被破坏的前提下开展。在科技资源服务的过程中要对科技资源的保护做出明文规定，明确资源在生产复制传递过程中的保存环境和质量要求。用户在获取服务时也要遵循这些原则，只有这样才能保证科技资源服务的可持续化发展。

（2）公平公正原则

由于我国大部分的科技资源都是国家投资和政府所属科技机构管理的，这部分科技资源在向社会开放和共享过程中，需要强调服务的公益性。这是由科技资源建设和管理过程中开发主体地位决定的。国家财政资助下的政府所属的科技资源管理机构必须应尽可能地向用户提供公益性的服务。在不损害科技资源服务的提供方和接受方双方的利益的情况下，服务要遵守公平公正原则，任何单位和个人都可以依照相关法律，具有通过合理合法的途径获取的权益，即除国家法律法规中明确规定不在科技资源服务内的事项外，科技资源的建设与管理机构作为服务主体有责任保证所有用户在正常的服务规范中受到平等的待遇。在服务的过程中虽然会存在多种方式，但是这些服务方式都应该体现公平原则，不能因为用户的个体差异而擅自变更服务方式和规则。

（3）知识产权保护原则

科技资源服务过程具有比其他服务更加特殊的服务方式，其过程知识含量较高，因此保护提供服务方和接受服务方双方的知识产权就更加重要。服务过程中涉及知识产权的问题要按照法律规定进行确认，双方要明确服务过程中知识产权享有、购买和转移的具体事项。无论是提供服务方原本拥有的知识产权问题还是接受服务方利用资源而新产生的知识产权问题都应当在服务开始前对其归属和分配进行明确规定，从而避免因知识产权问题而引发的纠纷和妨碍科技资源服务乃至科技创新产生不良影响。

科技资源的保有者对资源享有产权，在提供服务的过程中可以通过多种途径提供给用户。在服务的整个过程中（服务前、服务中和服务后）所涉及的知识产权应在服务规则中说明，既要保护持有者的利益，同时也要保证用户的利益。界定清晰双方的合法权益可以为服务的推广提供有力支持，也有助于真正实现科技资源效益的最大化。

(4) 规范化原则

科技资源服务过程要遵循一定的规范。提供服务的科技资源机构，为了提高服务质量和服务效率应当规范服务过程。从服务的申请提交到用户最终获取到所需的科技资源的全过程，其中所涉及的每个环节都应该有固定的程序和步骤，配备服务人员，制定相关的规章制度来管理这些环节，以保质保量，满足用户需求。

科技资源服务规范，一般包含的内容有：对提供服务的资源的限定、提供服务的具体方式方法、费用规定、提供服务的具体技术要求以及具体操作流程等内容。完善服务流程、保障服务的合理合法，提高服务的效率和效力，才更有利于满足更广泛的社会和用户需求。

7.1.3 服务的基本模式

科技资源的服务，包含了为科学研究服务、为社会公众服务、为科研管理决策服务以及为社会发展服务的多重要求。服务方式则是针对不同的具体需求所产生的不同服务模式。下面从不同的角度出发进行分类。

(1) 公益性服务模式与非公益性服务模式

依据服务收费与否及其额度，可以将科技资源服务划分为公益性服务和非公益性服务两种模式。

公益性服务是以促进科技资源在全社会范围内的优化配置为目的而面向社会上各群体和个人所提供的无偿或基于成本价格的科技资源服务。公益性服务要体现出公共利益公众受益的理念，其主要提供方是那些由国家投资、以财政拨款或国家项目经费形式获取及保存的资源及其拥有者或保管者，这其中绝大部分是各个研究领域的科研院所。除了涉及国家安全的部分科技资源外，其余大部分资源都应该向社会，特别是研究人员和相关企业个人开放，使其能够享受到科技资源服务。虽然公益性服务主体是相关科研院所，但是除此之外还是有一部分企业和个人也会提供这种公益性服务，也向社会开放自身拥有的科技资源。

公益性服务包括以下两种方式：完全免费的服务和收取相关费用的服务。完全免费的服务主要是指以国家投资形式获取的资源，在提供服务时，不再向用户收取资源建设成本的服务。完全免费的公益性服务在很大程度上降低了用户使用成本，可以吸引更多用户来使用已有的科技资源。除了资源建设成本外，相关机构在提供公益性服务时依然可能在资源再生、维护、运输等方面产生一定的费用，因此有时受到条件的限制，服务方还是会向用户收取一定的费用，所收取的费用主要有以下两种：即资源再加工费和服务费。资源再加工费是指对于某些不具备直接提供服务的资源，或应资源使用方要求对资源进行再加工而产生的费用；服务费是指某些资源在传递过程中需要特定的环境和条件，而创造这些环境和条件需要相应的支出；同时还包括在资源提供过程中产生的人力支出和运输费用支出。例如，农作物种质资源工作属于公益性事业，在国家及地方政府有关部门保障农作物种质资源工作的稳定和经费来源的情况下，对符合国家中期种质库、种质圃提供种质资源条件的单位，因科研和育种需要农作物种质资源的单位和个人，可以向国家中期种质库、种质圃提出申请，国家中期种质库、种质圃应当迅速、免费向申请者提供适量种质材料。

非公益性服务则是指面向全体社会成员或者是部分特定群体、个人所提供有偿的科技资源服务。非公益性服务的主要提供方是集体或者个人投资建成的科技资源，这些机构或个人出于科研交流或是经营等目的向用户提供各种有偿服务。除了这些集体、个人外，也有部分国家投资的科研机构会提供这种非公益性的服务。这些机构通常是指资源获取单位接受的横向协作生产任务，生产经费中主要构成是财政拨款，但也含有少量的集体积累；或是资源获取单位原先是政府机关或是事业单位、新近转制为公司企业，遗留国家财政拨款成分。

（2）个体模式和联盟模式

根据提供服务的主体不同可以划分出两种服务模式：个体模式和联盟模式。

个体模式是指由一个独立的组织或个人提供科技资源的服务方式。这是一种较为普遍的科技资源服务模式，无论是科研机构、资源保存单位或是企业、个人都可以采用这种方式进行科技资源服务。联盟模式则是指两家或两家以上的科技资源单位或相关机构联合在一个协作体中开展服务。

个体服务机构就其所拥有的资源及其性质，提供综合的服务，如种质资源库提供的服务模式主要是：在接收外单位或个人的种质资源及其数据资料，给予适当的性状鉴定和贮藏保存的同时，无偿和有偿向外用户提供本中心保存的种质资源及相应的数据资料。建有网站的种质资源保藏机构，用户可以通过网站、宣传手册等方式获得种质资源信息。可以通过邮寄等方式为用户提供资源服务，还可以通过网站方式对公众提供科普服务。

再如大型的标本馆，可以为用户提供展览、交换、借阅、租赁、咨询、鉴定、科普等多种形式的服务。如中国科学院成都生物研究所植物标本馆的"对外服务"，包含的服务模式有：标本查询、借阅、交换、科普教育等，服务条款规定了具体的服务方式和内容：

1）标本查询：研究标本不对社会公众开放，只对科研人员开放。植物标本馆每周一至周五上班时间（国家法定假日除外）对所有来访人员提供服务。

2）标本借阅：植物标本馆对国内外大学和研究所出借馆藏植物标本用于植物系统分类的研究。

3）标本交换：提供四川省植物标本，需要世界各地豆科和薯蓣科植物标本。

4）教育：标本馆为小学、中学、大学等各类学生提供科普教育服务，科普教育展览厅正在建设中。

联盟模式是一种集群的服务模式，与个体模式相比，联盟模式可以更好地促进资源整合，更好的实现资源互补和服务能力，促使同一类型资源的单位（独立法人单位或法人授权单位）逐渐形成服务联盟的能力，目前这种模式受到了各方面的重视。相比较个体模式而言，联盟服务具备更大的开放性，通常情况下是面向全社会开放的，可以为科研、教育机构和企事业单位以及其他用户单位与个人的科学研究与技术创新、新产品开发、检测、检验等科学技术活动提供多元化、规范化、专业化的资源服务。

例如美国标准生物品收藏中心 ATCC（American Type Culture Collection），总部位于弗吉尼亚州马纳萨斯。美国标准菌种收藏所于1925年建立，是目前世界上最大的生物资源中心，是保存微生物种类和数量最多的机构，保存病毒、衣原体、细菌、放线菌、酵母菌、真菌、藻类、原生动物等约29000株。

ATCC由美国14家生化、医学类行业协会组成的理事会负责管理。作为全球性、非盈利生物标准品资源中心，ATCC向全球发布其获取、鉴定、保存及开发的生物标准品，为全球的企业、政府以及科研机构提供生物制品、技术支持和培训教程，推动科学研究的验证、应用及进步。

7.2 科技资源用户的需求

对用户科技资源需求的分析和挖掘是科技资源管理工作的一个重要内容，是科技资源服务开展的客观依据。只有准确掌握用户的需求，才能有的放矢的做好服务工作，提高服务质量，才能赢得用户的满意。由于用户的职业、专长、知识结构、个人爱好、信息意识与获取信息的能力、心理状态等方面的不同，对服务的需求也表现出不同层次的需求。

道森（Dawson）认为，差异化是分析客户需求中的一个重要内容，只有清楚了差异化才能够正确分析客户特点和不同客户的需求，服务内容定位更加准确。客户直接参与了新服务的过程，才能提高他们未来决策和行动的能力。麦特卡尔菲（Metcalfe）指出不同的用户群体需要不同的信息类别，他将用户分为研究人员、工业人员、专家顾问、教员、学生、计划者、管理者、银行家和金融家、新闻工作者、一般顾问和生产者。

现代服务业中以产品为中心的服务理念已逐渐被服务机构摒弃，以客户为中心的服务理念正在不断普及。服务机构面对的客户群是丰富而复杂的，为了更准确、更深入地研究客户以及不同客户的需求特点，有必要将科技资源用户进行科学划分。划分时一般应考虑以下因素：一是所处的社会经济政治环境，用户所处的政治、经济、文化、教育、技术、信息、地理等环境大致相同，会显示出比较相近的科技资源需求特点；二是用户承担科研任务的相似性，如果研究领域相似性高，则会产生大致相同的需求（在分类时必须根据客户的特征和自身特点，把相关性最大的客户划分为一类）；三是服务要求的层次性，针对不同层次的客户需要服务机构采取不同的服务策略；四是服务成本接近性。依照不同的划分标准，可以将科技资源用户分为不同的种类。

根据承担任务的相关性和需求的层次性，可以将科技资源服务的用户群分为4大类：科研管理者、科研人员或机构、企业用户以及社会公众。下面分别就这些用户自身及其需求特点进行分析。

7.2.1 科研管理者

科研管理者指在科研活动中指定和执行有关科研计划、了解和研究有关科研状况、组织和安排科研活动的科技管理政府部门及其管理人员。其主要的职责是从事科技活动的管理、科技资源的规划、科技资源的管理等。

科研管理者既需要哲理性、逻辑性、系统性、政策性、实用性较强的理论信息资料，更需要加工浓缩的有事实、有数据、有分析、有综合、有建议的专题信息和咨询报告，以有助于科研管理部门制订计划、组织协调、处理复杂问题时做出决策。科研管理者收集和整理科技资源方面的专业知识以及相关统计数据，把握科技资源建设及其管理上的进程和问题，在其职权范围内制定相应的科技政策，对科研活动实施有效的监督与指导。科研管理者对科技资源的需求强调资源的全面性、权威性，以便辅助其做出相应的管理决策，进而更好地促进科技资源的管理和发展。

科研管理者对科技资源的需求特点：

1）信息准确性：科研管理者往往是通过科研经费的方式对科技资源进行分配，在科技经费申请审批过程中产生科技资源信息的利用需求，鉴于这些需求的重要程度，要求科技资源特别是科技资源的相关信息必须客观、准确和可靠。

2）广泛性：出于不同的管理和决策需求，需要不同类型和层次的资源和信息，因此，内容范围十分广泛，涉及各种类型的资源和各层次的信息。

3）易得性：科研管理者注重所提供科技资源信息的决策价值，而不是具体的资源，因此更加注重资源信息的易得性。

7.2.2 科研工作者

科研工作者主要是指高校、科研机构等从事科学研究活动的个人或团体，既包括基础科学的研究人员，也包括应用科学的研究人员。科研工作者担负着科研的重任，队伍相对稳定，学历较高，信息意识较强。科研工作者是科技资源的主要服务对象，科技资源是其不可或缺的工作条件之一，也是关系到在科研方面的成本和研究进程的重要影响因素，借助于科技资源来完成研究任务、激发出创新灵感，并最终利用这一成果推进社会和经济的发展。在科研过程中，他们总是希望能用最快的速度得到最新、最完整的科技资源。科研人员所需资源要求全面、系统、连续、准确、新颖，且具有明显的阶段性。但是一项科研项目或课题在选题定题、情报调研、实验设计、成果鉴定等不同阶段，对科技资源的需求也不完全一样，不仅在不同学科之间存在着明显的差异，就是在同一学科不同层次之间也存在着一定的差异。例如自然科学中基础研究、应用研究和发展研究，由于其研究目的、选题范围、研究周期等各不相同，因而它们对科技资源的需求也就不完全相同。科研工作者大多具有较高学历，主要从事科学研究、教学研究、技术研发以及各种涉及科技创新等方面的工作，利用科技资源作为研究的材料或对象，通过对科技资源的各种实验和试验，来寻找新的科学发现和证明新的科学理论，开发各种相关的产品技术，为社会发展和经济繁荣提供科技支持。

科研工作者对科技资源服务的需求特点：

1）专业性：科研工作者对科技资源的需求，往往是借以探索新的研究问题、接受某种自然现象或者联系等，因此，他们对资源的需求是满足研究要求的专业性、针对性的资源，需要更深入的资源内涵与性质揭示。

2）及时性：科研工作者所需的资源与本身从事的专业和研究课题密切相关，是实现其价值的必然选择，为此，他们对资源的获取与服务的要求是非常迫切且具有不可替代性。

3）完整性：科技资源是科研工作的依据和基础，科研人员从继承、累积和探索的角度来选择科技资源，因而十分强调系统性、准确性和完整性。

4）连续性：随着科研项目的进展而产生的对资源与服务的需求，往往具有连续性的特点。

7.2.3 企业用户

企业作为市场活动的主体，对于整个社会环境形势的变化、行业内新的科技成果、竞争对手的情况以及新出现的管理方式等都非常敏感。随着经济全球化步伐的加快、技术创新周期的缩短，市场竞争更加激烈，企业面临着新的形势，对技术创新的需求越发迫切，因此对科技资源的需求愈来愈强烈，而且希望能准确、及时、快速地获取各种资源来增强自身的竞争力。

科技资源的企业用户是指科技型企业或以科技资源为依托发展的企业。此类用户的最大特点是利用科技资源本身实现经济利益，这些企业或是利用科技资源作为其新产品、新技术开发的基础，或是利用科技资源直接生产出所需产品进行销售，如经济作物、经济动物等资源。但无论是哪种形式，科技资源对于这些企业来说都是创新甚至是生存的根本。因此，企业用户对科技资源的需求是为满足企业创新或者产品开发的需求，并且有时带有比较强的商业目的。

企业用户对科技资源服务的需求特点：

1）准确性、时效性：企业用户对科技资源的需求很大程度上也是研究开发的需求，因此同科研用户一样，也需要强调准确性。此外，企业处于竞争的目的，开发新技术和产品是关键，因此对资源需求的时效性要强于其他用户。

2）内容广泛性：同样处于竞争的需要，企业如何把握市场、占领市场，对资源及其信息的占有起着至关重要的作用，因此需要的是行业范围内广泛的资源。

3）多目的性：企业用户对科技资源的需求，可以是产品开发的决策性需求，也可以是技术研究需求等，因此具有多目的性。

7.2.4 社会公众

社会公众作为科学普及的对象，他们对科技资源的利用主要是体现为通过观看、讲解，甚至是触摸等方式了解和学习各种科技资源的科学含义及其实际状态。科普机构通过向公众展示科技资源，如到图书馆借阅书籍资料，到博物馆参观学习，感受人类科技发展的进程与分享自然遗产的价值等，更好的理解其对科学研究的重要意义，帮助其形成一个对自然世界的科学认识，提高自身的科学素养，进而提高整个社会的科学素质。由此可见，社会公众对科技资源的服务需求主要在于精神、文化生活和增长知识等方面，属于精神层面的自我实现与满足。科技资源服务为公众提供的主要是展示和教育方面的服务。

社会公众对科技资源服务的需求特点：

1）广泛性和不确定性：不同的人具有不同的倾向性，同一人在不同的时间有着不同的需求方式，乃至一个人同时可以有多种精神文化方面的需求，因此，公众对科技资源及其服务的需求具有广泛性和不确定性。

2）个性化和多样化：随着人们精神文化生活的提高，对各种形式的科技现象和发展的了解需求越来越多，用户希望提供的服务能满足自己的个性化需求，有对各种资源的不同信息与资源展示程度的多样化需求。

3）娱乐性和趣味性：公众对科技资源的需求除了接受知识、接受教育，还可以进行鉴赏，进行交流考察，享受科技资源所带来的娱乐性和趣味性。

不同类型的用户有着不同的服务需求，每种需求都有其自身特点，都与用户目标相一致。无论是针对公众的科普目标，还是针对科研人员的技术目标以及针对决策者的管理目标和针对企业的经济目标都一定程度体现出了科技资源服务价值。而这些不同用户的不同需求体现出科技资源服务需求的多样性特点。

同时，这些用户需求都存在两种状态——现实需求和潜在需求两大类。现实需求是用户有意识的、明确的、已经表现出来的、想要获取科技资源及其服务，而潜在需求是可能产生的获取需求，表现为一种无意识的、模糊的状态，需要进一步分析和挖掘才可以转化为现实需求。由于科技资源本身的多样化特征，尤其是某些资源的稀有性，资源拥有方对资源的独占性等，用户对资源的了解不多，因此需求往往具有很大的潜在性，需要通过多样化的服务来激发用户的需求。

7.3 科技资源服务方式

7.3.1 大型科学仪器设备服务方式

科学仪器设备的服务是实现科学仪器设备价值的最重要的一个环节,科学仪器设备的服务与其他类型科技资源的服务存在着很大地区别,服务的提供者与服务的享有者之间远远不是简单的单方向、单方面的资源或信息传递,而具有如下特点:

1) 密集的知识劳动:科学仪器与设备服务必须借助于服务提供方的知识,即仪器操作、测试方法、分析方法等。科学仪器设备拥有单位与用户之间充分的交流是必需的,不但能够促进服务水平,也可以激发双方的创新能力,一方面促使用户利用科学仪器产生高水平的成果,另一方面还可以促进科学仪器与设备的更新换代。很多的科学问题,难点已经不在理论推导方面,而在于如何通过实验手段测试和验证,科学研究的这个特点决定了服务双方的交流交互是必不可少的。因此,能否最大限度为科研主体创新服务是衡量科学仪器服务水平的重要方面。

2) 服务环节要求高:科学仪器与设备服务,尤其是大型科学仪器与设备的测试服务,往往涉及多个关键环节。除了核心的测试环节以外,还需要多个辅助环节,每个辅助环节的要求都很高,甚至也决定着服务的成败。例如,样本的前处理、后期数据处理。随着仪器自动化程度的发展,精度、准度等参数不断提高,仪器测试已经变得更加容易,在虚拟试验环境中已经不需要人为参与,甚至已经不需要物理状态下的科学仪器,而是利用数字化的科学仪器与设备。

3) 服务成本高:科学仪器与设备对外服务的前提是科学仪器与设备本身处于保持良好的状态,而要达到这种状态需要付出很高的维护成本。大型科学仪器往往由于涉及高、精、尖技术,其保养、维修以及运行消耗品往往十分昂贵,服务成本也就很高。另外,提供高水平的科学仪器和设备服务,产生高质量的科研成果,需要高水平的科学仪器和设备操作、试验、维护、升级等方面的技术人员作保障。例如相同的科学仪器、不同的技术人员产出的成果差别是非常大的。

4) 科学仪器垄断时有出现:科学家、企业、科研院所这些需要使用科学仪器的主体之间存在着比较明显的利益博弈,对科学仪器的垄断是学术团队、科研人员取得科研成果、评奖晋升的捷径之一。因此，科学仪器的服务往往会受不同层次的利益博弈所影响，使得很多人无法享受到高水平的仪器服务。

7.3.1.1 科学仪器服务体系

科学仪器与设备，尤其是大型科学仪器与设备的服务绝对不是仅仅依靠科学仪器本身能够做好的，而是科学仪器、技术人员、科研人员、资金以及其他辅助手段、设施甚至是政策法规等诸多因素共同作用的体系，这些因素共同构成了科学仪器服务体系。

（1）科学仪器与设备

科学仪器与设备是服务体系的核心部分，其他因素都是围绕科学仪器开展工作，它们相辅相成又相互制约。值得关注的是，并不是科学仪器与设备越先进，提供的数据就越准确，科学发现就越多，科学仪器的操作方法也非常重要，甚至可以说也是一门科学。但并不否认，先进的科学仪器与设备一定是高水平服务的重要基础。

（2）技术人员

使用、维护科学仪器的技术人员是服务体系中非常重要的组成部分。技术人员能够维护仪器的正常运转，甚至可以直接参与到科研项目中，与科技人员合作，为其提供最直接的服务。

（3）科研人员

在科学仪器与设备服务体系中，科研人员不仅仅是服务的直接受益者，同时也是服务的参与者。高水平的仪器服务，需要科研人员的直接或者间接参与，这种参与贯穿于科学仪器与设备服务的全过程。科研人员可以通过与技术人员的全面合作，实时地了解测试过程，甚至是干预测试，将测试作为其科学研究的一个环节。

（4）资金

科学仪器的耗材一般来讲非常昂贵，且许多科学实验的样品、试剂为一次性消耗品，因此需求重组的资金提供保障。而且科学仪器与设备的维护、保养也需要耗费大量的人力、物力和财力。因此，科学仪器与设备运转资金是其提供服务的重要保障。

（5）其他辅助手段

随着科学仪器高度的自动化，人为参与测试过程的必要性越来越低，很多情况下，影响测试服务水平的因素已经转移到科学实验之前的准备阶段或者实验数据的处理阶段。因此，相关的样本制备、数据挖掘等辅助手段正变得越来越重要。

7.3.1.2 科学仪器与设备的服务内容

科学仪器与设备服务主要有两个目的：一是进行知识发现，二是进行知识传播。知识发现主要是指利用科学仪器进行测试、项目研究等工作，通过获取的数据和观察到的现象等发现新的知识，为科学和企业创新服务。知识传播是指利用人员培训、讲座、展览等活动将涉及的知识向社会各个层面，包括其他测试机构、研究机构、科学家或者是学生等进行传播。

（1）样品测试

样品测试是科学仪器与设备服务最基本的服务内容。其基本过程是测试者将采集的样品送至测试机构，首先明确测试目的，制定测试方案，进行样品的前处理。样品备好后，通过仪器获取测试数据，最后进行数据处理。这种类型的服务大多数是发生在服务提供者与最终的数据需求者之间。

（2）测试方法技术开发

科学仪器与设备的服务对象除了包括上面提到的数据最终需求者以外，还包括其他的测试机构或者测试人员。他们需要的服务有时不是测试结果，而是更加实用、适用、先进的测试方法与技术。当代科学仪器领域的发展趋势表明，测试方法与技术已经成为决定仪器适用水平高低、甚至是决定科学发现的重要因素，而测试方法技术的开发主体应该是拥有科学仪器及丰富实用经验的科学仪器测试、服务机构，这些机构不但是测试技术方法的开发机构，同时也可能是科学仪器中介服务机构。

（3）人员培训及技术咨询

一方面，使用维护科学仪器的技术人员需要掌握科学仪器的原理、仪器维护与保养、测试方法、样品制备等方面的知识。另一方面，仪器服务的需求者，即科研工作者或者企业创新人员，为了更好地利用仪器，将仪器测试及其思想融入科学研究中，也需要掌握科学仪器的相关基本知识，不同的是，这两类人对这些知识的需求程度是不同的，但是他们获取这些知识的最好途径是通过科学仪器操作人员、维护人员的培训。人员培训可以分为不同层次以服务于不同的人群，既可以按照知识领域进行划分，也可以按照知识深度划分，还可以按照应用划分。是否为科研人员开展培训，是考察仪器服务提供方业务水平、仪器设备开放水平和活跃程度的重要指标。

(4) 评估鉴定（需要有认证资格机构出具鉴定）

评估鉴定是科学仪器与设备服务的另外一项附加内容。只有经过认证机构认可的仪器服务机构方可以对外提供评估鉴定服务。

(5) 合作研究

拥有科学仪器并提供服务的机构可以与相关研究机构联合开展研究合作，双方各自承担一定的责任和义务。合作研究可以是科学仪器的研究开发、方法研究等方面，也可以是其领域的专业科研项目。合作研究能够使合作双方工作的更加紧密、仪器服务更具有针对性，知识融合更加紧密，产生更好的科研成果。但是，合作研究应该避免演变成对科学仪器的垄断，而影响了其他需求者的需求。

7.3.1.3 科学仪器服务的组织形式

科学仪器与设备的服务体系包括了诸多要素，因此，科学仪器与设备的服务需要通过某种方式将这些要素进行组合，这些组合是科学仪器服务体系的物化存在方式。

(1) 实验室

实验室广泛存在于企业和科研院所，是科学仪器最常见的一种集中管理和使用的方式。例如美国的 NIST 和欧盟标准物质局作为政府最高水平的实验室，配备有很好的仪器设备和高水平的操作技术人员。他们的研究人员实行流动机制，吸引了大批需要在这些仪器上开展工作的优秀研究人员来此工作，实现了在这些国家级大型设备的有效共享。真正做到"铁打的营盘流水的兵"的运作模式，"铁打的营盘"不仅指大型仪器，也包括了相对固定的高水平仪器操作人员。实验室往往侧重于一定的专业领域或科学问题而建立，拥有科学仪器服务体系的全部组成要素，因此，实验室的科学仪器、技术人员和科研人员的配置一般具有较强的专业性。但其往往侧重于对内部的服务，即为了一定的研究项目而在项目内部或单位内部使用，对于向外部的服务往往不够。

(2) 大型科学仪器中心

大型科学仪器中心是国家投资建立的、以对外共享为目的、具备完整服务体系要素的服务机构。与实验室相比，大型科学仪器中心更强调对外服务，以及对科学仪器本身的技术研发和升级。可见，大型科学仪器中心和实验室构成了科学仪器服务的主要力量。

(3) 仪器共享网

随着大型仪器科技资源数量的急剧增多，仪器分类、性能、功能等更加细化，以及越来越多的普通科研人员也对大型仪器科技资源产生的巨大需求，大型仪器科技资源的使用更加普遍。在这种情况下，大型仪器与设备与相关需求就存在着越来越明显的信息不对称，这使得仪器需求方无法及时发现合适的仪器，大大降低了仪器的使用效率，因此通过各种手段共享大型仪器设备的信息变得越来越重要，仪器共享网应运而生。仪器共享网的本质是对仪器相关信息资源的整合与发布，供使用者查询和搜索，仪器共享网本身并不拥有科学仪器，只是提供科学仪器与设备的利用信息，充当科学仪器利用中介的角色。仪器共享网通过提供大量的仪器设备及开放信息，在服务的提供者和用户之间搭起了沟通的桥梁，通过信息共享的方式促进了实物仪器资源的共享。

目前我国已经建立了全国大型科学仪器协作共用网。该网建设是充分利用现代技术，对分布在全国的大型科学仪器设备资源及其分析测试方法、人才队伍进行整合和建设，并建立以共享为核心的制度体系，促进管理创新、服务创新，最终实现大型科学仪器设备资源在全社会高效运行的系统工程。全国大型科学仪器协作共用网将充分发挥中心城市的示范辐射作用，以建立大型仪器实物资源共享服务为核心，通过区域内合理分工和优势互补，建立环渤海、长三角、珠三角、东北、华中、西北、西南7个区域性大型科学仪器设备共享平台（包括31个省、自治区、直辖市），为形成全国性的共享网络打好资源和信息基础。大型科学仪器协作共用网制定了各区域内战略性的、长期紧密合作的运行机制，逐步形成以大型科学仪器设备共享为核心的制度框架，为提高区域仪器资源的综合利用效益提供有力支撑。

（4）分析测试机构

包括各类研究机构、企业的专业测试中心以及商业分析测试实验室。企业测试中心和商业测试实验室属于公共测试实验室，完全按照市场经济的模式运作，主要目的是为社会提供测试技术和手段。在发达国家，由于企业对新产品研发非常重视，因此对于那些没有足够资金建立独立实验室的中小企业，对这类实验室有迫切的需求。可见，分析测试中心是通过对外开展分析测试工作间接促进了科学仪器的共享。

在我国，有能力拥有大型科学仪器的分析测试机构主要是国家级的分析测试中心。分析测试中心是从事分析测试研究和服务的开放性的研究单位，是本学科、本行业或本地区分析测试方法和技术的研究中心、分析测试人员的培训中心和具有权威性的分析测试服务中心。

分析测试中心的主要任务包括：

1）加强应用研究，建立和推广行业的各种标准的分析测试方法，不断开拓新的分析测试方法和技术，面向社会提供服务；

2）承担国家科技攻关课题、重大工程项目以及其他任务的分析测试工作和分析测试仲裁；

3）帮助和指导本学科、本行业或本地区开展测试分析工作；

4）开展大型精密仪器应用软件的研究，对现有的大型精密仪器进行改进和创新；

5）培训中、高级分析测试技术人员；

6）组织分析测试领域的国内外学术和技术交流活动。

（5）科研院所

另外，科研院所拥有大部分的科学仪器，研究院所对拥有的科学仪器进行系统管理，在统一的政策体系下提供服务。

7.3.2 科技信息资源服务方式

科技信息资源服务是指科技信息资源保藏机构提供的、与科技资源有关的科技信息资源的查询、检索，服务过程记录跟踪及监督评价等。将科技信息资源管理机构采集、组织、存储的信息资源和开发的信息产品提供给用户，以满足其信息需求的过程，即为科技信息资源的传播和服务，是科技信息资源管理过程的最后一个环节。科技信息资源服务的概念比较宽泛，包括所有的科技资源的相关信息和部门之间的信息服务业务，如电视、网络、咨询、教育培训、数据、软件产品等。本节着重阐述科技资源描述信息、科技资源管理信息以及信息形态的科技资源，重点对科技文献资源服务方式和科学数据资源服务方式进行介绍。

随着网络的普及和信息化技术的发展，用户对信息服务的期望值及质量要求等都大大提高，因此科技信息资源的服务方式需要满足网络环境下用户的需求，网络环境下的科技信息资源服务主要包括以下几种服务方式。

7.3.2.1 面向主题的信息检索服务

面向主题的信息服务就是根据用户对信息的特定需求以主题树的形式搜索、组织、整理和提供科技资源信息产品与服务的一种服务方式。在网络化数字信息资源环境下，针对数字信息资源的传递与服务，它将发挥更大的作用。具体包括以下主要方式：

(1) 主题导航系统

数字科技资源信息的主题导航系统是指在所建立的专题数据库中，把数字科技信息资源体系上与某一或某些主题相关的节点、网址进行集中、分类、整理，按照方便用户检索的原则，采用用户熟悉的语言以主题树（或分类树）的形式组织起来，从逻辑上将国内外有关科技资源信息联系起来，向用户提供这些资源的分布情况，并且通过各种导航手段，为用户方便地定位、迅速获取所需科技资源信息提供引导，指引用户到特定的地址获取所需科技资源。主题导航系统中的信息资源主要采用主题树浏览方式进行组织，并且需要对信息进行标引、分类、设计等，将科技资源信息的索引按照主题分级加以组织，用户可以通过浏览、检索等方式，找到所需要科技资源的信息线索。

科技资源信息可以采用这种模式对所发布的相关信息进行有序处理和展示，尤其是针对一些分类较为细致的自然科技资源来说更加实用。例如，中国林业科学数据库中心（http://www.cfsdc.org/）就采用了这种主题导航系统的模式。

(2) 信息垂直门户

随着网络化数字化信息资源的急剧增长，搜索引擎和综合性门户网站等方式很难满足用户系统地获取专业相关数字信息的需求。垂直门户是和综合性门户、水平门户相对应的概念，它通过汇聚互联网上某一特定专业科技资源信息并对其进行挖掘和加工，以满足用户基于专业的信息需求，致力于将特定学科主题领域的信息资源、工具与服务集成到一个整体中，为用户提供一个方便的信息检索和服务入口。垂直门户的特点在于它可以对网上的专题科技资源信息进行收集、鉴别、筛选、过滤、组织、描述与评论，组织目录式索引提供源站点地址，并带有专业搜索引擎。与综合性科技资源门户网站的包罗万象、信息粗浅、搜索引擎效率低下相比，垂直门户力求信息内容在特定领域的全面和专深，立足于提供某一领域的精品服务，这种特定服务可以有效地把对某一特定领域科技资源信息感兴趣的用户与其他用户区分开来，满足用户的特定信息需求，从而提供高质量的科技资源信息服务。

科技资源信息作为一种具有专业深度的科技资源信息在组织上也需要规模化和集中度，信息垂直门户的方式可以将分散在不同位置的信息连接起来，形成信息群，更方便用户的查找，保证信息提供的效率和密度。如国家科技资源平台（http://www.ninr.cn）、上海研发公共服务平台的资源条件平台（http://mor.sgst.cn/）及浙江省实验动物公共服务平台（http://www.sydw.zj.cn）。这几个网站都可以作为信息垂直门户这一服务方式的代表,都在其网站上集中提供了国家层面、省市层面、区县层面等的科技资源相关信息的发布、查询、检索、利用等服务。

典型案例——信息垂直门户

上海研发公共服务平台的资源条件平台,整合了上海地区各资源单位和机构(包括:中科院上海生科院细胞资源中心、上海南方模式生物研究中心、上海市农业基因中心、上海化学试剂协作网、上海实验动物资源中心、上海人类基因组研究中心、上海诗丹德生物技术有限公司、上海海洋大学渔业动植物病原库)6大类科技资源,包括试剂资源、实验材料(实验细胞、实验动物、模式动物)、人类遗传资源(临床样本、人类基因克隆)、微生物菌种(渔业动植物病原)、植物种质(农业生物基因)等。该系统对不同资源单位的数据进行组织和分析,按照国家自然科技资源平台的分类标准把各种分布式的资源集成到资源条件平台,同时原资源单位和机构可对外提供实物资源服务及与实物相关的延伸服务。

7.3.2.2 面向用户的信息检索和开发服务

面向用户的信息服务实际上是一种强调满足用户特定需求的个性化信息服务,为用户搜索、组织、选择、推荐、提供针对性的信息服务内容和系统功能。

(1) 信息分类定制

信息分类定制指可以按照自己的目的和需求,在数字信息服务系统某一特定的系统功能和服务形式中,由用户设定信息的资源类型、表现形式,选取特定的系统服务功能等。分类定制的方法是建立在用户细分和信息内容分类及定制的基础上,当用户向系统递交自己的个人信息和定制服务选项后,这些信息就被加入到用户信息库中。通过分类定制,用户每次登录网站时,只要输入自己的账户名与密码,服务器就会根据用户信息库查询结果、服务订单及其相关信息等主动科技资源信息递送给用户。这样,用户进入到一个完全个性化的信息空间,只看到自己感兴趣的内容和享受自己需要的信息服务。

(2) 信息推送

信息推送服务是运用推送技术来实现的一种面向用户的个性化主动信息服务方式。推送技术又称"Web 广播",它是通过一定的标准和协议,在 Internet 上按照用户的需求，定期主动传送用户需要的科技资源信息的一项计算机技术。信息推送服务的基本过程是：科研用户相关科技资源利用需求的了解、用户感兴趣的科技资源专题信息搜索、用户利用信息的定期反馈。一般首先是由用户先向系统输入自己的信息需求，这包括用户的个人档案信息、用户感兴趣的信息主题等，然后由系统或人工在网上进行针对性的搜索，最后定期将有关科技资源信息推送至用户主机上。这里突出的是信息的主动服务，即改"人找信息"为"信息找人"，通过邮件、"频道"推送、预留网页、寻呼机等多种途径送信息到个人手上。

（3）信息智能代理

信息智能代理通过跟踪用户在信息检索行为中的活动，自动捕捉用户的兴趣爱好，主动搜索可能引起用户兴趣的科技资源信息并提供给用户。目前代理的主要功能有：个性化的信息管理代理库、信息自动通知、浏览导航、智能搜索、动态个性化页面等。

（4）信息帮助检索

信息帮助检索指通过研究用户检索行为特点，设计相应的检索智能帮助软件来提供此类服务。通过研究发现信息搜寻是一个不精确的过程，科研用户在搜索过程中常常不能清晰地表达他们所需的科技资源内容，用户的信息需求常常难以转换成准确的提问式。事实上，用户经常需要通过与科技资源信息检索系统动态交互来确定其提问，在交互过程中，形成相关的判断，由此来调整他们的目标。有效的检索系统应该允许用户能多次评估目标，由此调整他的检索策略，应该在用户提问修改中提供帮助，让用户容易地了解科技信息资源平台数据资源的主题领域与内容范围，为用户提供一个更为容易的检索起始点。

7.3.2.3 基于Web2.0的信息服务方式

Web2.0是以Flicker、craigslist、Tribes、Del.icio.us等网站为代表，以Blog、SNS、RSS、Wiki、Tag等社会软件的应用为核心，依据六度分隔、XML、AJAX等新理论和技术实现的新一代互联网模式。随着Web2.0的核心思想和技术在全球范围的广泛传播和应用，信息服务的方式也随着Web2.0的出现而有了长足的发展。

（1）构建全新的用户交流模式

在这种交流模式里，鼓励用户参与和贡献，加强用户之间的交流，以用户为中心来组织信息。可以由权威机构来建设某领域的科技资源网站时，在这样的网站上，允许用户创建自己的 Blog，发表自己的观点；利用 Tag，用户在浏览相关的科技文献资源、科学数据资源时，也可搜索到具有相同 Tag 的其他人员感兴趣的科技文献资源、科学数据资源；利用 Wiki 和 IM，新兴领域尤其是交叉领域的科技资源网站可以迅速地完善和发展。这种网站一般是公益性质的，这样才能使信息无障碍地、更加快速地流通；用户还可以真实身份登录，对不同的信息资源做出评价，这样可以有效防止"垃圾"信息的泛滥。

（2）利用 RSS 技术延伸信息推送服务

RSS 服务以 XML 可延伸标记语言为基础，用于共享网页内容的数据交换格式，是一种由网站直接把信息推送到用户桌面的信息聚合技术。用户可以在客户端借助于支持 RSS 的新闻聚合工具软件，通过 RSS 阅读器订阅自己感兴趣的科技文献和科学数据，在不打开网站的情况下阅读网站相关内容，及时了解网站内容的更新。例如利用 RSS 向用户提供科技信息资源导航，报道最新消息、通知通告等。另外根据用户群的需要，即时组织专题信息生成 RSS feed，并将其对外发布，通过 RSS 推送到用户群中。重要的是，RSS 能够提醒用户所关注的学科及专题文献和数据资源的更新情况及当前的变化，用户可以从 RSS 中追踪他们关注的学科或领域的动态。

（3）利用 Ajax 延伸信息整合服务

Ajax 技术是一类比较适合进行信息资源整合的程序。现有的检索系统大都是用 JSP、ASP、PHP 等 Web 开发语言编写的。在这些页面中可以很容易地嵌入一段 JavaScript 代码来实现资源整合的功能。具体的实现方法是，在某个信息科技信息资源显示检索结果的 Web 程序中嵌入一段 JavaScript 代码，同时在显示检索结果的页面上增加一个或多个 div 元素。当用户访问至检索结果的页面时，就会把嵌入的 JavaScript 代码下载到用户本地机器。在用户的浏览器客户端执行这段代码访问对应的服务器端程序，来查询其他的一些相关资源的详细信息。当从服务器获得响应后，在用户的浏览器客户端只需要单独刷新对应的 div 元素，就可以将其他资源的信息显示在用户浏览器的检索结果界面上。

（4）基于 SNS 模式的"去中心化"交流空间

每个用户都可以利用 SNS 建立自己独特的"朋友圈"，如此自然就形成了一个庞大的社会网络，建立以兴趣为基础的社群科技信息资源服务。用户利用 SNS 提供的功能共享自己的兴趣取向，邀请其他用户来交流，同时用户也有权控制科技信息资源共享的范围。SNS 模式就是帮助凝聚科研兴趣和科研方向相似的人，为其搭建一个交流平台。

案例——美国 Science.gov

美国在信息服务方面处于世界领先地位，分工比较明确，面向不同层次的信息需求，由不同的机构提供信息服务，其中图书文献机构、数据库商等，是为科研服务的主要信息发布与服务机构；信息指引网站提供对相关专业、门类信息的指引。Science.gov（www.science.gov）是由美国能源部（DOE, Department of Energy）的科技信息办公室（OSTI, Office of Scientific and Technical Information）建设的科技信息指引网站。该网站主要提供对2类科技信息资源的指引：精选的权威科技网站和少见的专业数据库。这个科技信息门户强有力的搜索引擎可以实现对1700多个科技网站和30多个数据库进行揭示，对4700万个政府科技网页进行检索。

案例——大英图书馆

大英图书馆（The British Library）是英国的国家图书馆，是世界上最著名、藏书最丰富的图书馆之一，也是世界上最大的学术图书馆之一。该馆提供的信息与研究服务包括：

（1）"英国图书馆指南（British Library Direct）"数据库服务：该数据库收录了大英图书馆收藏的2万余种最重要的学术期刊近5年来的论文。数据库每周更新，注册用户登录后可以直接下载所检出的文献。

（2）文献提供服务：大英图书馆的文献能提供各种形式的文献，包括期刊、图书、会议文献、报告、学位论文、政府出版物、灰色文献等的原文或电子本形式。网络平台上提供在线文献订购、服务注册等功能，以及通向用户桌面的电子文献传递服务。

（3）电子传送：通过"安全电子传递（SED）"技术将用户所需的电子文档以加密方式在24小时内传递给用户。

（4）专利、商标与外观设计服务：用户可以通过文献提供服务获得所需专利的拷贝。它还开展科技与商业领域的专利跟踪与检索服务，定期向用户提供世界范围内的专利事务活动的信息。

（5）研究服务：开展相应的信息分析与研究服务，包括跟踪竞争对手，跟踪最新的科学进展，检索专利、商标和设计，寻找立法、标准和规则，确定用户的业务市场，确定新技术授权与转让的机遇。

7.3.3 自然科技资源服务方式

自然科技资源是指经过长期演化自然形成的、人为改造的、对人类社会生存与可持续发展不可或缺的、为人类社会科技与生产活动提供基础材料并对科技创新与经济发展起支撑作用的战略物质资源。自然科技资源可以分为两类，一类是利用科技进步挖掘出来的资源，引领国民经济产业发展的资源，如硬塑料、铝合金、生物质能、核能、动植物新品种等；另一类主要用于科技创新，为科技创新提供基础支撑的资源以及促进产业持续发展的资源。自然科技资源种类繁多，主要包括：植物种质资源、动物种质资源、生物标本资源、微生物菌种资源、人类遗传资源、岩矿化石资源、实验动物资源和标准物质资源八大类资源。因自然科技资源的种类繁多，这些资源都有其独特的服务方式，有些表现为自然科技资源的实物服务，有些表现为自然科技资源的信息服务。本节主要归纳和总结了几种典型的自然科技资源实物服务方式，见表7-1。

表7-1 自然科技资源的服务方式

资源类型	服务方式	说明
生物标本 岩矿化石标本	借阅、展览、租赁、培训、咨询等	展览会、教学、租赁等服务
动植物种质 植物种质资源 微生物菌种	繁育、保种、检测、化验、测试、培训、咨询等服务	动植物种质、植物种质资源、微生物菌种作为种质类资源对外提供的育种服务，同时提供种质检测、销售、培训和技术转让服务
实验动物	检测、监测、培训、咨询等服务	实验动物销售、检测、监测、培训等一系列服务
标准物质 化学试剂	分析、测试、检测、培训、定制、标准咨询等服务	标准溶液和标准气体的定向配制、产品测试分析、标准物品的检测、出具报告等服务 化学试剂分析、测试、检测等服务
人类遗传	标本借阅、实验、培训、咨询等	对人体基因组、基因及其产物的器官、组织、细胞、血液、制备物、重组脱氧核糖核酸（DNA）构建体等遗传材料制作标本，用于科研中的借阅、转让、实验等

根据具体的资源以及用户需求，每类自然科技资源的服务方式有很大差别。如种质类的资源，其主要服务是育种，实验动物和试剂主要是销售，标准物质主要是定制和检测检定，而标本类资源主要是借阅、展览等。另外还有一些比较特殊的自然科技资源服务方式。

案例一　特种经济动物服务

中国农业科学院特产研究所（以下简称"特种所"），是全国唯一的国家级专业从事特种动植物资源保护、开发、利用的综合性科研机构。特产所立足产区、面向全国、服务"三农"。以特种经济动植物为主要研究对象，围绕发掘、利用、保护珍贵、稀有、经济价值高的野生动植物资源，以家养、家植应用技术研究为主，在国家相关规定范围内，为国内外科研机构和教学单位、育种公司、养殖场等提供特种经济动物种质资源等资源和技术服务。

中国农业科学院特产研究所毛皮动物实验基地、特禽实验基地、茸鹿实验基地的51个保种场（库）为国内的很多大学免费提供了鹿类动物、毛皮动物、特禽和兔类动物的种质数据和种质资源，提供教学示范。

中国农业科学院特产研究所高度重视科技成果的推广、示范和转化工作，全国的科研示范基点达到120多个。特产所积极服务"三农"，共培训农民近20万人次。作为吉林省北方地道药材无公害主要技术依托单位，先后在吉林省磐石、舒兰、敦化、通化等7个县建立了刺五加、北五味子、龙胆草等中草药无公害栽培实验基地，示范面积100公顷，推广面积200公顷。

案例二　化学试剂服务——中国试剂网

国药集团化学试剂有限公司（简称国药化试）隶属于国药控股有限公司，是具有50多年历史的中国第一家经营化学试剂、玻璃仪器、实验耗品、仪器设备等产品的全国性专业经销商和生产商。国药化学试剂的产品应用领域涵盖科学研究、生物技术、环境测试、色谱分析、药物研发、质量检验、教育实验和精细化工等领域。

为了满足不同客户的个性化需求，国药化试结合电子商务和自身发展特征，利用现代信息技术，拓展新型营销模式，根据市场需求整合现有资源，打造全新的化学试剂、玻璃仪器、实验耗品、仪器设备在线销售平台——中国试剂网（http://www.reagent.com.cn）。中国试剂网具有丰富的产品信息、灵活的检索方式、便捷的在线订购、快速的网上支付和配送响应服务方式，使国药化试的服务信息化、现代经营理念及行业特色进行融合，是科技资源信息共享和服务结合的成功典型。

7.4 科技资源服务与信息共享

信息技术给传统服务业带来的巨大冲击，服务行业纷纷倡导从服务管理到服务能力的转变，从以产品为中心到以服务对象为中心的转变。在以信息技术为基础的知识经济社会里，如何利用信息技术提升服务能力，提高服务质量成为各行各业的重要工作。

通过对科技资源服务方式的分析，发现不管是提供哪种类别、哪种表现方式的科技资源服务，都离不开信息技术的支撑，有的科技资源如科技文献、科学数据等本身已经是信息资源，并以信息载体存在。科技资源的信息共享可以有效促进资源服务的开展，拓展服务渠道，提高服务质量。本部分将从实践应用的角度，对网络环境下的科技资源共享与服务过程、服务机理、特点以及影响因素等进行分析。

7.4.1 网络环境下的科技资源共享与服务

加尔布雷斯（Galbraith）提出沟通结构与信息处理要求的匹配能够带来更高的绩效，不确定度越大，对信息处理和沟通频度的要求越高，需要沟通的强度就越强。互联网络作为科技资源管理的信息化基础设施，其发展拓宽了科技资源利用和服务的渠道，从而扩大用户群体的范围，使得科技资源建设机构可以最大限度地将所拥有的资源提供给用户。我们认为，只要是通过网络将科技资源相关信息传递给用户的过程就是科技资源开放共享的过程，而科技资源共享服务平台是实现该过程的重要形式。Howells从互动视角出发，提出知识密集型服务业中存在的两类知识服务模式，一类是由知识用户、知识服务平台、知识仓库构成的静态知识服务模式；另一类是由知识主体、（中介人）、知识用户构成的动态知识服务模式。从这个角度讲，科技资源中介服务机构（这个中介可能是政府，也可能是企业，还可能是其他主体）在互联网中建立的科技资源服务平台是信息共享的窗口，通过这个平台可以将科技资源建设机构的科技资源相关信息推送给用户，用户则可以通过科技资源服务平台的信息服务系统获得所需的科技资源信息以及各项服务内容。这里将分别结合科技实物资源和科技信息资源的不同特征，对网络环境下科技资源共享服务过程进行阐释。

（1）网络环境下的科技信息资源共享与服务

对于科技信息资源而言，基于资源共享服务平台，可以通过资源的属性信息和元数据直接揭示科技信息资源的属性和特征，并使信息资源通过共享平台可以被直接看见和了解；通过对资源的数字化信息进行检索和下载等，可以实现信息资源本身被直接获得，即科技信息资源通过平台，可以直接被用户看见和获得，这时通过共享平台可以直接实现资源的共享过程。而信息资源能否被用户用得上、用得好，则更多地需要通过资源效用的反馈信息来间接描述，这时的共享平台主要发挥其共享促进的作用，即通过用户评价等功能的设置、维护和监测，发现资源共享中可能存在的问题，并给予适当改进和增强平台功能，以提高用户对资源的共享利用效率（图7-1）。

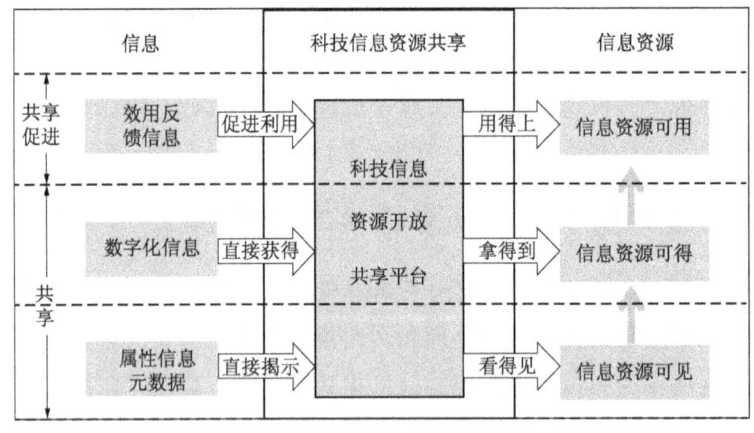

图7-1 科技信息资源共享与服务过程的阐释

（2）网络环境下的科技实物资源共享与服务

作为实物资源服务与用户之间的媒介，科技实物资源共享平台可以在信息共享过程中将服务机构和用户连接起来，它揭示的是资源的属性信息、资源持有人信息、统计信息等相关信息，而不是如科技信息资源一样，资源本身可以直接在平台上展现、揭示和获得。科技实物资源更多的是通过其描述信息来让用户了解资源的属性特征,有助于实现用户最终对资源的可见;通过资源持有人信息(包括其联络信息)、共享条件信息等,推动用户线下获得和使用科技实物资源。与信息资源类似,科技实物资源共享平台同样需要根据资源利用效用的反馈信息,来间接反映用户对资源的利用程度,即平台实质上起到的是资源的共享促进作用,而并非实现用户通过平台就能对资源进行直接利用。可以说,基于网络环境,将为科技实物资源的服务拓展出一个全新的服务空间,使实物资源服务不再停留于简单的物流传递过程,而是向各个方面延伸和扩展,即以信息共享带动实物资源服务,最终使服务更加完善。

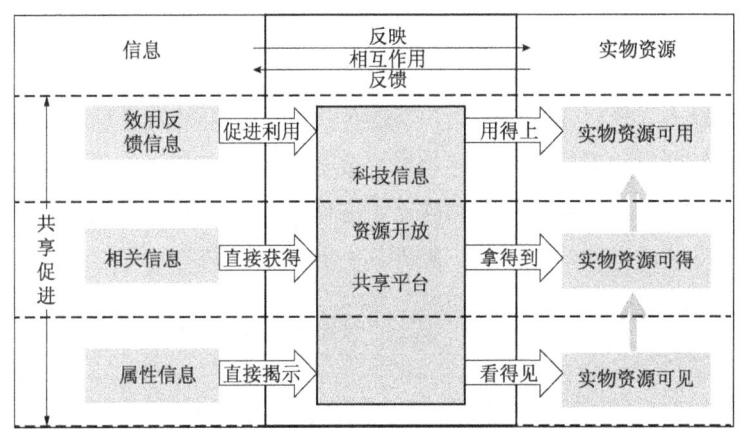

图 7-2 科技实物资源共享与服务过程的阐释

从具体实际操作的角度来看,图 7-2 中的科技实物资源的信息化过程完成后,科技资源建设和拥有机构需要通过平台面向用户提供实物服务。服务过程大致有 3 个步骤,首先是根据科技资源信息平台提供的信息进行服务申请和审核,其次是服务协议签订,最后则是服务实施和过程监督。在该过程中,科技资源建设和拥有机构、中介机构和用户三者之间的沟通活动十分频繁,需要有效快捷方便的沟通手段予以保障。用户可以通过信息服务系统或网站及时与服务机构取得联系,直接向机构提出服务申请,机构在接到申请后审核通过就可以通知用户签订相关的合同,明确彼此在实物服务中的权利和义务,并最终完成用户所提出的服务内容。整个服务过程可以被信息系统完整地记录下来,以供服务机构和用户进行服务监督(图 7-3)。

通过对科技资源服务提供过程的信息分析和挖掘,可以实现科技资源服务的全程控制和透明,增强科技资源实物服务过程的公开性,进一步加强服务机构与用户之间的交流和互动。

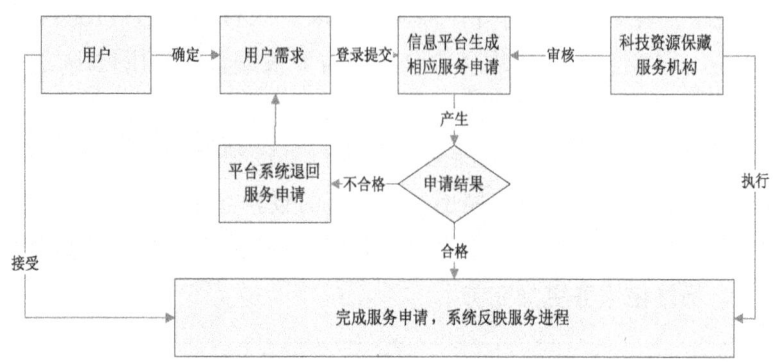

图7-3 服务实施流程图

如前文所述，平台还需要将用户对服务过程和结果的满意程度反馈给科技资源建设和服务机构，以期得到服务效果的改善。科技资源信息共享使科技资源建设与服务机构与用户之间的沟通和联系更方便高效，在服务过程中更快捷的获得结果和意见反馈，例如问卷调查、邮件调查和在线反馈等（图7-4）。

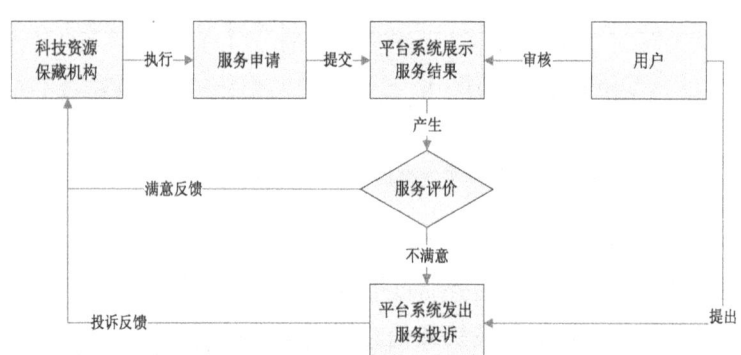

图7-4 服务反馈流程图

需要强调的是，基于网络环境的信息共享扩展了实物资源服务的对象；同时网络技术打破了时间和空间的限制，为远程用户提供实时性的服务，并刺激用户自身的深层次需求。由于网络服务的实时性和便捷性，信息服务平台为服务评价和反馈提供了新的更有效的途径。

7.4.2 网络环境下科技资源共享服务的影响因素

网络环境下的科技资源共享服务受到多重因素的影响：

1）科技资源服务内容。它是实现网络环境下科技资源共享服务的重要基础。

在开展服务前,科技资源服务机构要充分整理各项服务内容,将服务规定梳理清晰,对科技服务流程进行有效的重组和改进。可以参与重组和改进的服务内容包括:服务流程、服务费用规定、服务的用户群体、服务人员分配等。不能参与重组和改进的服务内容包括:资源的质量要求、资源处理的基本操作规程、服务过程中需要遵循的科学标准、服务人员所需要遵守的服务道德等。

2)服务机构信息技术能力。科技资源信息共享系统是实现科技资源有效服务的平台,科技资源服务中介机构的信息技术能力直接决定了元数据质量控制和信息构建的水平以及该机构提供服务的能力,它是网络环境下科技资源共享服务的基本保障。

3)相关科技人员素质。在网络环境下科技资源共享服务过程中,科研人员和专业技术人员对科技资源共享信息系统或平台的熟悉程度直接影响到科技资源服务的效率和质量。需要利用科技资源的研究人员、技术人员和技术支持人员都对信息服务平台提出了易用性、友好性等方面的要求。信息共享和科技资源服务的互动需要研究人员和专业技术人员,也需要网络基础设施,通过科技资源信息系统中设置的服务项目和功能提供实时、定时的服务。服务意识、与用户在网络环境下的交流能力等是服务人员必须具备的素质。如何在网络平台上快速处理服务请求、快速反应、正确处理,是服务质量的保障。

第8章 科技资源管理的绩效评估

科技资源具有准公共物品属性，政府是科技资源投入的主体。但是，任何投资主体都追求效益的最大化，国家公共财政投资建设的科技资源，其运行和管理必须放在社会整体利益上，确保其对科技创新的有效支撑，提高公共财政经费的投入使用效益。但目前已开展的科技资源相关评价中，多是从科技投入、科技产出、科技发展环境等方面评估一个国家或地区的整体科技资源发展水平及其对科技创新的支撑。这些研究往往更加注重单个科技基础设施组成要素的评价，但对要素之间的协调效果和设施对外部环境的适应能力考虑较少。因此，我们有必要从理论、方法等方面对科技资源建设、运行与管理的绩效评估开展深入研究，旨在推进科技资源对科技创新能力的支撑功能得到最大限度的发挥，确保国家公共财政投入责任机制和绩效管理机制的建立。

8.1 科技资源管理绩效评估现状与发展趋势

8.1.1 国外现状

国外更多的是针对科技信息资源管理评估开展相关管理和实践活动。美国在《信息自由法》、《美国国有科学数据共享管理联邦政府行政条例》等法规条例中体现了科技资源共享评估的指导思想和评估方法的内容。一些国际组织也开展了相关理论和方法研究，如国际货币基金组织（IMF）的数据质量评估框架（Data Quality Assessment Framework，简称DQAF）提供了对统计数据质量进行定性评估的一种方法。《柏林宣言》提出用发展的手段和方法来评估"开放使用"对促进

第8章 科技资源管理的绩效评估

科研的贡献,以维护在此过程中确保质量和良好的科学实践标准,支持对诸如公开发行出版物等在宣传和使用价值上进行重新评估。

从大范围上看,科技资源共享评估属于科技评估的范畴,因此,我们也可进一步借鉴国内外科技评估的有关实践经验。目前,国外的科技评估已经形成了较为成熟的理论框架体系,科技评估在一些发达国家已成为制度化、经常性的工作行为,并建立了科技评估支持系统。其中,在面向公共管理和监督的科技评估中,注重体现公共部门绩效评估的思想,即采用目标管理、全面质量管理等手段进行绩效管理,不仅考察针对既定目标的结果和影响,还包括取得相应结果的效率及有效性。在绩效评估体系框架下,各国政府对绩效评估的侧重点虽然不同,但在绩效管理和绩效评估监测方面都十分重视制度建设,建立了"绩效目标计划—绩效报告—绩效评估"的制度系统,事先编制阶段性绩效目标计划,一个阶段结束后提交绩效报告,并对绩效报告进行评估,同时将绩效结果用于下一阶段的计划制订和预算编制。同时,建立规范的绩效评估监测制度,并发布各类绩效评估监测指南等工具性文件,供平台的规划和计划部门、平台执行者和评估者使用。

美国在科技评估方面涉及的评估机构大致分为 3 个层次:一是国会政府科技评估机构;二是州政府科技评估机构;三是大的院校和研究所的科技评估机构,这些机构与其多元化分散的研究系统相适应,且机构自发的评估活动较普遍;评估对象包括国家政府部门、科研和教育部门以及商业性公司 3 种类型单位;评估依据的法规包括《管理与预算办公厅指南》、《国家绩效评价法案》、《政府绩效和结果法案》等。同行评议方法是美国科技评估中最重要的评估方法之一,除此之外,评估方法可以主要分为 3 类:第一类是那些为评估提供工作框架的方法,如前后对比、对比实验方法和逻辑框图等;第二类是那些与评估数据收集有关的方法,包括访谈、调查、统计记录等;第三类是那些与数据分析有关的方法,如案例分析、社会经济计量模型、指标体系建立和成本效益分析等。

欧盟以公共资金支持研发计划的时间较早,可追溯到 20 世纪 70 年代末期,而绩效考评的施行则始于 80 年代初期,主要有法国、德国、荷兰、瑞士和北欧等国家。欧盟科技研发计划的绩效考评是伴随着欧盟各期架构的研究计划而演进,着重于以下 5 个方面考评内容:计划筛选的程序、计划管理、计划的一般特色、计划的产出和成果的扩散利用。其基本特点是:立足于从组织内部改进管理，不强调预算的重新分配。

英国一直鼓励政府部门采用相关的产出度量和表现指标来评估其制定的政策和进行的项目。英国是世界上科技评估系统最先进的国家之一，英国政府的一系列白皮书和所设立的相关机构的职能，体现了英国社会关注公共财政支出价值和公共管理信息反馈的目标。英国的评估机构早期主要集中于政府部门，后来评估开始向社会扩展。英国科技政策研究所（SPRU）就是一个做评估工作很有代表性的独立评估机构。评估对象主要集中于科技政策、科技计划以及科技项目的评估。英国科技评估的一个显著特征是其ROAME系统，即阐述、明确的目标、评估、监督及评估。该系统已在英国政府各部门广泛采用。

在1977年，加拿大财政部发布了一项《部门和机构项目评估》政策，从1997年开始，联邦政府要求各部门能够提交年度工作状况报告；各州政府也已经颁布了开展绩效评估的决定，以便更直接地关注政府项目计划的相关结果。评估机构环境由集中向多元发展。评估对象较为单一，主要有政府战略、政府计划、政府项目、政府机构几种，评估的数据是通过一系列的问卷调查、文献搜索、面谈以及调查研究多方收集，客观真实。评估的结果表现为评估报告，包括把评估结果报告交给利益相关主体。

8.1.2 国内现状

随着我国科学技术的迅猛发展和信息化的推进，科技资源的管理正日益得到国家和政府有关部门以及相关领域学者的重视。国内学者对科技基础设施的管理与共享进行了整体评估研究，对分类资源如重点实验室、大型仪器、科学数据、科技文献等的管理评估也进行了理论和方法上的探讨。科技资源管理绩效评估可以分为科技计划（如科技基础条件平台建设计划）的管理绩效评估、国家科技项目的管理绩效评估、科技机构（包括科技资源建设与服务机构及专门的科研机构等）的管理绩效评估、科技政策的评估等，已有评估主要针对项目和机构开展绩效评估研究。

在评估的有关法律和实践上，我国自1993年原国家科委将科技评估引入宏观科技管理以后，才进入制度化阶段。根据我国目前法制建设和科技资源资源管理的现状，科技资源管理评估主要体现在以下3个层次的相关法规体系中：其一，科技进步法、促进科技成果转化法、信息管理法、科学技术普及法是科技资源管理的基本法。其二，与科技资源管理管理相关的行政法规，例如《科学技术评价办法（试行）》、国家科技计划项目评估评审行为准则与督查办法、管理条例。其中，《科学技术评价（试行）》指出，应根据科学技术资源和条件的特点，分类建立评价指标体系，注重科学技术基础条件和资源（包括自然和人文资源、数据、标准、信息、设施等）的准确性、完整性、共享性、应用率、技术的先进有效性、运行与维护的高效性、提供服务的能力等；注重科学技术基础条件和资源信息的完整性、开放度、集成度与共享度，服务手段的先进性、有效性、规范性以及服务的满意度等方面的情况。其三，一系列规章制度，包括科技绩效评估的规章制度以及科技部就科技资源管理制定的一系列规章制度，如我国科技部分别于2003年和2008年发布了《国家重点实验室评估规则》和《国家重点实验室评估实施细则》。此外，还制定了《国家科学数据中心建设规范》、《国家科学数据网建设规范》、《科学数据管理标准化工作指南》、《科学数据管理工程技术标准》、《地震科学数据共享项目评价制度细则》、《教育部科技基础资源数据平台评估规则》等。2004年，科技部"国家科技基础条件平台建设纲要总体研究"课题组曾对国家科技基础条件共享状况的评价进行过研究，认为可以从科技设施的应用与开发能力、科技信息共享维护能力、共享技术手段保障能力、共享绩效、投入/产出比以及用户的反馈评价等几个方面进行评价。先后提出了"国家科技基础条件平台认定指标"、《2011年部委网站绩效评估指标（意见征集稿）》"国家医药卫生科学数据共享网评估指标体系"、"交通科技信息资源共享平台绩效评价指标体系"等。已有的评估多是从资源整合、组织管理、运行服务、持续发展能力等设定综合评价指标体系，全面考核资源共享状况和水平。

总的来讲，开展科技资源管理评估具备了一定的理论方法研究与实践基础，但还没有形成完善的、公认的科技资源管理评估理论与方法体系，资源管理活动的评估实践非常有限。整个国家政府公共科技投入的管理方面还没有出现显著的绩效导向；相关评价较多地关注直接成果和产出，对科技资源管理活动的科技成果和产出赋予了太多的权重；整个政府公共支出管理及评价的信息基础薄弱，公众了解和参与监督程度较低。这些问题很大程度上是由于缺乏基于系统性思维的科技资源管理评估理论与方法指导而导致的，更多的只是片面地强调评估体系中的某一方面。因此，需要适当地转变评价导向和思路，根据我国政府职能转变和科技管理改革等方面的要求和发展趋势及科技资源管理活动自身的特点和问题，在科技资源管理活动中开展系统性考察和评估监测活动。

8.1.3 发展趋势

立足我国目前的实际情况，借鉴国外的成功经验，在科技资源管理的绩效评估方面，我们应该：

1) 建立稳定规范的机构绩效评估机制。只有使绩效评估成为一种制度化、规范化、经常化、科学合理、可操作性强的制度体系，并赋予一定的法律约束力，绩效评估工作才能得以有效地开展。

2) 鼓励发展社会科技中介组织，建立有效的同行评议系统。推行评估机构多元化，尽量与科技资源建设与服务机构存在较小的利益相关性，有利于绩效评估工作的客观准确。

3) 采取适当的评估方式。进行绩效评估要充分考虑评估对象的特殊性，从可能的科学研究的长期性、积累性、结果的难以预见性等特点出发，采用与之相适应的评估方式。评估不必每年进行，而是评估其长期资助的整体结果，创造一个有利于创新的环境。

4) 科技资源建设与服务机构的绩效评估与制定规划相结合。根据绩效规划设立的定量和定性目标开展评估，这样就使得评估目标更明确，评估工作更具有可操作性。

8.2 科技资源管理绩效评估的基本理论

科技资源管理评估是一项系统、复杂的工作，要做好评估工作，需要对评估的基本问题和内容框架准确把握。

8.2.1 评估的内容及重点

所谓绩效评估，英文中常以"Performance Appraisal"、"Performance Assessment"、"Performance Evaluation"、"Performance Measurement"来表示，它是指社会群体以其自身的评估准则为标准，对组织中的员工或机构的工作绩效与其发展潜力进行（质与量）比较的社会行为。

科技资源管理绩效评估的形式是多种多样的，有对不同层次的科技资源管理活动绩效的评估，包括宏观层面的科技资源配置效率效果的评估，又包

第8章 科技资源管理的绩效评估

括微观层面科技资源使用效率的评估；还有对科技资源配置结果和效率的评估，主要包括对科技计划（如科技基础条件平台建设计划）的评估、国家科技项目的绩效评估、科技机构（包括科技资源建设与服务机构及专门的科研机构等）的绩效评估，还包括对科技活动主体及产出，以及科技政策的评估等。需要对其评估的目标、指导思想、评估体系、评估指标等理论和方法开展深入研究。

对科技资源建设与服务机构的绩效评估内容主要有科技资源本身，包括科技资源的质量、保存状态、适用条件、数量等方面的评估；科技资源利用和服务过程的评估，包括科技资源使用率和服务率等直接效果以及社会效益等长远效果；科技资源管理制度、文化和能力的评估，包括相关人、财、物、管理制度等的支持以及服务方式、服务类型、文化建设等方面。总之，科技资源建设与服务机构的绩效评估既要考虑当前利益，又要考虑长远利益；既要考虑经济效益，又要考虑社会效益。

本书中对科技资源管理进行绩效评估的主要目标是通过科技资源管理绩效评估制度的完善，形成动态与资源优化配置的新机制，建立科学的评估体系，通过评估促进科技资源建设与服务机构的建设，引导科研机构将本部门科技资源向全社会开放管理，同时将评估结果与国家科技项目的立项等工作挂钩，共同构筑以科技资源保藏机构为基本元素的科技资源管理制度的基本框架；推动实现国家创新建设目标，提高科技投入的效益，为我国科技创新工作提供保障支持。

科技资源管理绩效评估体系研究的功能目标大致包括以下几个方面：

1) 较为准确地反映一个机构或部门科技资源管理的基本情况；

2) 反映评价主体的价值取向，以此为导向推动科技资源建设与服务机构工作的开展；

3) 明晰当前科技资源管理工作的开展水平，找出存在的缺陷与不足，促进科技资源管理工作的更快发展；

4) 为将来逐步建立我国科技资源建设与服务机构管理服务评估体系奠定初步基础。

总之，开展科技资源管理的绩效评估，旨在推进科技资源功能最大限度的发挥。需要指出的是，对科技资源管理绩效的监测评估是对科技资源促进科技创新状况的了解和掌握，也是对规划目标的适应性及其可持续性的反馈，并对资源配置的优化产生影响,即在科技资源管理中,应该实施规划、执行、资源配置和评估相互促进、相互制约的绩效管理机制。其中,规划是基础,执行是关键,资源配置是保障,评估是导向,评估结果应反映经济效益和社会效益协调、短期效益与长期效益并重、管理效益与服务效益同步的导向,既为完善规划提供方向,又为资源优化配置提供决策依据。

8.2.2 评估的基本原则

科技资源管理评估要围绕全面提升国家科技创新能力,增强国际竞争力,以为科技进步与创新提供强有力的基础支撑和公共服务为导向,以保证国家科技发展战略目标的实现及其可持续发展为目的,贯彻"公开、公平、公正"和"依靠专家、发扬民主、实事求是、公正合理"的思想,建立科学的科技资源管理评估体系,提高科技资源的利用效率,优化资源配置,营造优良的科技创新环境。

科技资源管理评估应遵循以下基本原则:

(1) 客观公正性原则

在评估过程中,评估者的立场和态度应该不受外界的任何控制和影响,评估活动的程序、方法和实施过程、评估报告的观点、结论和判断也应该本着公平、公正、公开的原则,排除一切人为因素的干扰。

这是为保证评估者和评估机构在执行评估业务时客观公正,针对评估机构、评估项目主持人、评估咨询专家等方面制定的原则。

(2) 科学性原则

科学性原则是指在科技资源管理评估过程中,必须根据评估的目标,选择适用的评估类型和方法,制定科学的评估实施方案,使评估结果科学合理。无论在评估框架的总体构思、具体指标设计、评估方法确定还是评估流程设计等方面都要坚持科学的依据,既要符合科技资源建设与服务机构工作的各种原理和规律,要切实反映当前管理的实际情况,尽可能不涉及没有评估意义或不切实际的指标。

(3) 可行性原则

可行性的最根本要求就是要从我国国情出发,建立符合国情现状的评估体系,它包括两层含义:其一是理论可行性,指整个评估活动过程的内涵明确;其二是现实可行性,指评估目标应适应我国现有的科技水平和经济等因素，科技资源管理评估的结果应该对今后 5 年左右时间的科技资源管理工作产生影响，起到督促作用。建立评估体系的最终目的是应用，所以在设计研究阶段要充分考虑操作性的问题，在不影响评估效果的前提下，尽可能地简化指标与程序。

另外，科技资源管理评估的指标是揭示评估内容和评估标准的外部形式，是评估内容和评估标准可操作化的表现形式。因此，在具体评估指标选择时应当保证该评估指标在定量分析中容易被测度或在专家定性评估中易于相关专家理解。同时，还要保证整个评估体系可以用于大部分科技资源建设与服务机构或部门。

（4）公众参与原则

科技资源管理评估应该鼓励公众参与，吸纳公众参与评估过程除了使评估者能够倾听大众的意见之外，最主要目的应该是"使公众理解科学"，解决如何使科学技术融入公众社会的问题。并且，真正合理、有意义的评估结果必须是得到社会广泛认同的。更重要的是应将评估结果向社会公示，这样才能使公众方便行使监督权，更大程度调动公众参与评估的积极性和热情。科技资源管理评估涉及的资源以公益性资源为主，因此，其管理效果应该接受社会的监督，这有利于督促管理机构加强其管理，充分发挥评估监测的效力，增进公众对管理中心建设和运行管理的了解，提高政府公共支出管理的透明性；同时保证评估监测活动的质量和公正性，保障评估对象的正当权益，接受社会各方面的监督。例如可以建立相关的网站或其他公示评估结果的形式，将评估结果在一定范围内向相关者和公众反馈和公开。

（5）全面性原则

科技资源管理服务涉及多个方面，在评估体系设计与研究阶段，应着眼全局，避免使评估效果陷于局部。既要对科技资源建设与服务机构的某些重点方面进行测评，同时也要对该机构整体的情况予以宏观把握。而且建立科技资源管理评估体系时，应充分考虑科技资源管理工作的发展趋势，保证该评估指标体系能够适应科技发展与科技创新，并随着评估技术、评估方法以及科技资源管理工作的变革而不断发展。

（6）一致性原则

本研究的目的是形成一套评估体系，并在以后相对较长时间内能够使用，这就要求这套评估体系具有前后时间的一致性以及对不同机构或部门评估时的指标一致性，以利于评估结果的横向与纵向的比较，评估的结果才具有参考性。

8.2.3 理论基础

（1）系统理论

基于系统理论开展科技资源管理评估指标的选取，能够极大地提高我们对科技资源建设与服务机构认识的广度和深度，优化对研究对象的评估效果。本章的主要评估对象——涉及科技资源采集、加工、管理、服务整个过程的科技资源建设与服务机构可以构成一个系统，其中的每个过程都可以看作是围绕整个系统目标运转的子系统，这些子系统相互联系、相互影响，而整个系统的最终目标是唯一的。以系统论来分析绩效评估指标的选取问题，对提高评估质量无疑是很有益处的。

要开展科技资源管理评估，既要使评估指标能够体现出整个科技资源建设与服务机构通过自身创新和对外服务而输出的结果，也要能够表达科技资源建设与服务机构作为一个系统，其外部要素对它的输入和产生的影响及科技资源建设与服务机构管理活动过程中内部要素及其与外部要素相互关联、彼此作用的协同程度。从本质上讲，科技资源建设与服务机构的输出结果取决于系统内部对输入的配置运转能力和水平，并最终决定于结构的优化程度。

科技资源是科技创新体系的重要战略性资源之一，它作为整个创新体系的一部分，其组织形态——科技资源建设与服务机构系统内部要素间及其与环境之间也应具备自组织发生的条件。基于自组织理论，科技资源建设与服务机构的自组织性的强化，应主要表现在科技资源管理相关的政策、制度的开放性和智能化；科技资源本身的多样性（包括数量和种类）和利用方式的多样性；科技资源的管理性；现有科技资源建设与服务机构对外部环境的适应性等。因此，科技资源建设与服务机构管理绩效评估指标体系的设立过程中应充分考虑到评估系统的自组织特征，应能够较好地表达科技资源建设与服务机构的管理是否能有效创造和强化系统自组织发生的条件。

（2）可持续发展理论

"可持续发展"一词最早是由国际自然与自然保护联盟（IUCN）于1980年3月发表的《世界自然保护大纲》中正式提出的。随后，1987年世界环境与发展委员会（WCED）发表了《我们共同的未来》，首次系统地阐述了"可持续发展"的概念和内涵。

"可持续发展"是一种与以往任何一种传统意义的发展都不同的发展模式，它有着极为深刻的哲理和丰富的内涵。其内涵包括：A. 突出强调发展的主题，提出"发展是可持续发展的基点"；B. 公平性原则，包括时间上的代际公平和空间上的代内公平；C. 持续性原则，强调发展需在系统可承载的范围之内；D. 目标多元化下新的价值观，提出评估一个系统应是一个综合的评判，要注意系统发展的可持续性、稳定性、协调性和均衡性。

而可持续性与稳定性、协调性又是不同的。首先，前者强调过程，而后者只是状态特点。其次，系统的稳定性和协调性是其可持续性的必要条件。因为稳定和协调都是指系统在某甲状态的特征，如果系统不能够通过降低演化而进入某乙状态并且仍保持其稳定和协调，或者如果一个外力的冲击就会将系统推离某甲状态而系统却不能通过自身演化回到有序的稳定和协调状态，那么这样的系统就远不具备可持续性。

目前，"可持续发展"理论已经由最初的应用于环境学和经济学领域，逐步发展应用到其他学科和复杂系统的研究中。对于科技资源建设与服务机构而言，实现整个系统正常有效运行，必然要维持其可持续性、稳定性和协调性，从而不断推进科技资源建设与服务机构自身的创新能力及其对其他创新能力要素的支撑能力的提高。因此，科技资源建设与服务机构评估指标的选取可基于可持续发展理论来开展。

（3）公共物品理论

科技资源具有公共物品属性，对科技资源管理进行评估时，应充分认识到这一点，即必须把对科技资源建设与服务机构管理评估的价值判断牢牢放在社会整体利益之上，而不能就科技资源建设与服务机构的某一组成或某一个别利益相关主体的利益做出全面的评估。公共产品理论为科技资源建设与服务机构管理绩效评估提供了最基本的价值标准，即只有当公共财政支出活动完全处于公共产品或准公共产品领域时，对其进行评估才是积极的和建设性的。

按照公共物品理论的观点，当公共物品提供的边际成本等于边际效益时，公共物品的提供达到了最优状态。但是在实际评估活动中，公共物品的收益和成本都很难确定和以货币量化，因此要对科技资源建设与服务机构进行管理绩效评估不能完全采取市场的观点，应另辟蹊径。

(4) 平衡积分卡的基本原理

为适应 20 世纪 80 年代以后的企业内部条件和外部环境的新变化，发展建立了一整套财务与非财务指标体系来对企业业绩和竞争状况加以综合评价的方法，即平衡计分卡方法。它通过与组织的战略相链接提供了恰当的评价方法，可以给短期计划设定目标和分配资源，加强战略的沟通，促使部门、个人的目标与战略一致，报酬与绩效挂钩，给组织学习提供反馈，以密切关注能使企业提高能力并获得未来增长潜力的无形资产等方面的进展，为企业的发展远景提供决策依据。

事实上，平衡积分卡不仅仅是一种新的绩效评价系统，更重要的它是企业管理过程的核心组织框架。平衡积分法中的"平衡"是指在以下 4 个方面间保持平衡：在长期目标与短期目标之间；在外部环境（股东和客户）和内部环境（内部流程/学习和成长）之间；在所求的结果和这些结果的执行动因之间；在强调客观性测量和主观性测量之间。所以，平衡积分卡既可以被看作是企业运作绩效的评价方法，也可以被看作是一种系统的理念。

以系统的观点，基于平衡积分卡的管理理念综合考察和分析科技资源管理评价体系的构建问题，对提高评价质量无疑是很有益处的。

8.2.4 评估导向

科技资源管理评估体系要能够表达出整个科技资源管理系统通过自身创新和对外服务而输出的结果与其战略目标和分阶段目标之间的差距，能够充分注重对用户需求的满足程度；能够表达科技资源管理系统中外部环境对它的输入和产生的影响，以及科技资源管理活动过程中内部要素间及其对外部环境彼此反馈的协同程度。从本质上讲，科技资源管理的输出结果取决于系统内部对输入的配置运转能力和水平，并最终决定于系统结构的优化程度。

(1) 目标导向

长期目标与短期目标兼顾，更注重长期目标的实现。科技资源建设服务评估对象是公益类事业，首先要考核科技资源建设与服务对国家与社会大局的长远目标的影响，然后再考察其对组织利益、个体利益的影响。而且，基于科技资源建设与工程/项目具有前期建设、后期运行的特点，科技资源建设与管理的某一阶段性的结果效益并非该工作的主要和唯一目标，而是要更加关注较长时间内该活动产生的整体效益。

（2）过程导向

注重对资源管理过程的考察。我国大多数相关计划或项目的评估都更关注于投入和产出，而不去关注活动实施的过程和其他。而具有准公共物品属性的科技资源建设与服务的评估应是面向结果的监督与评估，应判定科技资源管理计划或活动的相关性、效率、效果、影响和可持续性，说明项目、计划或政策状态随时间变化的情况；是否符合国家相关政策和战略规划；分析支出的经济合理性；发现有前景的计划或实践；向工作人员提供及时而频繁的信息；通过报告计划/项目的结果来增强可信度和公众信心等。

（3）协同导向

综合考察科技资源管理系统内外部要素的协调程度，评估资源管理过程是否满足了用户的逐级需求及内部要素是否相互适应和互为满足等。同时，还应根据社会公益性研究工作的长期性、服务性、管理性特点，对公益性研究工作实行长期跟踪考察，注重社会公益领域的监测、预警和应急反应技术服务体系的建立，逐步强化"第三方评估"和公众参与程度，增强评估的可信性。

（4）分类设定评估指标导向

分类设定评估指标，定性评估与定量评估方法相结合。首先要"分阶段、分资源类型、分工作等级"的设定评估指标。不同过程、不同类型的科技资源的相应评估的侧重点不同，评估指标也应有所不同；不同资助经费范围、评估特点的不同，也会使评估的工作等级有所差异。因此，应根据不同资源类型和不同阶段的活动特点及经费管理要求等设定特征性评估指标。同时，既要充分利用管理系统网络监测的定量评估结果，也要采用主观性测量的方法对专家、资源生产者、用户等进行充分调研与反馈，定性与定量方法相结合。

8.2.5 评估方法

科技资源管理绩效评估是评估者在一定的指导思想下，运用科学的技术方法，依据一定的标准体系，对评估对象进行的评估活动。其中，科技资源管理评估的技术和方法是绩效评估成功的基本要素，是提高评估科学化水平的重要保障。

由于科技资源管理活动的公益性及其社会功能与特殊属性，评估工作适于采用定性与定量相结合的评估方法,并遵循评估目的与评估方法相匹配、评估方法的合理替代、"内在约束优先"等原则。因此这章我们将根据科技资源管理评估的基本流程进行分析,提出各个阶段所使用的具体方法或技术(表8-1)。

表8-1 科技资源管理绩效评估的主要方法

用途		方法	方法说明
指标体系的构建	指标的确定	对象分析法	第一,评估指标的内容和特征同所评估的对象的特征相一致;第二,设立的指标可以通过直接或者间接的方法辨别、测量、比较;第三,设立的指标从内容到形式适合于绝大部分需要评估的科技资源建设与服务机构;第四,指标在同一层次上应该相互独立;第五,评估指标体系在总体上应尽可能地反应科技资源管理的主要特征;第六,评估指标体系在总体上要有条件、过程与结果3个方面的指标
		结构模块法	
		典型分析法	
		调查咨询法	
		头脑风暴法	
		同行评议法	
	权重的确定	权值因子判断表法	第一,不能只从单个指标出发,而是要处理好各评估指标之间的关系,合理分配它们的权重,遵循系统优化原则。第二,权重是往往受个人主观因素的影响。其中有合理的成分,也有受个人价值观、能力和态度造成的偏见。需要实行群体决策的原则,集中相关人员的意见互相补充,形成统一的方案
		专家直观判定法	
		排序法	
		层次分析法	
数据的收集和规范化	指标测度	非正式的、结构性较差的方法	交谈、社区访谈、实地调研、查阅官方数据、与关键知情者面访、焦点组访谈等	数据获取的方式多种多样,包括人工获取、计算机自动获取等,而且获得的数据既要有实时数据,还要有历时数据,便于前后比较
		结构性更强的正式方法	直接观察、问卷调查、一次性调查、同样本调查、普查、现场测试与调查等	
	指标归一化	最小—最大规范化对原始数据进行线性变换		在表述评估结果时,还需要进行定性—定量信息的相互转换,有时将定性问题定量化处理后表达比较明确,有时用定性语言概况表达定量结果更为适宜,有时则需要两者同时使用
		把有量纲表达式变为无量纲表达式		
		神经网络归一化方法		

续表

用途		方法	方法说明
数据分析和评估	定量分析	文献计量法	运用统一的量纲、一定的计算公式及判断标准（参数），通过数量演算反映评估结果
		多元分析法（包括主成分分析、因子分析、聚类分析和判别分析等）	
	定性分析	前后对比	通过所收集的第一手材料，用于对某些不易量化的问题等进行评估、研究和理性思考
		多角度比较	
	定性与定量结合	层次分析法	弱化单纯定量分析和定性分析方法存在的不足，使评估结果更接近真实
		模糊综合评判法	
评估结果检验	效度检验	内容效度分析	分析被包括在数据收集阶段样本的代表性
		结构效度分析	
		关联效度分析	
	信度检验	重测信度法	评估结果所反映的评估对象情况的准确性
		折半法	
		折半信度法	
		α 信度系数法	
	差异性检验	总体差异分析（标准差和差异系数分析）	对评估对象的各个个体要素之间的差异性进行分析
		个体差异分析（U 检验、t 检验、卡方检验、F 检验、秩和检验、符号检验、中位数检验等）	

8.3 科技资源管理绩效评估程序

科技资源管理绩效评估是一项系统工程，其总体方案设计要考虑到评估对象的性质、投入规模、特点及历史；现有资料条件、已有工作基础、协作力量等。在此基础上，确定评价目的、目标、标准、范围和要求，根据评价的目的要求提出经费核算和技术上的组织领导。首先需要根据经费的使用规模、经费使用的特定要求等明确项目评估的执行等级，开展具体的评估工作。

科技资源管理绩效评估的主要流程包括 5 个步骤（图 8-1）：聚焦评估，即评估活动实施前的准备阶段；设计和方法，即制定评估设计，选择适合的方法；

收集和分析数据；报告发现，在收集和分析数据的基础上，开展评估报告的编写，提出经费投入使用的建议；使用评估，即强调评估——监督——管理之间的反馈，并指向评估活动的最终目标——实现经费投入的有效性和效益最大化。

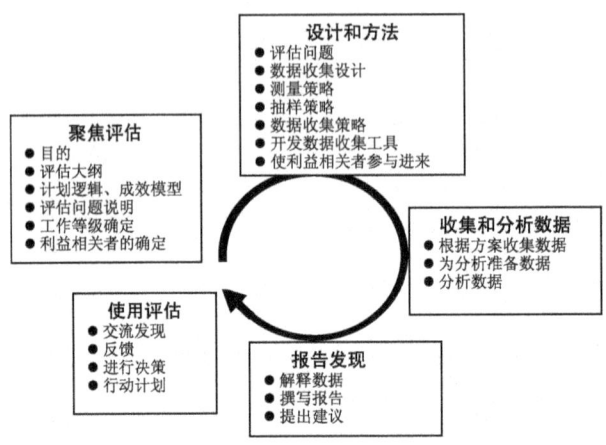

图 8-1 科技资源管理绩效评估主要流程

科技资源管理绩效评估的流程中，主要强调以下几点：

1）在聚焦评估中，注重计划逻辑模型和成效模型的设计，以便从整个科技资源建设与服务事业的国家政策、计划的角度来从宏观上把握工程/项目的目标，使科技活动与整个国家利益相一致。此外，确定不同等级并根据不同等级所对应的评估要求开展评估，也是本章中的评估特点之一。

2）强调利益相关者的参与。

3）在使用评估中，强调评估对科技资源建设与支撑服务的决策的影响及在评估中提出的资源建设与服务的调整和强化建议。这也正是本评估的主要目标。

在具体的科技资源管理绩效评估过程中，要首先明确评估的目的，编写评估大纲（TOR），描绘计划逻辑模型和计划成效模型，找出评估中的关键性问题，确定评估的工作等级，明确整个评估项目的利益相关者，为评估的设计和评估方法的确定打下基础。

8.3.1 制定逻辑模型框架

要对清晰的目标、绩效指标和风险评价进行详细的描述，从而提高干预措施的质量，保障评估与科技资源建设和支撑服务的总体目标相一致，这也是面向结果的评估和监督的内容之一；概述复杂活动的设计；帮助制订详细的操作计划；

为活动回顾、监督和评估提供目标基础。表8-2给出了构建逻辑框架示范。

表8-2 逻辑框架示范

描述性总结	绩效指标	监督与评估/监控/核查	绩效指标
计划目标			
项目发展目标			
产出			
内容			

8.3.2 确定关键性问题

和一般性科技发展评估相似,科技资源管理绩效评估过程中包括十大关键性问题(图8-2),这里就主要问题作简要说明:

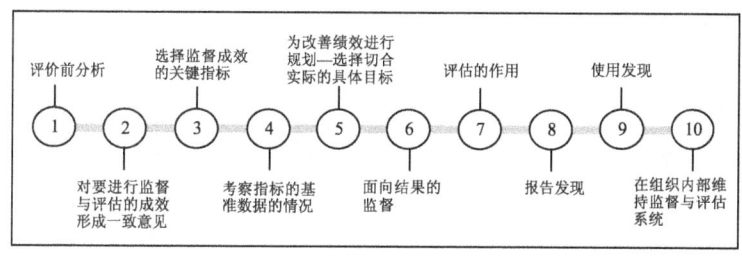

图8-2 科技资源建设与管理绩效评估问题

1)科技资源建设与管理活动中,很重要的一点是应"针对产出进行预算,针对成效进行管理"。因此,需要对要进行监督与评估的成效形成一致意见。该项工作需要管理者、评估者和被评估方协调完成。

2)首先遴选出若干监督成效的关键指标,并在考察指标的基准数据的情况下,使建立的评估指标体系更具有可操作性。

3)为改善绩效进行规划——选择切合实际的具体目标。实际上,这项工作非常重要。因为正如前文所述,评估的目的并非单纯的评估,评估是为了更好地实施管理,从而改善科技资源建设与管理活动的绩效。因此,在评估的前期,应选择确切的、适当的评估目标,评估目标既应为单项科技资源建设与管理计划/项目服务,也应符合国家科技资源管理的长远利益。

4)面向结果的监督,是在科技资源建设与服务活动实施过程和结束后开展的监督,以便更好地掌握活动过程,进行过程性评估和管理。

5)明确此次评估的作用,能够为实际的具体评估活动提供指导。

6）报告发现和使用发现是在评估中发现科技资源建设与服务活动存在的问题，并提出相应建议的过程。

7）在组织内部维持监督与评估系统。需要提出维持该系统的具体流程和机制，该项工作应能够为整个国家科技资源建设与支撑服务计划和监督系统服务，并成为评估信用体系的一部分。

8.3.3 明确评估的工作等级

科技资源管理绩效评估可分为不同的工作等级，根据经费投入规模、评价难度、评估对象、经费使用的特定要求、资源类型等，其评价内容对应于不同的工作等级，如表8-3所示。

表8-3 科技资源管理绩效评估工作等级

等级确定要素	Ⅰ级评估	Ⅱ级评估	Ⅲ级评估	Ⅳ级评估
一、自然科技资源				
经费投入规模	n_3 万元以上	$n_2 - n_3$ 万元	$n_1 - n_2$ 万元	n_1 万元以内
评价难度	评估中涉及的内容非常广泛复杂	评估中涉及的内容复杂	评估中涉及的内容较复杂	评估中涉及的内容较简单
评估对象	评估对象很多	评估对象较多	涉及的评估对象的数量一般	评估对象较单一
……	……	……	……	……
二、科学数据资源				
经费投入规模	n_3 万元以上	$n_2 - n_3$ 万元	$n_1 - n_2$ 万元	n_1 万元以内
评价难度	评估中涉及的内容非常广泛复杂	评估中涉及的内容复杂	评估中涉及的内容较复杂	评估中涉及的内容较简单
评估对象	评估对象很多	评估对象较多	涉及的评估对象的数量一般	评估对象较单一
……	……	……	……	……

注：表中的内容均为假设，主要为说明应根据不同的要素来综合衡量并确定评估的工作等级。

对于经费投入规模而言，投入支持建设的资源类型不同，所对应的工作等级的划定标准也不同，而不能完全依照经费投入规模来划定工作等级。如：假定对于科学数据资源建设来讲，n 万元以上的经费投入所对应的评估工作等级是Ⅱ级，而该投入对象若是大型科学仪器的话，其评估等级可能只是Ⅳ级。

在确定了评估的工作等级后，应有与工作等级相对应的评估内容的具体要求,从而对应不同的评估指标体系和评估基准。

8.3.4 利益相关者分析

利益相关者包括干预措施的参与者、直接受益者、间接受益者、其他受影响者、政府官员、计划主管、政策制定者、利益团体或协会。每项评估都是不同的,利益相关者发挥的作用也不同。可以利用核查清单明确每个利益相关者所发挥的作用。

具体地,在公益类科技资源建设与支撑服务工程/项目的评估中,利益相关者包括4大类:

1)管理者。包括中央政府和地方政府等相关职能部门的项目官员、计划主管、政策制定者等。

2)投资者(以政府为主)。

3)资源建设与服务承担单位,协作单位。

4)评估方。包括管理机构的内部第三方、与管理者和被评估者相对独立的外部第三方如具有相应资质的科技评估中介等、评估专家组中本领域的外部专家。

5)受工程/项目影响的其他利益相关者。包括资源建设的服务对象——可能利用资源建设成果从事科技活动的相关科研机构、企业、个人等;在工程/项目基础建设过程中可能受到影响的公众;为科技资源建设与服务提供私有产权资源的机构或个人等。

需要指出的是,公益类活动评估中,应充分考虑到从事社会公益性研究工作的专家、管理专家及用户代表在评估中的作用。

8.4 科技资源管理的绩效评估指标体系

科技资源管理绩效评估要求系统、科学、全面地搜集、整理、加工科技资源管理活动过程中体现出的各类信息,并对这些信息进行系统分析,对管理产生的效果做出评判的过程,目的在于促进各类科技资源的管理、使用和流通,提高管理效率和效益。其中建立科学的绩效评估指标体系是获得准确评估结果的关键。

如前文所述,科技资源管理绩效评估的形式是多种多样的,包括对不同层次的科技资源管理活动绩效的评估。而科技资源建设与服务机构是科技资源管理的基本单元,其管理绩效影响着科技资源配置、管理和实施的规划和发展,因此,本节中所构建的评价指标体系,其评价对象主要是科技资源建设与服务机构。科技资源建设与服务机构管理绩效的评估如同企业评估、区域发展评估等各类评估一样,都属于社会的评估行为,因而它应遵循评估的一般规律。但由于科技资源建设与服务机构又有其不同于一般社会实体的性质,其往往依赖于社会或国家投资,按社会需求导向发展,因此,对科技资源建设与服务机构的评估亦有其特殊性。

本书主要基于可持续发展理论设置评价的指标体系,该体系应充分体现系统理论和公共物品理论的思想,可以从自身发展性特征、协调性特征和综合效能等几方面考察。发展性是指科技资源在数量和质量方面的发展状况和潜力,更多地体现了科技资源建设与服务的物质基础和组织体制的内涵。协调性是强调共享水平,表达的是科技资源建设与服务机构内部各要素,包括技术、设施、人才、管理制度等的相互作用与协调性,通过与外部实现共享和协调平衡,最终实现科技资源建设与服务机构对外部的服务。综合效能是指科技资源建设与服务机构在运行的过程中产生的综合效能,通过产生综合效能来实现科技资源对科技创新支撑能力的持续性。综合效能包括经济效益、社会效益、科技效益和环境效益,强调经济和环境相适应的适度发展(如自然科技资源的保存、运输需要特别的技术和严格的管理,否则,容易造成生态环境污染,甚至会威胁到公众安全;在大型科学仪器实际操作过程中和实验基地运行中,可能会向环境排放污染物;对绿色产品开发的支撑)。科技资源管理绩效评价的指标体系可用如下函数表示:

$$A = f(D, C, B)$$

A——表示科技资源管理能力建设的整体度量;

D——表示科技资源发展性特征,即自身发展维,它包含了资源、设施(仪器设备、信息载体等)、技术能力(其中包括人才队伍)、组织保障等要素;

C——表示科技资源建设与服务过程中的协调性特征,即协同维,主要考察适应需求而加工的能力、适应科技全球化和多学科交叉的能力、研究与开发的协同能力等;

B——表示科技资源建设与服务中的持续性特征,即综合效能维,主要考察科技资源对创新能力支撑的绩效与影响;

f——表示一组复杂的函数关系。

本节选取几类比较重要的科技资源,在上文科技资源管理绩效评估的基本原则、理论基础、体系框架、流程设计等基础上,构建科技资源建设与服务机构的管理绩效评估指标体系。具体资源类型包括科学数据、科技文献和自然科技资源以及大型科学仪器设备。

8.4.1 大型科学仪器管理绩效评估

大型仪器对科技创新支撑的评价体系是国家整个科技评价体系的组成部分。大型仪器对科技创新支撑的评价的建立主要针对大型仪器购置前的论证制度、大型仪器任务安排制度、大型仪器功能开发和正常的维修制度、大型仪器运行的管理规章制度、大型仪器设备的管理制度和大型仪器使用的效率原则。

在国家层面，大型仪器对科技创新的支撑评价主要反映在宏观层面，在全国范围内，针对大型仪器投入进行总的评价。对单台套设备而言，建设评价更加具体和细化。

（1）国家层面大型仪器设备建设成效的宏观评价指标体系
- 大型仪器投入占年度 GDP 比例的逐年变化、与世界水平的比较
- 百万元仪器投入的产出计算：论文、专利或别的量化指标
- 科技产出（论文、专利）世界排名与 GDP 或经济能力排名比较
- 篇均论文影响点（数量 * 影响因子/数量）对应的仪器投入价值及其与国际水平的比较
- 全国科学论文等统计情况及其国际对比
- 世界主要大型仪器中中国具有完全自主知识产权的仪器比例
- 自主知识产权的仪器占全国大型仪器的比例、总值

（2）单台套大型仪器建设和使用的主要评价指标体系
- 仪器采购之前的论证制度是否健全
- 仪器的日常维护保养及使用寿命
- 仪器的功能开发和拓展
- 仪器的对外协作和管理
- 仪器的使用效率
  - 使用机时
  - 产出论文
  - 产出专利
  - 产出奖励
  - 对外服务
  - 支撑项目

➢ 支撑人才培养
- 仪器管理制度

上述指标体系可以归为 3 类，各类指标的具体权重可因评估对象和目的的不同而进行相应设定，本章仅提供如下参考指标体系：

(1) 自身发展维
- 大型仪器投入占年度 GDP 比例的逐年变化、与世界水平的比较
- 世界主要大型仪器中中国具有完全自主知识产权的仪器比例
- 自主知识产权的仪器占全国大型仪器的比例、总值
- 仪器的日常维护保养及使用寿命
- 仪器的功能开发和拓展
- 仪器的对外协作和管理
- 仪器管理制度

(2) 协同维
- 仪器采购之前的论证制度是否健全，与国家目标的一致性
- 仪器的对外协作和管理，与相关领域和部门的协调性
- 支撑项目，与国家重大科技计划的协调
- 支撑人才培养，与国家创新人才培养的协调
- 仪器管理制度

(3) 效率维
- 百万元仪器投入的产出计算：论文、专利或别的量化指标
- 科技产出（论文、专利）世界排名与 GDP 或经济能力排名比较
- 篇均论文影响点（数量 * 影响因子/数量）对应的仪器投入价值及其与国际水平的比较
- 全国科学论文等统计情况及其国际对比
- 单台套仪器的使用效率
    ➢ 使用机时
    ➢ 产出论文
    ➢ 产出专利
    ➢ 产出奖励
    ➢ 对外服务

8.4.2 科学数据管理绩效评估

在具体的科学数据管理绩效评估评估指标设计中,应树立"数量和质量并重"的思想和基于价值判断的实质性评估,并应能够体现科学数据管理系统的开放性、适应性、协调性、发展性等特征。既要避免定量指标的唯一化,也要避免定性结果的模糊化,开展务实有效的评估监测活动。具体评估重点如下:

8.4.2.1 科学数据资源条件

(1) 主体数据库

考察科学数据机构具有的自主产生的主体数据库数量及其覆盖范围,其主体数据库中的数据是否具有权威性。

(2) 数据质量

数据质量是数据产品满足指标、状况和要求能力的特征总和。数据质量由数据质量元素来描述。通过数据质量信息,用户可以了解到数据的完整性、空间精度、时间精度、逻辑一致性、专题(属性)精度、数据生产目的、数据用途以及数据志等相关信息。数据质量评估包括考察数据的规范性、正确性、一致性、时效性、完整性、精确性、适用性。数据质量标准可按照国家或者行业对数据生产的相关质量规范执行。

(3) 数据数量

主要评估数据库的集成化和规模化程度,特别是权威的核心数据的丰度。面向社会公开的数据比例不得少于全部数据量的 70%。

(4) 数据产品

主要考察科学数据产品类型多样性、完整性、实时性。

(5) 数据源

科学数据资源的来源保证程度决定了科学数据的质量和数量。要考察科学家、个人、机构以及国际资源提供的比率、数据源的权威性及资源来源的稳定性,以确保科学数据机构资源来源的持续性。

8.4.2.2 资源保障能力

(1) 科学数据存储管理、服务与安全的软硬件设施的配置及其传输环境等基础建设条件

——考察科学数据机构是否具备性能较好的网络设施、独立的工作场所和机

房设备，国家科学数据中心应具备至少100平方米以上的专业机房、必要的相关网络设备、数据库服务器、WEB服务器、大型数据存储设备和其他必要设施等；具备至少10M/bps以上的至公众信息网的INTERNET出口带宽，并提供必要的网络安全保障措施。

——考察科学数据机构是否具备长期保存归档管理的环境（是否按国际标准）。

以上要素是科学数据机构的基本发展条件之一。

(2) 规章制度

规章制度保障了科学数据机构运行过程中的基本发展能力和对外适应能力。它包括科学数据机构管理标准和政策的制定与完备情况，国家有关政策、法规执行的力度及其有效性；规范、标准贯彻使用程度；是否建立了严格的运行维护管理制度、业务考核制度、运行管理条例、安全考核办法、报告制度和工作制度等，尤其是，是否具有数据进出、归档、防病毒以及紧急情况下应对措施等管理制度。

(3) 人员配备

科学数据管理机构的人员配备是机构运行的基本发展要素，它应包括管理人员、硬件设施维护人员、软件系统维护人员、数据维护人员等。这里需重点评估技术服务型管理队伍的建设状况（人力资源结构、队伍的凝聚力和吸引力、队伍的服务意识）。研发人员占所有人员的比例以及配备承担日常监控、网络维护、数据库维护、数据更新、在线答疑等岗位工作人员的情况。

(4) 资金配备

重点考察科学数据机构的总投入经费、年经费缺口、资金到位情况及资金预算的合理性与预算执行程度等。

8.4.2.3 对外服务能力

(1) 技术能力

——数据的加工能力和分析产品适应定制需求能力；

——适应科技和信息技术发展的软件产品开发能力；

——信息安全性保障能力，包括基础设施安全、软件安全和数据安全的保障能力。基础设施安全包括应具备性能较好的网络信息安全设施、确保服务器安全、信息基础设备应安置在专用的机房等。软件安全包括系统和应用软件要有访问控制功能、系统软件（包括操作系统、数据库系统）和应用软件应定期进行完全备份等。数据安全包括要具有数据的分类存档、备份、具备访问科学数据的用户识别系统等。

——数据更新能力。每年国家级科学数据中心应至少系统性地更新、扩充二次数据，更新和扩充的数据覆盖面不少于上年度全部数据的10%。

考察以上要素可以评估出科学数据机构的开放能力、与外部环境的协调能力和适应水平。

（2）服务能力

——考察是否及时组织加工科技创新迫切需求的数据，并主动开展服务；

——考察科学数据机构对不同研究者的不同需求（和帮助请求）的满足程度；服务的及时性；科学数据服务的无缺损与数据质量保证、查询检索和获取的便捷性；对部门（系统）内外、职位高低的不同研究者的服务一致性和服务态度等。

——考察服务范围，包括实际用户的分布（不同地区、类型等用户的比例分布）以及实际用户与目标人群的结构差异和数据中心服务的覆盖效率等。

8.4.2.4 综合效能

（1）科学数据资源的利用率

指实际被索取资源种类和数量与拥有资源种类与数量的比例，考察本项指标旨在推动合作生产研究者应按需求加工定制产品。

（2）科技效益

包括对具有国内外重要影响的科技成果产生的贡献；对产出专利、科技论文的影响；对国家重大科技计划项目的支持情况等。

（3）社会效益

包括对政策决策的支持、对科技评价的支撑、对科技普及的作用等。

（4）经济效益

包括对相关科技成果转化或相关企业技术改造的推动和投入/产出效益评估。尽管目前效益的货币化存在困难，但这方面的评估会产生广泛的、深刻的外部效应，需要逐步确定替代指标，目前可以开展节约投资（或提高投入）效益的间接评估。

8.4.3 科技文献管理绩效评估

科技文献信息管理机构的绩效评估工作十分复杂，包括了众多环节和众多工作。对其进行全面评估应有不同方面、不同层次的评估构成。因此，科技文献信息管理绩效评估体系的总体框架也必然具有一定的层次结构。

第一层为总目标层，设有1个目标，即"科技信息资源与服务对创新能力支撑总指数",综合反映科技信息资源与服务对创新能力支撑的总水平。

第二层为一级指标层,设有3个指标,它们分别是自身发展与支撑条件、共享服务与适应能力、综合效能维。这三个指标分别从相应领域特有的角度出发,根据其不同特点反映其对创新的支撑水平。

第三层为二级指标层,共包含11个指标。

具体的评估指标体系如表8-4所示。

表8-4 科技文献资源管理绩效评估指标体系框架

总目标	一级指标	二级指标	指标解释
科技文献资源与服务对创新能力支撑总指数	自身发展与支撑条件	文献资源	① 数量多少;② 种类齐备程度;③ 来源保证程度;④ 收集的全面性、系统性、及时性、准确性、新颖性、针对性;⑤ 资源占有率;⑥ 资源加工规范性、正确性、时效性、完整性;⑦ 资源数字化程度;⑧ 数据维护;⑨ 数据更新
		设施与环境	① 资源存储管理、服务与安全的软硬件设施的配置;② 信息传输环境与条件的优劣
		组织管理与队伍建设	① 政策法规建设;② 标准规范制定;③ 管理水平;④ 运行效率;⑤ 人员素质;⑥ 人力资源结构;⑦ 队伍凝聚力、吸引力;⑧ 队伍服务精神
		技术能力	① 数据采集加工能力;② 信息产品与服务的定制能力;③ 软件开发能力;④ 知识管理与知识挖掘能力;⑤ 软件、数据的安全保障能力
	文献服务能力	服务水平	① 年度总体服务规模;② 实际用户分布(地区、部门、类型)覆盖面效率;③ 信息服务的及时性、针对性;④ 用户查询的便捷性;⑤ 用户查询文献的满足比例
		对外交流与合作	① 同国外信息交流、交换的规模、水平、效率;② 汲取国际科技信息资源的能力、成效
		适应科技全球化和多学科交叉能力	① 信息技术能力和组织管理对科技创新全球化与多学科交叉融合发展趋势的适应性
		研究与开发协同	① 推进成果转化能力;② 推进产业规模化能力;③ 对科技创新和企业需求提供的无障碍共享服务水平
	综合效能	资源利用程度	① 实际被利用资源种类和数量与拥有资源种类与数量之比例
		科技效益	① 对具有国内外重要影响的科技成果产生的贡献;② 对产出专利、科技论文的影响;③ 对国家重大科技计划项目的支持情况
		社会效益	① 优秀青年科技创新人才的培养;② 对科技普及的作用

8.4.4 自然科技资源管理绩效评估

自然科技资源管理绩效评估体系的总体框架应包括以下4个方面的评估指标：资源条件、管理制度建设、服务能力和综合效益（图8-3）。资源条件对作为管理核心的自然科学资源及其相关信息的状态进行评估；制度建设则是针对自然科技资源的管理机构在制度的建立和执行方面进行评估；服务能力是对自然科技资源机构所提供的服务内容及实施过程进行评估；综合效益则是对自然科技资源管理的直接效果和间接的社会、经济和科技效果进行评估。4个方面的指标基本涵盖了自然科技资源管理的过程和整体效果，构成了自然科技资源机构管理绩效评估体系。

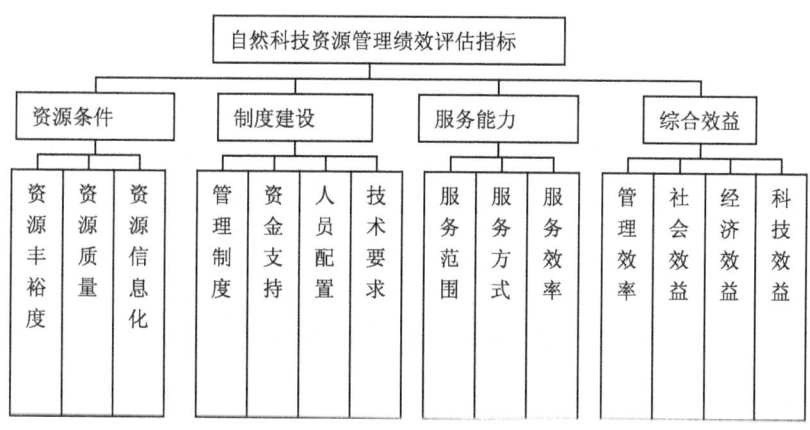

图8-3 自然科技资源评估指标体系框架

8.4.4.1 资源条件

（1）资源丰裕度

资源丰裕度是指对机构的自然科技资源在数量和种类方面的情况进行评估，是自然科技资源管理的基础。管理机构在充分了解其所拥有的资源规模的同时，还应不断努力扩充这些资源，这是管理自然科技资源机构的基本责任之一。资源丰裕度可以通过资源总量、资源分类、特殊资源数量、资源增长率等指标来测度。

（2）资源质量

资源质量是指对机构的自然科技资源在资源保存状态和环境方面的情况进行

评估，监督资源是否是在符合相关技术要求的情况下保存。自然科技资源的质量，同资源丰裕度一样，也是实现成功管理的重要保证。向用户提供质量合格的自然科技资源也是自然科技资源机构管理资源的基本责任之一。

资源质量可以通过资源的保存状态、资源质量状态和资源保存环境的技术要求等来测度。

（3）资源信息化

资源信息化指对自然科技资源基本信息的数字化情况进行评估。信息化的程度将直接影响自然科技资源的实物管理过程的实现。

资源信息化水平可以通过资源数字化描述比例、资源信息准确度和检索途径选择度等指标来测度。

8.4.4.2 制度建设

（1）管理制度

管理制度是指对自然科技资源机构在管理上所依据的国家法律法规及自行设立的管理的规章制度的评估。自然科技资源管理只有遵循国家相关法律法规，同时通过规章制度的方式固定下来，才能保证这一活动的合法性和可持续发展。管理制度健全情况可以通过制度的政策性、标准性和全面性来测度。

（2）资金支持

资金支持是指对自然科技资源管理机构在管理上投入的资金情况的评估。自然科技资源管理同其他的服务活动一样，也需要充足的资金支持，这样才能保证服务保质保量的完成。

资金支持水平可以通过服务资金数量、服务资金来源、预算的执行程度和资金缺口等指标来测度。

（3）人员配置

人员配置是指对自然科技资源管理机构在管理参与人员的安排情况方面的评估。参与管理人员数量和具体安排直接影响着管理服务的全过程的效果，合理人员配置可以提高管理服务的水平和效率。

人员配置状况可以通过参与管理服务的人员数量和具体工作的人员配置情况等指标来测度。

（4）技术要求

技术要求是指对自然科技资源管理机构在提供服务过程中所需要的技术支持

方面的评估。自然科技资源管理过程必须要遵循一定的技术要求，只有这样才能保证管理效果和最终成果的质量。

技术要求状况可以通过管理过程的安全保障标准和遵循服务过程的安全保障标准等指标来测度。

8.4.4.3 服务能力

（1）服务范围

服务范围是指对机构提供自然科技资源管理服务的全面程度及其实际覆盖率的评估。服务范围直接反映了自然科技管理服务的受众人群，是衡量服务全面性的重要指标。

该二级指标可以通过以下三级指标实现：服务对象的情况和实际服务的覆盖率。

（2）服务方式

服务方式是指对机构提供自然科技资源管理内容的评估。服务内容和方式反映了机构对服务理念的理解程度，也会直接影响服务质量。

服务方式丰富程度可以通过服务提供的方式和服务方式的实际分布等指标来测度。

（3）服务效果

服务效果是指对机构提供自然科技资源管理服务结果的评估。高效服务过程和用户满意程度是服务效果评估追求的目标。

服务效果可以通过资源信息查询分布、服务时间长度、服务获取便捷性、服务获取及时性和服务费用合理性等指标来测度。

8.4.4.4 综合效益

（1）管理效率

管理效率是指对自然科技管理的结果及其成果的评估。这些管理服务的结果和由此带来的成果都是评估管理绩效的重要指标。

管理效率可以通过科技资源的增长率、科技资源可用率、科技资源的分布状态和成果产出等指标来测度。

（2）社会效益

自然科技资源管理的价值和状态除了可以直接通过服务本身、管理结果和成果体现外，还可以通过为社会发展所带来的效益来间接衡量。

社会效益可以通过以下科学数据管理对政府决策支持度、社会公众对科学数据管理的认知度和公益性科学数据管理水平等指标来测度。

（3）经济效益

自然科技资源管理除了可以用社会效益间接衡量外，还可以通过其带来的经济效益来衡量。

经济效益可以通过科学数据管理的经济发展贡献率和盈利率等指标来进行测度。

（4）科技效益

科技领域作为自然科技资源管理服务的重点领域，必然可以反映一定科技资源对科技发展提供的管理服务的状态。科技效益是指自然科技资源管理对国家科技发展的影响。

科技效益可以通过科学数据管理对社会科技进步贡献率、重大项目的支持度和科技人员的认可度等指标来测度。

8.5 评估机制

本节主要从政府的视角对科技资源管理绩效评估机制进行探讨。科技资源对科技创新的支撑作用是否能有效发挥，与其管理者的服务观念和技术水平密切相关，需要建立强有力的组织保障机制、同行评议与用户评价相结合的机制、持久运行机制、责任机制与利益机制、评估结果向社会公示的机制、多元化评估机制，以及基础性评估信息化建设机制等，从而实现有效的科技资源管理评估。

8.5.1 组织保障机制

主管政府部门、有关政府部门和科技资源建设承担机构，需要营造良好的评估气氛，既要规范评估行为，组织和维护公正合理的评估活动，又要明确各级管理者和评估主体的职能与定位。应该建立不同层次和级别的组织以保障评估活动的顺利执行，这些组织包括：领导协调小组、专家小组、日常办事机构。

由于评估活动涉及各部门的利益关系，因此根据我国的实际情况，为了保证评估活动的顺利开展，必须建立由各类科技基础设施的上级主管部门参加的领导协调小组。该小组由主管部门的分管领导组成，主要任务是协调本部门内部及与其他部门在评估活动中的关系。

专家小组由科技资源管理、科技管理、财务方面的专家及有代表性的用户组成,主要工作是进行具体的评估活动,包括从评估数据的收集到处理的全过程。根据需要,专家小组为领导小组提供决策咨询。

日常办事机构是整个评估活动的组织部门,他可以依托于科技资源共享平台、对科技资源有较高研究水平的公益型的科研院所,也可以是第三方的评估机构。它的主要工作是起草发布评估文件、组织建立领导小组和专家小组,组织评估活动等。

8.5.2 同行评议与用户评价相结合的机制

同行评议和用户评价都是很好的评估机制,但是都各自有一定的优缺点,因此在本评估中采用两者相结合的机制。建立正常的同行评议的信誉制度,准确地讲对各类科技资源的管理绩效评估,是科技评估的微观层面,评估专家中要有适当比例的科技资源管理专家、科技管理专家和财务专家以及用户参与,开展科学严谨的评估工作。同行评议的机制在我国国家其他类型的评估活动中也经常被采用,是一个比较受争议的评价方式,但是根据美国在实验室评估中采用这种机制的成功经验来看,如果管理监督完善,这是一种对科学领域进行评估的最好的办法之一。因此,本评估应加强细化管理,在制定评估指标时考虑人为因素的影响。用户是科技资源的最终使用者,可以选择有代表性的科技资源使用者参加到专家小组中,将其评价分值给予高的比例。

8.5.3 持久运行机制

对机构的评估不能成为短期行为,而应长期坚持下来,这样才能收到良好的效果,因此,必须建立持久运行的机制。例如,应该将评估活动与相关国家科技资源的日常管理活动相结合,将国家的科技资源管理目标融入到评估体系中,将评估结果与国家相关管理经费及计划的经费拨付、项目评审等相结合;在国家的相关文件中,例如科技基础条件平台建设的管理文件中,将对机构的评估作为重点工作来开展。加强政府公共开支的管理,建立责任机制和完善的评估规范以及管理信息化制度。

8.5.4 责任机制与利益机制

明确科技资源管理绩效评估监测活动的利益相关方(包括评估委托方、组织管理者、实施者、评估对象、公众等）的责权利。另一方面，通过对评估监测结果的使用，建立合理的工作改善和利益调控机制，督促有关单位和人员改善科技基础设施建设和运行的方式和水平，从而建立一个保证实现既定目标的、高效率的责任机制和利益机制。

8.5.5 评估结果公示机制

本评估涉及的科技资源以公益型资源为主，因此，其管理效果应该接受社会的监督，这有利于督促科技资源建设与拥有机构加强其管理，充分发挥评估监测的效力，增进公众对科技资源建设和运行管理的了解，提高政府公共支出管理的透明性；同时保证评估监测活动的质量和公正性，保障评价对象的正当权益，接受社会各方面的监督。因此，可以建立相关的网站或其他公示评估结果的形式，将评估结果在一定范围内向相关者和公众反馈和公开。

8.5.6 多元化评估机制

应建立科技资源所依托机构的自查、平时抽查和周期性评估相结合的多元化评估秩序。评估指标有一些数据是需要通过考察科技资源的长期运行才能得到的，一些评估工作应该由评估工作的日常管理机构不定期进行开展；也可以采取科技资源所在机构自己实施内部评估监测，如日常性的信息统计与报告、年度业务总结报告与工作绩效评价、用户满意度调查等以及由与科技资源相独立的其他机构或组织实施周期性的评估监测，如政府管理部门委托专业化的评估、咨询或调查等社会中介机构开展周期性专业化评估监测活动，或政府管理部门（或其委托其他机构）组织实施周期性专家组评审、用户或公众调查活动等。

8.5.7 评估信息化建设机制

开展全面系统的评估监测信息化建设，对科技资源的建设、运行管理、利用发展等有关信息进行收集、整理和分析，确保信息的系统性、准确性、及时性和协调共享性，为科技资源的管理绩效评估，乃至其运行管理和决策提供有效的信息基础，提高评估的效率和质量。

参考文献

[1] Anderson, T. &Kanuka, H. E-Research: Methods, Strategies, and Issues [M]. Boston, USA: Allyn & Bacon publisher. 2002

[2] Anthony Wall. The measurement and management of intellectual capital in the public sector [J]. Public management review, 2005 (2): 289~303

[3] Ashok Banerji. Performance support in perspective [J]. Performance Improvement, 1999 (7): 6~9

[4] Asta, Irena. Designing performance measurement system in organization [J]. Organization vadyba: sisteminiai tyrimai, 2007: 135~148

[5] Bernhard Fabianek, e-Infrastructures in Europe [R], European Commission, Information Society and Media Directorate-General, Sep. 2006, www.cordis.europa.eu/ist/rn/home.html

[6] Building the Balanced Scorecard in Public Sector Organizations. http://www.odgroup.com/articles/PSA2.pdf [2008-07-03]

[7] Carmichael, P., et al. Sakai: a collaborative virtual research environment for education [A]. The annual conference of the British Educational Research Association [C]. University of Warwick, 2006: 629

[8] Caroline S. Wagner. The Elusive Partnership: Science and Foreign Policy [J], Science and Public Policy. 2002: 33~36

[9] Charles J.. Pineno. The banlanced scorecard: an incremental approach model to health care management [J]. Journal of health care finance, 2002, 28 (4): 69~80

[10] e-Infrastructures in Europe, Bernhard Fabianek, European Commission, Information Society and Media Directorate-General, Sep. 2006, www.cordis.europa.eu/ist/rn/home.html

[11] Elaine Xiaofen Dong, Tim Jiping Zou. Library consortia in China [J]. Library and information science research electronic journal, 2009, 19 (1): 1~10

[12] Feng Bin, QihaoMiao. Electronic publications for Chinese public libraries: challenges and opportunities [J]. The Electronic Library, 2005, 23 (2): 181~188

[13] Fraser, M. (2005). Virtual Research Environments: Overview and Activity [DB/OL]. Ariadne, issue 44. http://www.ariadne.ac.uk/issue44/

[14] Halfpenny, P. (2007). Looking ahead innovations and issues for the next ten years [A]. Social Research Association Annual Conference [C]. 4 December 2007, London

[15] http://www.nsf.gov/pubs/2007/nsf0728/index.jsp

[16] James Norrie, Derek H. T. Walker. A balanced scorecard approach to project management leadship [J]. Project management journal, 2004, 35 (4): 48~54

[17] Jason keith Phillips. An application of the balanced scorecard to public transit system performance assessment [J]. Transpotion journal, 2004, 43 (1): 26~55

[18] Joseph E. Straw. When the Walls Came Tumbling Down: The Development of Cooperative Service and Resource Sharing in Libraries: 1876 - 2002 [J]. The Reference Librarian, 2003 (83/84): 263~276

[19] Keith Waldron. Performance Assessment of Public Sector Scientists [J]. Public Money & Management, 2004, 24 (1): 57~62

[20] Metadata, http: //en. wikipedia. org/wiki/Metadata

[21] Open J - Gate http: //www. openjgate. org/

[22] OSI (2004). Developing the UK's e-infrastructure for science and innovation [DB/OL]. http: //www. nesc. ac. uk/documents/OSI/report. pdf

[23] Prime Minister speech: Science matters, 10, Apr. 2002

[24] Qu baoqiang. Analysis of S & T Literature Institute's Sharing Strategy based on Balanced Scorecard Methods [C]. 2009 International Conference on Management Science and Engineering (will be indexed ISTP/ISSHP)

[25] Robert S. Kaplan, David P. Norton. Using the balanced scorecard as a strategic management system [J]. Harvard Business Review, 1996, (January/February): 75~85

[26] Sargent, M. An Australian e-Research strategy and implementation framework final report of the e-Research coordinating Committee [R]. Common wealth of Australia, 2006

[27] Schuster J. The performance of performance indicator in the arts [J]. Nonprofit management & leadership, 1997, 7 (3): 253~269

[28] 安玉兴, 田华. 辽宁省科技资源配置现状及优化对策分析[J]. 中国科技资源导刊, 2012, 44 (4): 102~105

[29] 敖强. 论平衡记分卡在公共部门的适用性[J]. 中共四川省委省级机关党校学报 (新时代论坛), 2005 (1): 35~38

[30] 白海燕, 胡铁军, 梁芳. NSTL资源规划和建设中的学科测度、分析与评价[J]. 情报学报, 2009 (2): 266~273

[31] 柏林, 秦树人, 刘小峰. 虚拟仪器流技术的研究[J]. 中国机械工程, 2005 (6): 519~522

[32] 波伊斯特. 公共与非营利组织绩效考评: 方法与应用[M]. 肖鸣政, 等译. 北京: 中国人民大学出版社, 2005

[33] 布建威. 基于全生命周期理念的高校大型仪器管理探讨[J]. 科技风, 2012 (18): 220~221

[34] 蔡庆芳. 国外资源共享系统对我国信息资源建设的启示[J]. 情报杂志, 2000 (6): 7~8, 11

[35] 蔡卫平. 文献资源共享的影响因素分析[J]. 广州大学学报: 社会科学版, 2008, 7 (12): 67~72

[36] 蔡西阳, 李学伟, 李捷. 基于资源理论的企业成长阶段研究[J]. 生产力研究, 2008 (16)

[37] 曹一化, 刘旭. 自然科技资源共性描述规范[M]. 北京: 中国科学技术出版社, 2006: 8~41

[38] 陈可, 英国的 e-science 计划的管理和现状[J]. 全球科技经济瞭望, 2004 (9): 6~8

[39] 陈兰杰, 侯鹏娟. 信息资源共建共享投资效益评估研究[J]. 图书馆工作与研究, 2008 (7): 12~14

[40] 陈喜乐. 科技资源整合与组织管理创新[M]. 北京: 科学出版社, 2008

[41] 陈昭锋. 江浙沪科技资源配置的比较研究[J]. 科技和产业, 2004 (5): 1~10

[42] 陈昭锋. 科技资源区域集聚配置的特征和趋势[J]. 中国科技资源导刊, 2011, 43 (6): 7~12

[43] 陈昭锋. 我国农业科技资源配置中的地方政府行为变异剖析[J]. 中国科技资源导刊, 2012, 44 (4): 40~45, 67

[44] 陈振明. 公共管理学——一种不同于传统行政学的研究途径[M], 北京: 中国人民大学出版社, 2003

[45] 陈治光. 科技资源服务"三农"的战略思维——访北京市科委副主任杨伟光、北京市农林科学院院长李云伏[J]. 科技潮, 2006 (8): 10~13

[46] 程广燕, 张永霞. 促进我国自然科技资源共享的思路与对策[J]. 科技导报, 2005 (11): 75~77

[47] 程焕文, 潘燕桃. 信息资源共享[M]. 北京: 高等教育出版社, 2004

[48] 程鹏, 王章红, 杨立新, 秦哲, 娄赤刚. 科研机构对区域科技资源配置的作用[J]. 中国科技资源导刊, 2012, 44 (1): 75~79

[49] 大型科学仪器协作共用网 http://dxyq.hebkjtj.cn/index.html

[50] 党兴华, 赵晓洁. 基于平衡计分卡的公共财政支持科技产业绩效评价指标体系研究[J]. 科学学与科学技术管理, 2007 (3): 41~45

[51] 邓曼. 基于平衡记分卡的公益类科研机构创新绩效评价指标体系研究[J]. 湘潭师范学院学报 (社会科学版), 2008 (5): 91~93

[52] 丁厚德. 创新资源配置协调[M]. 包头: 内蒙古人民出版社, 2008

[53] 丁厚德. 科技资源及其配置的研究[J]. 中国科技资源导刊, 2009, 41 (2): 1~7

[54] 丁厚德. 科技资源配置的战略地位[J]. 哈尔滨工业大学学报: 社会科学版, 2001, 3 (1): 35~41

[55] 丁厚德. 科技资源配置评价研究[J]. 中国科技资源导刊, 2010 (3): 1~5, 16

[56] 董诚, 陈家昌, 李维. 政府在科技资源共享中的作用[J]. 科技管理研究, 2008 (7): 74~76

[57] 董诚, 赵伟, 涂勇. 我国科学数据机构共享绩效评估研究[J]. 中国科技论坛, 2007 (8): 74~78

[58] 董诚. 科技资源共享中的价值研究[J]. 科技管理研究, 2009 (1): 268~270

[59] 董诚. 科技资源管理的社会责任[J]. 中国科技论坛, 2008 (9): 26~29

[60] 杜占元, 刘旭等. 自然科技资源共享平台建设的理论与实践[M]. 北京: 科学出版社, 2007

[61] 范斐, 杜德斌, 李恒. 区域科技资源配置效率及比较优势分析[J]. 科学学研究, 2012, 30 (8): 1198~1205

[62] 范国锋, 张坤. 基于平衡记分卡和模糊综合评判的供应链绩效评价[J]. 价值工程, 2008 (6): 79~81

[63] 方坚. CALIS 和 NSTL 文献资源共享体系的比较研究[J]. 现代情报, 2008 (3): 81~83

[64] 方小容. 信息资源共享及其评估指标体系[J]. 西北轻工业学院学报, 1999 (6): 92~96

[65] 高波. 数字信息资源共享动力机制研究[J]. 中国图书馆学报, 2008 (3): 27~31

[66] 高复先. 信息资源规划——信息化建设基础工程[M]. 北京: 清华大学出版社, 2008

[67] 顾德南. NSTL 数字化参考咨询服务初探[J]. 图书情报工作, 2004, 48 (1): 19~22

[68] 宫鸣, 陈喜乐. 海峡两岸科技资源研究[M]. 北京: 中国社会科学出版社, 2000

[69] 郭常莲, 强彦, 孙然. 山西省自然科技资源共享平台信息系统分析与设计[J]. 山西农业科学, 2009 (11): 77~79, 82

[70] 科技部基础研究司. 国家科技基础数据库建设与发展的研究报告[R]. 2001.3: 5~10

[71] 国家科技基础条件平台建设战略研究组. 国家科技基础条件平台建设战略研究报告[R]. 北京: 科学技术文献出版社, 2006

[72] 国家科技评估中心. 科技评估系列丛书——科技评估规范[M]. 北京: 中国物价出版社, 2001

[73] 国家科技图书文献中心, http://www.nstl.gov.cn/

[74] 国外科技资源管理政策法规和标准规范丛书. 国外大型科学仪器与实验基地建设管理政策法规和标准规范选编. 北京: 科学技术文献出版社, 2004

[75] 国外科技资源管理政策法规和标准规范丛书. 国外科技文献管理政策法规和标准规范选编. 北京: 科学技术文献出版社, 2004

[76] 国外科技资源管理政策法规和标准规范丛书. 国外科学数据管理政策法规和标准规范选编. 北京: 科学技术文献出版社, 2004

[77] 国外科技资源管理政策法规和标准规范丛书. 国外农业与标本管理政策法规和标准规范选编. 北京: 科学技术文献出版社, 2004

[78] 国外科技资源管理政策法规和标准规范丛书. 国外实验动物管理政策法规和标准规范选编. 北京: 科学技术文献出版社, 2004

[79] 国外科技资源管理政策法规和标准规范丛书. 国外网络科技环境建设管理政策法规和标准规范选编. 北京: 科学技术文献出版社, 2004

[80] 国外科技资源管理政策法规和标准规范丛书. 国外医学有关资源管理政策法规和标准规范选编. 北京: 科学技术文献出版社, 2004

[81] 韩明安. 新语词大辞典[M]. 哈尔滨: 黑龙江人民出版社, 1991

[82] 郝春云. NSTL网络服务系统用户检索表达式研究分析[J]. 图书情报工作, 2007 (6): 120~122, 146

[83] 郝春云. NSTL网络服务系统用户原文索取行为的几种分析方法[J]. 图书馆学研究, 2007 (1): 77~80

[84] 郝俊斌. 浅谈设备的全生命周期管理[J]. 煤炭工程, 2008 (12): 109~110

[85] 贺德方, 赵伟, 彭洁等. 基于可持续性的国家科技基础设施评价系统研究[J]. 中国科技论坛, 2007 (12): 9~12

[86] 胡税根. 公共部门绩效管理: 迎接效能革命的挑战[M]. 杭州: 浙江大学出版社, 2005

[87] 胡忆虹. 中英生命科学领域的e-science合作研究[J]. 中国生物工程杂志, 2003 (1): 85~88

[88] 黄鼎成, 郭增艳. 科学数据共享管理研究[M]. 北京: 中国科学技术出版社, 2002

[89] 黄鼎成. 科学数据共享的理论基础与共享机制[J]. 中国基础科学, 2003 (2): 22~27

[90] 黄学文, 周敬泉. 虚拟仪器技术的现状与前景[J]. 电测与仪表, 2004 (10): 5~8

[91] 姜红德. 支起国家科研创新体系的天空[J]. 中国信息化, 2010 (2): 38~39

[92] 金胜勇, 郝向兰, 孔志军. 图书馆信息资源共建共享成本收益分析框架[J]. 图书馆工作与研究, 2008 (10): 3~8

[93] 金胜勇, 孔志军. 信息资源共享的理想与实现[J]. 情报科学, 2007 (4): 502~505

[94] 金胜勇, 于淼. 继承还是颠覆——共建共享对传统文献信息资源建设理论的影响[J]. 图书馆工作与研究, 2005 (4): 2~5

[95] 科学数据共享工程技术标准 科学数据概念与术语 第一部分: 概念(征求意见稿)[S]. ncmi-pharm.sfda.gov.cn/pharm/cms/web/, 2005

[96] 科研信息化发展报告. 中国科学院信息化工作领导小组办公室, 2006.5

[97] 孔德洋. 我国科技资源共享问题探讨[J]. 中国科技资源导刊, 2008, 40 (6): 51~56

[98] 孔婕. 欧美国家创新政策绩效评估模型研究及启示[J]. 技术与创新管理, 2010 (3): 247~248, 260

[99] 赖芸, 卢晨. 高校实验室设备全生命周期管理模型构建[J]. 实验室研究与探索, 2012 (2): 192~194

[100] 李成文, 王志庚, 李春明, 等. 基于网络信息资源保存的生命周期管理研究 [J]. 数字图书馆论坛, 2009（7）: 28~33

[101] 李广建. 面向信息机构的嵌入式 NSTL 资源集成服务系统的设计与实现 [J]. 现代图书情报技术, 2009 (6): 2~7

[102] 李国刚. 区域科技资源优化配置与管理 [D]. 武汉: 武汉汽车工业大学, 1996 (5): 3~5

[103] 李红霞, 李五四. 我国科技资源配置效率与空间差异分析——基于 SFA 模型的实证分析 [J]. 科学管理研究, 2010 (4): 35~40

[104] 李强, 韩伯棠, 翟立新, 等. 公益类科研机构绩效评价测度体系研究 [J]. 科技政策与管理, 2005 (11): 18~21

[105] 李强, 韩伯棠, 翟立新. 公共科研机构绩效评价测度体系研究 [J]. 科学学研究, 2006 (2): 243~248

[106] 李文生. 数字资源生命周期与长期保存政策 [J]. 情报科学, 2012, 30 (7): 1071~1075

[107] 李勇, 王乃洪, 高陆路. NSTL 网站的检索错误及数据质量问题分析 [J]. 中国索引, 2005 (1): 55~57, 60

[108] 林玉容. 网络环境下图书馆的文献推介——以 NSTL 西文文献库为例 [J]. 科技信息, 2009 (35): 381~381, 396

[109] 刘广为, 杨雅芳, 张文德. 科技资源共享与运行中的人际网络 [J]. 图书情报工作, 2009 (14): 88~91, 58

[110] 刘广为, 杨雅芬, 张文德. 科技资源共享中"桥"的应用——基于人际网络"结构洞"理论的研究 [J]. 图书情报工作, 2009, 53 (20): 60~64

[111] 刘继云, 孙绍荣. 上海研发公共服务平台管理运行机制初探 [J]. 上海理工大学学报: 社会科学版, 2005 (2): 21~23, 26

[112] 刘继云. 科技基础条件平台的运行机制初探 [J]. 中国科技论坛, 2005 (5): 56~59

[113] 刘磊, 王启云, 穆丽娜, 等. 网络环境下基于需求的地区信息资源共享系统评估研究 [J]. 图书馆理论与实践, 2007 (2): 1~3

[114] 刘玲利. 基于系统视角的科技资源配置行为分析 [J]. 科技进步与对策, 2009, 26 (14): 26~28

[115] 刘玲利. 科技资源配置机制研究 [J]. 经济纵横, 2009 (2): 24~26

[116] 刘玲利. 科技资源配置机制研究——基于微观行为主体视角 [J]. 科技进步与对策, 2009, 26 (15): 1~3

[117] 刘玲利. 我国科技资源配置行为实证分析: 投入产出视角 [J]. 工业技术经济, 2008, 27 (12): 59~62

[118] 刘明生, 刘辉, 李建华. 科技资源数据库建设的理论与实践 [M]. 北京: 科学出版社, 2012

[119] 刘润生. 科技资源配置效率研究 [D]. 中国科学技术信息研究所, 2006
[120] 刘燕琨, 陈体康, 程赫毅, 等. 区域科技资源共享法律体系建设研究 [J]. 科技成果纵横, 2009 (2): 25~28
[121] 刘友金. 中小企业集群式创新研究 [D]. 哈尔滨: 哈尔滨工程大学, 2002
[122] 龙晓云. 绩效优异评估标准 [M]. 北京: 中国标准出版社, 2002
[123] 卢进. 科技评估体系建设初探 [J]. 科技管理研究. 2001 (3): 42~22
[124] 吕俊花, 杨金凤. 面向科技创新的信息组织与服务 [J]. 情报杂志, 2004 (8): 33~35
[125] 吕立宁. 科技文献统计与评价问题浅析 [J]. 中华医学科研管理杂志, 2003 (2): 110~112
[126] 马费成, 裴雷. 信息资源共享及其效率分析 [J]. 情报科学, 2004, 22 (1): 1~8
[127] 马费成. 信息资源共享的经济效率 [J]. 中国图书馆学报, 2003 (4): 5~9
[128] 马怀德, 张红. 科技资源共享立法问题研究 [M]. 北京: 中国政法大学出版社, 2008
[129] 马怀德. 科技资源共享立法问题研究 [M]. 北京: 中国政法大学出版社, 2008
[130] 马建霞, 祝忠明, 唐润寰, 等. 机构知识库与科研管理信息化环境集成的尝试 [J]. 现代图书情报技术, 2008 (161): 14~18
[131] 孟广均等. 信息资源管理导论 [M]. 北京: 科学出版社, 2006: 249
[132] 孟连生. 坚持改革创新, 打造中国科技文献信息保障系统——简述国家科技图书文献中心最新进展 [J]. 中国科技资源导刊, 2009 (2): 72~78
[133] 牛树海, 金凤君, 刘毅. 科技资源配置的区域差异 [J]. 资源科学. 2004, 1 (1): 61~68
[134] 欧阳玉秀, 李国静, 顾寄南. 基于服务体系构建的科技基础设施建设研究——以镇江市发展科技基础设施建设为视角 [J]. 经济研究导刊, 2011 (21): 142~143
[135] 欧洲核粒子中心 http://www.cern.ch/
[136] 潘淑春, 潘薇, 李黎黎. NSTL外文科技文献资源评价指标体系研究 [J]. 农业网络信息, 2007 (3): 47~51
[137] 裴成发, 贾惠芳. 信息资源共享模式及效度研究 [J]. 图书情报工作, 2006, 50 (4): 31~34
[138] 彭华涛. 区域科技资源配置的新制度经济学分析 [J]. 科学学与科学技术管理, 2006 (1): 141~144
[139] 彭洁, 赵奎涛, 赵伟, 等. 自然科技资源的产权界定分析 [J]. 科学学研究, 2009 (7): 976~980
[140] 钱德沛. 发展e-Science促进科研信息化——访"863"计划"高性能计算机及其核心软件"重大专项总体组组长钱德沛教授 [N]. 科技日报, 2005
[141] 钱旭潮. 科技资源共享、转化与公共服务平台构建及运行 [M]. 北京: 科学出版社, 2011
[142] 乔晓东, 姚长青, 张连均, 等. NSTL网络服务系统原文索取的空间分析方法研究 [J]. 情

报理论与实践, 2009 (10): 48~51

[143] 秦树人, 郭明青. 虚拟仪器实验管理信息系统[J]. 中国测试, 2009 (5): 45~47

[144] 曲波, 田传浩. 基于平衡记分卡的战略联盟绩效评价框架[J]. 技术经济与管理研究, 2005 (1): 56~57

[145] 屈宝强, 彭洁, 赵伟. 基于合作博弈的科技文献机构资源共享分析[J]. 图书情报工作, 2010 (4): 21~25

[146] 屈宝强. 基于项目影响理论的科技文献机构资源共享绩效分析框架[J]. 图书情报工作, 2009 (5): 34~37

[147] 屈宝强. 科技文献机构资源共享绩效的评估体系框架[J]. 中国科技论坛, 2009 (2): 8~12

[148] 屈宝强. 科技信息资源共享的发展阶段分析[J]. 图书馆建设, 2009 (增刊): 93~96

[149] 屈宝强. 战略管理框架下科技文献机构资源共享及绩效评估分析[J]. 情报理论与实践, 2010 (2): 25~28

[150] 任军, 张圣恩, 姬有印. 山西省科技基础条件平台建设共享机制研究[J]. 中国信息界, 2010 (5): 32~34

[151] 阮晓妮. 区域科技资源的优化配置及信息平台建设[D]. 浙江工业大学, 2006

[152] 中国国家图书馆. 世界各国国家图书馆[EB/OL]. http://www.nlc.gov.cn/old/nav/nlibs/us/index.html

[153] 司林胜. 电子商务案例分析[M]. 重庆: 重庆大学出版社, 2007

[154] 孙晓峰. 支持科技进步的政府经济行为研究[D]. 大连: 东北财经大学, 2005

[155] 孙帏雯. 测绘仪器的发展及其趋势[J]. 现代经济信息, 2008 (8): 95

[156] 索贵彬. 循环经济模式下区域农业科技资源配置效率评价[J]. 中国科技资源导刊, 2012, 44 (4): 46~49

[157] 泰普斯科特, 威廉姆斯. 维基经济学[M]. 北京: 中国青年出版社, 2007

[158] 谭岑. 基于公共服务的科技馆绩效评估模型研究[J]. 经济研究导刊, 2010 (8): 179~181

[159] 谭清美. 区域创新资源有效配置研究[J]. 科学学研究, 2004 (5): 543~545

[160] 唐仁华等. 对促进科技资源共享问题的几点思考[J]. 科技创业月刊, 2005 (7): 8~9

[161] 庭孝, 陈能华. 信息资源共享及其社会协调机制研究[J]. 中国图书馆学报, 2007 (3): 78~81

[162] 王斌, 刘程程. 我国地区科技资源配置效率及优化研究[J]. 现代商业, 2011 (20): 59~61

[163] 王聪. 绩效考核方法与平衡记分卡的应用[J]. 山东省农业管理干部学院学报, 2008 (4): 124~126

[164] 王东阳. 自然科技资源共享政策法规研究[M]. 北京: 科学出版社, 2005

[165] 王卷乐, 彭洁, 陈冬生, 等. 科技创新能力及其与科技基础设施关系的研究[J]. 中国基础科学, 2007 (6): 48~51

[166] 王莉. 构建安全的网络服务体系——以 NSTL 国家科技文献信息服务系统为例[J]. 数字图书馆论坛, 2008 (9): 60~65

[167] 王萌皆. 政府信息资源共享成本——效益分析[D]. 湘潭: 湘潭大学管理学院, 2007

[168] 王蓉, 楼俊林. 论中国科技资源共享的社会化公共服务创新模式的规约法规框架[J]. 中国发展, 2009 (2): 28~34

[169] 王瑞. 平衡计分卡在非营利组织中的应用[J]. 商场现代化, 2008 (19): 213

[170] 王绍平, 陈兆山, 陈钟鸣, 等. 图书情报词典[M]. 上海: 汉语大词典出版社, 1990

[171] 王思明, 汪红. 资源共享方式若干问题的研讨[J]. 运筹与管理, 1998 (9)

[172] 王伟, 陈通. 基于平衡记分卡的政府绩效评估研究[J]. 内蒙古农业大学学报 (社会科学版), 2005 (3): 189~191

[173] 王玉祥. 我院文献资源建设现状剖析及对策[J]. 图书馆学研究, 1997 (5): 30~32

[174] 王喆. 国家自然科技资源平台共享机制探讨[M]. 北京: 中国科学技术出版社. 2008: 100

[175] 魏江, 胡胜蓉. 知识密集型服务业创新范式[M]. 北京: 科学出版社, 2007: 33

[176] 魏钧. 绩效指标设计方法[M]. 北京: 北京大学出版社, 2006

[177] 魏淑艳. 我国科技资源共享的有效路径探究[J]. 科学管理研究, 2005 (3): 32~35

[178] 我国重大科技基础设施管理的对策建议[J]. 中国经贸导刊, 2008 (7): 27~28

[179] 我国重大科技基础设施进展迅速 开放共享效益初显[J]. 中国科技信息, 2012 (10): 8~8

[180] 吴弼人. 科技资源共享"大时代"——长三角区域科技合作共享科技资源[J]. 华东科技, 2009 (6): 66~67

[181] 吴波儿, 李新男, 周元, 等. 南非科技基础设施及科技管理[J]. 中国科技成果, 2004 (24): 46~48

[182] 吴家喜, 李春景, 邢小强. 领先市场导向的科技资源配置方式[J]. 中国科技论坛, 2010 (9): 11~15

[183] 吴家喜, 彭洁. 科技资源配置能力内涵及驱动因素分析[J]. 工业技术经济, 2010, 29 (12): 103~107

[184] 吴家喜, 彭洁. 中国科技资源配置的制度变迁分析[J]. 中国科技资源导刊, 2010 (4): 49~54

[185] 吴家喜, 彭洁, 赵伟. 科技资源管理: 基本概念与研究框架[J]. 中国科技资源导刊, 2010 (1): 22~27

[186] 吴家喜. 科技资源配置中的寻租行为[J]. 社会科学家, 2010 (7): 103~106

[187] 吴敏, 周德明. 论文献资源共享评估机制——以上海科技文献共享服务为例[J]. 图书

馆, 2007 (5) 24~28

[188] 吴松. 日本促进科技资源共享的法律政策与措施[J]. 全球科技经济瞭望, 2009, 24 (1): 26~33

[189] 萧玮瑛. NSTL 外文农业文摘数字化实践[J]. 农业图书情报学刊, 2009 (2): 55~56

[190] 肖希明. 文献资源共享理论与实践研究[M]. 南宁: 广西教育出版社, 1997

[191] 信息化概念知识[EB/OL]. 2005: http://jxic.jiangxi.gov.cn/htmll/200574101846-1.html

[192] 徐枫. 科学数据共享标准体系框架[J]. 中国基础科学, 2003 (1): 44~49

[193] 徐尚义. 自然科技资源共享机制研究[D]. 北京: 中国地质大学, 2005

[194] 徐文超, 艾轶博. 重大科技基础设施建设的战略意义[J]. 中国高校科技与产业化, 2011 (1): 37~38

[195] 徐耀玲, 唐五湘. 科技评估指标体系设计的原则及其应用研究[J]. 中国软科学, 2000 (2): 48~51

[196] 许世卫. 科学研究正在进入信息化时代[N]. 光明日报, 2010

[197] 许征文, 刘敏. 资源理论关于竞争优势内涵认识的演变——从利润观到价值观再到支付观[J]. 北京理工大学学报: 社会科学版, 2008 (1): 64~69

[198] 续玉红. 数字参考咨询服务的实践——NSTL 网上专家咨询服务[J]. 农业图书情报学刊, 2004 (4): 12~14

[199] 薛梅. 数字内容全生命周期保护理念及模型[J]. 上海电力学院学报, 2012, 28 (4): 375~378, 387

[200] 严冬梅, 尚翔. 论科技创新的基石——科学数据共享[J]. 科学管理研究, 2005 (1): 20~22

[201] 颜艳梅, 李林, 舒强兴. 基于平衡记分卡法的公共工程项目绩效评价指标设计[J]. 社会科学家, 2007 (1): 168~170

[202] 杨传喜, 李平, 张俊飚. 基于投入的科技资源配置效率及其分解研究[J]. 科技进步与对策, 2011, 28 (16): 113~117

[203] 杨传喜, 王敬华. 科技资源共享支撑体系的系统论探析[J]. 中国科技资源导刊, 2010 (2): 35~40

[204] 杨道建, 赵喜仓, 陈海波. 科技计划项目绩效评价指标体系的构建[J]. 江苏大学学报 (社会科学版), 2007 (2): 89~92

[205] 杨洪焦, 孙林岩, 高杰. 基于平衡记分卡的供应链绩效评价体系构建[J]. 工业工程与管理, 2008 (2): 96~100

[206] 杨士钦, 伊丽莉. 项目型企业中研发项目全生命周期管理研究[J]. 机电工程技术, 2012, 41 (10): 52~54

[207] 杨伟文, 陈梁华, 金从凯, 等. 科研项目全生命周期管理平台设计与实现[J]. 中国数

字医学, 2012, 7 (6): 38~40

[208] 杨雅芬, 刘广为, 张文德. 非国有科技资源共享中的专利权研究[J]. 情报杂志, 2009 (4): 183~188

[209] 杨雅芬, 张文德. 科技资源共享信息中介的模型设计——基于"委托-代理"模式[J]. 图书情报工作, 2009 (10): 83~86

[210] 叶青. 科技资源配置的经济分析[J]. 科学中国人, 2008 (12): 54~55

[211] 叶义成, 柯丽华, 黄德育. 系统综合评价技术[M]. 北京: 冶金工业出版社, 2006

[212] 殷国鹏, 陈禹. 企业信息技术能力及其对信息化成功影响的实证研究——基于RBV理论视角[J]. 南开管理评论, 2009 (4): 152~160

[213] 于锦荣, 黄蕾. 中部地区科技资源配置路径的优化研究[J]. 科学管理研究, 2012, 30 (1): 47~50

[214] 于忠军. 区域高校科技资源共享的系统设计及机制研究[J]. 科技进步与对策, 2010 (7): 38~40

[215] 员智凯. 民用科技资源服务国防科技创新机制研究[J]. 科学. 经济. 社会, 2007, 25 (4): 24~26

[216] 袁世全, 冯涛. 中国百科大辞典[M]. 北京: 华夏出版社, 1990

[217] 曾伟忠. 科学研究的信息化: e-science 的产生和发展[J]. 现代情报, 2006 (2): 6~8

[218] 张李义, 叶平浩, 刘启华. NSTL 电子资源用户学历与文献服务关联分析——以武汉地区高校为例[J]. 图书情报知识, 2010 (1): 46~51

[219] 张琳, 戴钧. NSTL 手机服务模式探讨[J]. 科技创业月刊, 2010 (4): 65~66, 75

[220] 张玲, 杨晓湘. e-science 网格与数字图书馆[J]. 南京工业大学学报 (社会科学版), 2005 (1): 93~96

[221] 张其瑶. 资源不共享成为阻碍科技进展的巨大壁垒[N]. 科学时报, 2003.11.11

[222] 张晓林, 刘细文, 孙坦, 等. 国家科技图书文献中心的效用形式及其评价[J]. 图书情报工作, 2008 (3): 62~65

[223] 张新平, 蒋曼芳, 庞亚宾. 实验室信息管理系统现状与发展趋势[J]. 数字石油和化工, 2009 (6): 2~4

[224] 张旭霞. 公共部门绩效评估[M]. 北京: 对外经济贸易大学出版社, 2007

[225] 张玉柱. 建立现代资源理论的可贵探索——《资源论》评价[J]. 河北理工学院学报: 社会科学版, 2002 (1): 108~109

[226] 张渊, 陆玉梅, 梅强. 科技计划项目绩效评估指标体系研究[J]. 科技管理研究, 2005 (9): 185~187

[227] 张云飞, 邹礼瑞. 自然科技资源共享模式研究[J]. 科技管理研究, 2009 (7): 468~469, 472

[228] 赵立波,李红娟,张素琴. 基于平衡计分卡的非营利组织评估体系研究[J]. 山东行政学院山东省经济管理干部学院学报, 2006 (3): 57~61

[229] 赵强. 科技资源整合与产学研合作问题研究[M]. 沈阳：东北大学出版社, 2011

[230] 赵伟, 彭洁, 黄鼎成, 等. 国家科技基础设施运行绩效评价指标体系的构建[J]. 科技进步与对策, 2007 (10): 131~134

[231] 赵伟, 彭洁, 王运红. 基于平衡积分卡的科技资源共享评估研究[J]. 科技管理研究, 2009 (7): 104~106, 91

[232] 赵伟, 赵奎涛, 彭洁, 等. 科技资源的价值及其价值表现分析[J]. 科学学研究, 2008 (3): 461~465

[233] 赵伟. 基于生态学思想的科技资源可持续化利用研究[J]. 中国科技资源导刊, 2008 (4): 26~30

[234] 郑长江, 谢富纪, 姜晨. 科技资源共享的效益提升路径分析[J]. 科技管理研究, 2009 (12): 44~45, 48

[235] 郑长江, 谢富纪. 科技资源共享的成本——收益分析[J]. 科学管理研究, 2009 (5): 33~38

[236] 郑家亨. 统计大词典[M]. 北京：中国统计出版社, 1995

[237] 郑小平, 刘立京, 蒋美英. 企业开放式创新理论的研究述评[J]. 中国科技论坛, 2007 (6): 40~44

[238] 郑耀东. 精通 ASP. NET 2.0 的 Web 2.0 应用: Blog. Tags. Rss. NAS. XML 社区. Ajax Msil [M]. 北京：人民邮电出版社, 2007

[239] 中国科学院信息化发展报告 (2008) [R]. 中国科学院信息化工作领导小组办公室, 2008: 4~8

[240] 中国农业科学院特产研究所 http://www.caastcs.com/yjsgk.asp

[241] 中国试剂网 http://www.reagent.com.cn/corporation/infoDetail.asp?dInfoId=136

[242] 中国药品生物制品检定所 http://www.nicpbp.org.cn/directory/web/WS02/CL0050/862.html

[243] 中国作物种质信息网 http://icgr.caas.net.cn

[244] 重庆市科技文献资源共享服务平台 http://www.cqkjwx.net/

[245] 周寄中. 科技资源论[M]. 西安：陕西人民教育出版社, 1999

[246] 周寄中等. 在国家创新系统内优化配置科技资源[J]. 管理科学学报, 2002 (3): 40~49

[247] 周建伟, 周爱国, 贾玉武, 等. 我国实施科技资源共享的制度保障体系研究[J]. 科学管理研究, 2004 (6): 50~52, 111

[248] 周毅. 基于虚拟仪器的网络虚拟实验室构建. National Instruments, http://www.chuandong.com/publish/tech/thesis/2007/7/thesis_0_43_1186.html [/url]

[249] 周毅, 张建军. 基于虚拟仪器的网络虚拟实验室构建[J]. 测控技术, 2003 (12): 59~62

[250] 周勇, 郑丕谔. 基于平衡记分卡的动态联盟绩效评价[J]. 工业工程, 2005 (5): 70~75

[251] 朱聪, 周文芳. 数据保存策略与生命周期管理[J]. 图书馆杂志, 2006, 25 (4)：11~13

[252] 朱付元, 丁厚德. 海峡两岸科技资源配置比较研究[J]. 清华大学学报 (哲学社会科学版), 2000 (2): 18~26

[253] 朱红. 科技资源整合及其服务能力提升[M]. 北京：知识产权出版社, 2011

[254] 朱庆华. 日本信息通信政策研究及其对中国的启示 (I) ——日本信息通信政策的变迁[J].情报科学. 2009, 27 (4): 629~634

[255] 卓越. 公共部门绩效评估的主体建构[J]. 中国行政管理, 2004 (5): 17~20